U0341806

带钢连续热处理炉内热过程
数学模型及过程优化

豆瑞锋　温治　著

北　京

冶金工业出版社

2014

内 容 提 要

书中介绍了带钢热处理的工艺和设备,重点对带钢连续热处理炉内热过程计算模型进行了讨论,分别对封闭空间辐射换热、气体射流冲击换热和粗糙表面接触换热进行了详细的论述,在此基础上分别建立了带钢连续热处理立式炉和卧式炉炉内热过程数学模型,并以国内钢铁企业的三条机组(碳钢连续热处理立式炉、热轧不锈钢连续退火卧式炉、冷轧不锈钢连续退火卧式炉)为例,对数学模型进行了大量的验证。在炉内热过程模型验证正确的前提下,以连续热处理立式炉为例,探讨了连续热处理过程优化的策略,并提出了基于可行工况集的变工况优化策略。书中所述内容对带钢连续热处理机组的工艺优化、提质增产具有重要的指导意义。

本书可供带钢连续热处理生产系统的工程技术人员阅读,亦可供相关专业的教学、科研人员参考。

图书在版编目(CIP)数据

带钢连续热处理炉内热过程数学模型及过程优化/豆瑞锋、温治著. —北京:冶金工业出版社,2014.12
ISBN 978-7-5024-6801-9

Ⅰ.①带… Ⅱ.①豆… ②温… Ⅲ.①带钢—连续热处理—炉内过程—数学模型 ②带钢—连续热处理—炉内过程—最佳化 Ⅳ.①TG162.86 ②TK224.1

中国版本图书馆 CIP 数据核字(2014)第 276654 号

出 版 人 谭学余
地 址 北京市东城区嵩祝院北巷 39 号 邮编 100009 电话(010)64027926
网 址 www.cnmip.com.cn 电子信箱 yjcbs@cnmip.com.cn
责任编辑 宋 良 唐晶晶 美术编辑 吕欣童 版式设计 孙跃红
责任校对 卿文春 责任印制 李玉山
ISBN 978-7-5024-6801-9
冶金工业出版社出版发行;各地新华书店经销;北京百善印刷厂印刷
2014 年 12 月第 1 版,2014 年 12 月第 1 次印刷
169mm×239mm;18 印张;4 彩页;359 千字;275 页
50.00 元

冶金工业出版社 投稿电话 (010)64027932 投稿信箱 tougao@cnmip.com.cn
冶金工业出版社营销中心 电话 (010)64044283 传真 (010)64027893
冶金书店 地址 北京市东四西大街46号(100010) 电话 (010)65289081(兼传真)
冶金工业出版社天猫旗舰店 yjgy.tmall.com
(本书如有印装质量问题,本社营销中心负责退换)

前　　言

连续热处理过程是冷轧和热轧带钢生产的重要工序，是在带钢成分确定的前提下，依靠控制热量传递过程来控制带钢内部微观结构的演化，最终完成金相组织的转变。因此，温度控制是带钢热处理过程控制的核心，也是热处理质量的根本保证。为了解决带钢连续热处理炉优化控制的技术难题，并克服半理论或纯经验控制模型严重依赖于现场、难以移植和泛化能力有限的不足，本书基于传热机理模型，对带钢在连续热处理炉内的传热过程及其优化控制策略展开相关的理论分析和实验研究。

本书在结构上分为四部分：

第一部分（第1章~第3章）主要论述了带钢连续热处理的工艺设备及过程优化研究的现状，对国内主要带钢连续热处理机组的生产现状加以总结。从中可以看出，在带钢连续热处理机组的建造和控制领域，国外企业仍然占据主导地位。

第二部分（第4章~第6章）重点论述了带钢在连续热处理炉内的主要换热方式的理论分析和数值计算方法，包括辐射换热、气体射流冲击换热和粗糙表面接触换热等。其中在第4章详细论述了蒙特卡洛方法计算辐射换热问题的步骤、误差分析和应用效果；在第5章提供了大量的气体射流冲击换热实验的关联式，并采用计算流体力学的方法，分析了特定形式的气体射流冲击装置的换热特性；第6章建立了考虑辐射换热的接触换热模型，为求解带钢与炉辊间的换热奠定了理论基础。

第三部分（第7章、第8章）分别建立了带钢连续热处理立式炉和卧式炉数学模型，详细阐述了带钢连续热处理炉内热过程数学模型的建立方法，进行了大规模的数值分析和现场实验验证，证明了所建数学模型在稳定工况和变工况条件下，对带钢温度的预测均有足够的精确度。

第四部分（第9章）在验证了的带钢连续热处理炉内热过程数学模型的基础上，开发了带钢连续热处理过程的优化控制策略。其中包括稳定工况和变工况条件下的优化策略，并以带钢连续热处理立式炉为例，阐述了该优化策略的实施方法，力图解决带钢连续热处理过程动态优化控制的难题。

在带钢连续热处理立式炉（热镀锌炉和冷轧碳钢连续退火炉）和卧式炉（热轧和冷轧不锈钢带钢热处理）炉内热过程数学模型的开发过程中，先后得到了重庆赛迪工业炉有限公司、宝山钢铁股份有限公司、山西太钢不锈钢股份有限公司、上海宝钢工业检测公司的领导和工程技术人员的大力支持和帮助，在此一并表示衷心地感谢！

在本书的撰写过程中得到了北京科技大学"热过程模化与控制"课题组的楼国锋副教授、刘训良副教授、张瑞杰研究员和苏福永讲师，以及周钢博士、张雄博士、邢一丁博士、王丽红硕士、李强硕士、方旭硕士、董斌硕士、王林建硕士等的大力支持，他们在程序编写、图形制作和相关实验等方面付出了辛勤的劳动，在此一并表示衷心地感谢。

此外，本书的出版得到了北京市教委共建项目"节能与环保北京高校工程研究中心建设（改革试点）"、北京自动化学会"青年科技人才出版学术专著基金"的大力支持，同时还得到了北京科技大学"濮耐教育基金"、"洛伊教育基金"、"沃克教育基金"、"赛迪教育基金"、"凤凰教育基金"、"威仕炉教育基金"、"思能教育基金"、"赛能杰教育基金"、"热陶瓷教育基金"和"北京神雾教育基金"的大力支持。在此一并表示衷心地感谢！

　　由于带钢连续热处理过程的研究涉及热处理工艺、传热传质、参数优化、自动控制、程序设计等相关内容，限于作者对这一复杂现象的理解和认识水平，书中不妥或错误之处欢迎广大读者不吝指正。

　　作者联系方式：douruifeng@ustb.edu.cn

作　者

2014 年 8 月 25 日于北京

目　　录

1 绪　　论

带钢轧后热处理是冷轧带钢生产中的重要工序。冷轧带钢主要有碳钢和不锈钢等，其轧后热处理一般为再结晶退火，通过再结晶退火达到降低钢的硬度、消除加工硬化、改善钢的性能和恢复钢的塑性变形能力的目的。带钢退火炉主要有罩式退火炉和连续退火炉。罩式退火炉存在生产周期长、产品力学性能不够均匀、表面质量不佳的缺点，为了解决这些问题，人们开始致力于连续退火工艺的研发。

世界上第一条完备的冷轧带钢立式连续热处理线于 1972 年在新日铁的君津钢厂投入工业生产。由于连续热处理机组将带钢的清洗、热处理、平整、精整等工艺集于一体，具有生产效率高、产品质量好和生产成本低等特点，受到全世界的普遍关注，也促进了该工艺的不断改进和完善。

目前，连续退火机组共有四种类型：NSC-CAPL（连续退火酸洗机组，日本新日铁）、KM-CAL（连续退火机组，日本川崎制铁）、NKK-CAL（连续退火机组，日本钢管）和 CRM-HOWAQ（热水冷却连续退火机组，比利时）。由于热处理工艺的要求，上述几种退火机组具有共同的技术特点：都是通过明火加热或辐射管加热将带钢加热至再结晶温度，通过控制一次冷却速度、一次冷却终了温度和过时效温度，控制钢中固溶碳的析出，最终得到满足工艺要求的合格产品。

在带钢连续热处理过程中，加热和冷却技术是连续退火技术的核心。由于明火加热会造成带钢表面氧化，现代大型连续热处理机组多采用辐射管加热方式。冷却技术可划分为四大类：气体射流冲击冷却（喷气冷却 GJC、高速喷气冷却 HGJC）、接触冷却（辊冷 RC）、水冷（冷水淬 WQ、热水冷却 HOWAC）和复合冷却技术（气水双相冷却 ACC、喷气辊冷复合冷却 RGCC），此外还有依靠有机介质的相变冷却技术，如戊烷冷却技术。水冷技术（包括气水双相冷却）容易影响带钢表面质量（表面氧化、残留水印），通常用于带钢的最终冷却（冷却至出炉温度）。因此，现代带钢连续热处理的核心技术主要集中在辐射管加热、气体射流冲击冷却和接触冷却技术的研究上。

长期以来，我国的带钢连续热处理机组基本上停留在国外成套引进或国外引进技术国内总成的水平上。从我国 2006 年以前已建成和后来建成及正在建设的数十条国有重点企业的连续热处理机组（详见附录 A）可以看出：其中 90%以上的机组为国外成套引进，国内自主设计的机组所占比例不足 10%。究其原因，就是在相当长的一段时期内，还没有完全掌握其关键技术，即带钢在连续热处理炉（立式炉、卧式炉）内的温度控制和张力控制技术。其中：张力控制是为了避免带钢在炉内跑偏、瓢曲以及断带，是高速通板、板形控制的重要保障。在不同的热处理工艺区段内，带钢温度水平和宽度方向温度分布均不尽相同，这就需要根据带钢温度来确定张力设定值。由此可见，带钢温度的优化控制决定了带钢的张力控制，只有全面系统地掌握了带钢在连续热处理炉内的换热机理，建立炉内换热的全部热过程数学模型，并开展大规模的数值仿真计算和相关的实验研究，才能最终实现带钢连续热处理过程的计算机优化控制。

由于带钢连续热处理炉具有各炉区结构复杂多样、传热特性不尽相同、相对热惯性时间长（主要是立式炉的辐射管加热、保温段，炉温的热惯性时间约为 $10\sim15\text{min}$，而带钢在炉内的驻留时间小于 3min）、工况频繁变化等特点，因此，对连续热处理炉内热过程的仿真和优化控制变得十分困难，特别是变工况条件下目前还未见有从传热机理模型的角度对其进行优化控制的报道，大多数学者采用半理论半经验或者纯经验模型开展相关研究来解决这一难题。但是这些方法都存在严重依赖于现场、难以移植和泛化能力有限等问题。本书正是在该背景下，同时鉴于我国在该领域的技术现状，开展连续热处理炉内带钢换热过程基础理论和相关实验研究。

2 带钢热处理工艺与设备

作为产品的冷轧带钢主要有普通冷轧板、镀层板和不锈钢板，其中镀层板又分镀锌板和镀锡板。镀锌板是我国目前用量最大的镀层板，主要用于汽车、建筑、轻工、仓储、环保等行业；镀锡板主要用于轻工食品工业；不锈钢板主要应用于石油化工、建筑装潢、家用电器、厨房用具、医疗等领域。

近年来，国内带钢连续热处理（涂镀）产能有了大幅度的提高，但是仍然存在产品质量差、成本高的缺点，不能完全满足汽车、家电等高档用户的需求，同时由于国内高品质带钢产线产能严重不足，造成了汽车、家电用板大部分需要进口的局面。

造成带钢产品质量不高的因素有多种，如带钢的轧制、热处理、涂镀、拉矫等工艺过程，都会产生诸如表面质量问题（划伤、辊印等）、镀层问题（厚度不均、附着力不强、焊接性能不好等）、板形问题（各种浪形、边中厚度不均等）、力学性能不高（强度、塑性）。而带钢连续热处理过程，作为带钢生产（包括涂镀生产）的最终环节，对保证产品质量起着至关重要的作用。

此外，我国在带钢连续热处理炉的设计水平上与国外存在较大的差距。如附录 A 所示，从 20 世纪 70 年代末至 2006 年，国内大型钢铁联合企业的带钢连续热处理（涂镀）产线，80% 以上是由国外设计制造，其产能占 90% 以上。国内对带钢连续热处理（涂镀）产线控制技术的研发方面，如带钢温度控制、张力控制等，从 20 世纪 90 年代开始，所见报道的仅有蒋大强[1]、田玉楚[2]等人开展的研究和实践，以及李少远等人[3,4]所作的神经网络模拟；在带钢张力控制方面，主要有张清东[5,6]、胡广魁[7]、叶玉娟[8]等人针对连续退火立式炉机组开展的研究；对于热处理过程及其前后工序的联合优化和控制方面，国内尚处于起步阶段。

实际生产过程中，由于热处理过程带钢温度控制不当造成的产品质量问题主要有：表面划伤、辊印、板形（浪形）、镀层附着力差、热处理过程不完全（金相组织转变不完全，力学性能差）等；造成的生产事故主要有：带钢跑偏、皱曲、断带等。那么为了提高产品质量，减少生产事故，就必须按照带钢热处理工艺精确控制带钢温度，这就需要对带钢连续热处理炉各个工艺段进行热工特性分析，获得影响带钢温度的主要因素，然后建立数学模型描述各个工艺段的热工过程，并最终通过数值仿真技术获得各种工况下带钢温度分布，以其来指导或控制带钢连续热处理过程。

2.1 带钢热处理工艺

带钢热处理（包括涂镀前的热处理）大多是再结晶退火，达到降低钢的硬度、消除冷加工硬化、改善钢的性能和恢复钢的塑性变形能力的目的。

2.1.1 带钢再结晶退火

冷轧带钢在连续退火炉中完成再结晶退火。冷轧前的原料板为等轴晶粒，晶格的排列比较完整。在冷轧过程中，由于晶体中原子产生刃型位错，因此晶格沿着一定的滑移面和滑移方向（即轧制方向）进行双滑移或多滑移，出现沿钢板轧制力作用下的塑性形变。这样经冷轧之后，发生了晶粒延长、扭曲或破碎，如图 2.1 所示。位错增加，则形变抗力增大，塑性变差，产生加工硬化。据测定，经过冷轧后的薄板，抗拉强度可达 800~900MPa，洛氏硬度 HRB 达 90 以上。这种产品是不宜加工成型的，为了恢复它的可塑性，必须经过再结晶退火。

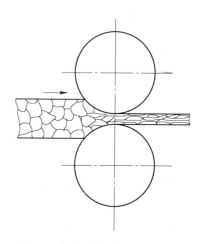

图 2.1 钢板冷轧晶粒变化示意图

退火指的是将固态金属或合金加热到一定温度，根据不同钢种采用不同的保温时间，然后以一定的速率冷却以获得需求的状态或性能的过程。其目的除了消除加工硬化，改善力学性能和加工性能外，还可通过控制退火温度和冷却速度等方法得到需要的组织和使用性能[9~11]。

根据前序轧制工艺的不同，对不锈钢卷的退火可以分为热轧卷退火和冷轧卷退火。带钢经过热轧，强度和硬度较高，塑性降低，并有大量碳化物析出。对热轧卷的退火主要是为了恢复塑性，为后面的冷轧工序做准备。对于奥氏体不锈钢来说，由于轧制过程中造成碳化物的析出，使得带钢变脆。热轧退火主要是通过快速加热和快速冷却（如图 2.2 所示），使析出的碳化物重新溶解到奥氏体中，获取单一的奥氏体组织，并保持到常温状态，防止因冷却速度过慢造成奥氏体的敏化。

再结晶退火是将冷轧变形的金属加热到再结晶温度之上，铁素体向奥氏体转变温度以下，经保温后冷却的热处理工艺。钢材经过冷轧变形之后，金属内部组织产生晶粒拉长、晶粒破碎和晶体缺陷大量存在的现象，导致金属内部自由能升高，处于不稳定状态，具有自发地恢复到比较完整、规则和自由能低的稳定平衡状态的趋势。但是，在室温状态下，金属的原子动能小，扩散能力差，扩散速度极低，这种自发转化无法实现，必须施加推动力。而施加这种推动力的方式是将金属加热到一定温度，使原子获得足够的扩散动能，消除晶格畸变，使组织和性能发生变化。随着加热温度的升高，组织和性能的变化经历三个主要阶段：回复、再结晶和晶粒长大[12]。

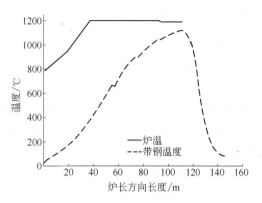

图 2.2　典型奥氏体不锈钢退火工艺曲线

A　回复

当加热温度不高时，冷变形金属中微观内应力显著降低，强度、硬度变化不大，塑性和韧性稍有上升，显微组织无显著变化，新的晶粒没有出现。这种变化过程称为回复。轧硬板在回复时，显微组织不发生变化，但晶体缺陷密度和它们的分布有所改变。回复阶段发生的变化不涉及大角度晶面的移动，因而回复仅是变形材料的结构完整化过程。这个过程是通过点缺陷消除、位错的对消和重新排列来实现的。对于冷变形材料，后一个过程是主要的，位错重新排列形成小角度晶界迁动。由于这种变化是相对均匀的，因此，回复过程也是均匀的。

B　再结晶

冷变形金属加热到较高温度时，将形成一些位向与变形晶粒不同和内部缺陷较少的等轴小晶粒。这些小晶粒不断向周围的变形金属扩展长大，直到金属的冷变形组织完全消失为止，称为再结晶。在加热过程中，冷塑性变形后的金属的组织和力学性能最显著的变化是在再结晶阶段发生的。再结晶是消除加工硬化的重要手段，再结晶还是控制晶粒大小、形态、均匀程度，获得或者避免晶粒的择优取向的重要方法。通过各种影响因素对再结晶过程进行控制，从而对金属材料的强度、韧性、可冲压性、电磁性能（硅钢）等产生决定性的影响。

再结晶过程中，再结晶完成的分数随着时间的变化并不均匀，有一个先慢后快，再由快变慢的过程。在再结晶完成最初的 5% 范围内，再结晶的速度很慢，称为孕育期，此后再结晶速度逐渐加快。当完成 80% 以后，速度又逐渐下降。随着加热温度的升高，孕育期变短，再结晶完成的速度也越快[12]。例如，通过实验测定，430 冷轧不锈钢的再结晶退火中，当退火温度为 750℃ 时，完成再结晶需要 280s 的保温时间；当退火保温温度为 800℃ 时，仅需要保温 53s 就能完成再结晶过程；当保温温度继续升高到 850℃ 时，仅需要 12s 就能完成再结晶。因此，再结晶温度的选择，对于再结晶退火过程的控制至关重要。

C　晶粒长大

再结晶完成后，继续升高温度或延长保温时间，晶粒会继续长大[13,14]。晶粒长大是通过大角度晶界的移动使一些晶粒尺寸增加，另一些晶粒尺寸缩小以至于完全消失的方式进行的。晶粒长大是靠晶界的迁移完成的。晶界的迁移可定义为晶界在其法线方向上的位移，它是通过晶粒边缘上的原子逐步向毗邻晶粒的扩散而实现的。晶界的移动速度与晶界移动驱动力成正比。晶粒大小对金属的性能有很大影响，控制再结晶晶粒长大在生产中非常重要。国内外很多研究机构都在研究金属材料的细晶强化，通过细化晶粒，提高材料的强度和韧性[15]。

金属中的合金元素常常聚集在晶界上，晶粒长大时，这些合金元素与晶界一并迁移。由于合金元素扩散速度的限制，晶界迁移速度变慢。当金属中存在第二相颗粒时，这些颗粒对晶界的迁移也有阻碍作用。第二相颗粒体积分数越大，颗粒越细小，对晶界迁移所施加的阻力越大。当晶界迁移的驱动力等于第二相颗粒施加的阻力时，晶界将停止迁移，此时晶粒直径达到最大值。利用这一原理，可以控制金属晶粒的长大，例如在钢中添加少量的铝、钛、钒、铌，使其在钢中形成氮化物、碳化物或者碳氮化物的细小颗粒，可以有效地防止钢中高温加热时的晶粒长大。

图2.3为钢的再结晶退火过程示意图。

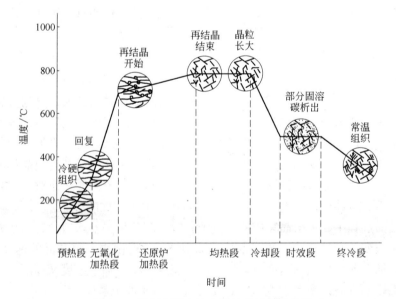

图 2.3　带钢在退火炉内再结晶过程示意图

薄板的再结晶退火通常是在 Ac_1 点以下进行，不发生金属中的相变。再结晶退火时，随着温度升高，原子活动能力增强，本来不稳定的状态，可以通过原子间的相对移动而进行重新排列。在晶体中形成新的晶核并长大成为平衡态晶粒，消除了内应力，使钢板的塑性得到恢复。

形变后金属开始进行再结晶时的温度称为再结晶温度。金属的再结晶温度受到下列因素的影响：

（1）冷轧时的形变程度。薄板在冷轧过程中的变形量为 60%~80%，形变程度愈大，则内应力愈大，愈处于稳定的状态，因此再结晶温度则愈低。图 2.4 为轧制形变程度与再结晶温度的关系示意图。

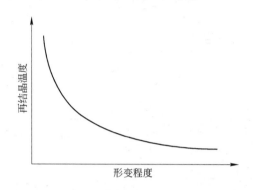

图 2.4　轧制形变程度与再结晶温度的关系示意图

（2）钢的化学成分。金属在再结晶形核时将形成新的表面，形核时原子还需要有扩散过程。因此，凡增加扩散激活能及增加金属表面能的合金元素，都将使再结晶温度升高。

在多数情况下，合金的再结晶温度高于纯金属的再结晶温度。当加入少量合金元素时，这种效应较为显著；当合金元素含量较高时，产生的影响很复杂，再结晶温度可能升高，也可能降低。

（3）退火加热速度。对于已冷轧硬化的钢板来说，在退火时其加热速度愈快，即在不同温度下停留的时间较短，则再结晶温度就愈高；反之，再结晶的温度就愈低。

（4）原始组织。由于金属在晶粒晶界上容易形成再结晶核心，因此原始形变时钢板的晶粒愈大，其再结晶温度就愈高。

由此可见，同一钢种根据不同的工艺条件能获得不同的再结晶温度。包契瓦尔（А. А. Вочвар）总结了大量实验结果提出了金属的最低再结晶温度与该金属熔点的热力学温度存在如下关系：

$$\frac{T_P}{T_{熔}} \approx 0.35 \sim 0.40 \tag{2.1}$$

式中，T_P、$T_{熔}$ 分别为最低再结晶温度和金属熔点。

　　实践证明，带钢不同的再结晶温度与它的加工成型性存在密切的关系。因此，对于某一产品应该结合使用情况（性能要求）而确定出最佳的再结晶温度。

　　按照带钢经再结晶退火后，其力学性质得到剧烈变化这一特点，便可测定出带钢从最低再结晶温度开始的一系列再结晶温度。目前应用最普遍的方法，是在盐浴炉中采用等温退火来测定带钢的再结晶温度。实验之前，首先把待测带钢剪成30×100mm的小试样，然后按照不同的时间与不同的温度进行等温退火。之后，测得试样的硬度值，便可绘制出等温退火的动力学曲线，如图2.5所示。其中图2.5（b）为430冷轧不锈钢等温退火的动力学曲线[16]。

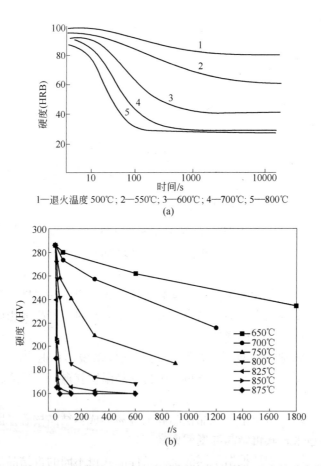

1—退火温度500℃；2—550℃；3—600℃；4—700℃；5—800℃
(a)

(b)

图2.5　等温退火的动力学曲线（a）和430冷轧不锈钢等温退火的动力学曲线（b）

　　由图2.5可知，在不同的温度下，等温退火达到一定时间后，硬度值便开始下降。这说明带钢已经发生了再结晶过程；到一定的时间之后硬度值不再下降，这时再结晶过程已经完成。但是此过程必须在一定温度下才能够实现，往往把完成这一过程的最低温度，称为最低再结晶温度。

由上述方法测得的再结晶温度，必须在生产实践中根据工艺条件及产品使用情况选择确定。根据经验，带钢最佳的再结晶温度，一般要高于实测温度50℃左右。根据实际测定值和经验，最后便可确定出各个钢种在连续退火炉中退火的再结晶温度。

2.1.2 退火工艺曲线

冷轧带钢通常在作业线内完成再结晶退火。在生产实践中，可以通过不同的方式来满足每个钢种的再结晶温度要求。首先，可以采用改变退火炉供热量的方法，即在带钢的再结晶温度高时，增大煤气量，提高炉温；在带钢的再结晶温度低时，就减少煤气量，降低炉温。生产实践证明，这种方法对控制带钢温度具有很大的局限性。因为带钢连续退火的最大特点是带钢在炉内加热区、保温区停留时间极短，一般只有几十秒钟，最长也不过1min。但是由于炉子的热惯性，由加大煤气量到提高炉温，由提高炉温到提高带钢温度，这个过程所需要的时间一般要达到带钢在炉时间的几倍甚至几十倍。再加上仪表调节本身的滞后现象，此方法基本上不适应控制带钢温度，尤其是在工况变动的情况下。只有在直接加热带钢的预热炉（无氧化加热段）中，有时采用这种方法作为调节带温的辅助措施；在间接加热带钢的还原炉（辐射管加热段）中，一般不采用这种调节方法。

在生产实践中，控制带钢温度最行之有效的方法是改变带钢在炉内停留的时间。即带钢的再结晶温度高时，就降低带钢运行速度，降低生产率；带钢的再结晶温度低时，就升高带速，提高生产率。为了便于操作，每条退火作业线都应当编制针对一定钢种和相应带钢规格的一系列带钢运行速度和生产率的关系表。这就是带钢连续退火机组工艺控制所需要的退火工艺表，并可进一步绘制出退火工艺曲线。

实际作业中，由于工艺曲线、带钢规格、钢种等变化所导致的切换操作也十分重要。切换操作控制的目标是使得不满足工艺要求的"废带"愈少愈好。这就需要带钢连续退火炉二级计算机控制给出切换操作参数、操作时间等，实现燃料量、带速的联合调整，使得焊缝前后带钢尽可能达到退火质量要求，提高带钢成品率。

汽车用热处理（涂镀）冷轧钢板分为深冲软钢和高强钢。深冲软钢又分为普通商品CQ级、冲压DQ级、深冲DDQ级以及超深冲EDDQ级等；高强度钢又可分固溶强化、析出强化、烘烤硬化及相变强化钢等。图2.6显示了汽车用热处理（涂镀）原料板的几个代表性退火工艺。图2.7为若干钢种的典型退火曲线。表2.1为几种典型热处理（涂镀）生产工艺及其典型力学性能。

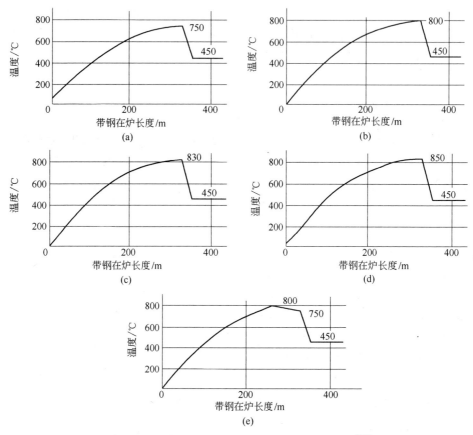

图 2.6   汽车用热处理（涂镀）原料板退火工艺[17]

（a）CQ 板；（b）DQ 板；（c）DDQ 板；（d）EDDQ 板；（e）BH 板

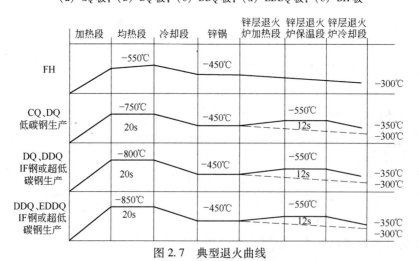

图 2.7   典型退火曲线

（注：虚线表示不需进行锌层退火的产品镀后冷却曲线）

表 2.1　几种典型热处理（涂镀）生产工艺及其典型力学性能[18]

		CQ	DQ		DDQ					EDDQ	HSS 析出强化 固溶强化 烘烤硬化		
钢种		LC	LC-Al	IF	LC-Al	LC-Al	LC-Al	LC-Al	IF	IF	LC	IF	IF
热轧卷取温度		低	高	低	高	高	高	高	低	高	低	高	高
热镀锌机组	再结晶退火	○	○	○	○	○	○	○	○	○	○	○	○
	冷却	○	○	○	○	○	○	○	○	○	○	○	○
	前过时效	—	—	—	—	—	—	—	—	—	—	—	—
	热镀锌	○	○	○	○	○	○	○	○	○	○	○	○
	后过时效	—	—	—	—	—	—	○	—	—	—	—	—
	线外前退火	—	—	—	—	○	—	—	—	—	—	—	—
	线外后退火	—	—	—	○	—	—	—	—	—	—	—	—
典型力学性能	σ_s/MPa	270	220	195	176	179	196	—	175	160	320	305	215
	σ_b/MPa	350	340	295	314	327	323	—	295	290	450	445	350
	δ/%	41	42	47	45	43	43	—	48	48	34	34	41
	r	1.0	1.2	1.5	1.6	1.6	1.6	—	1.6	1.6		1.3	1.7
	时效值/Pa	—	45	0	0	0	>39		0	0		0	
	烘烤硬化值/Pa	—	—	—	—	—	—	—	—	—	—	—	40

注：画○者表示采用的工艺。

2.2　带钢热处理设备

带钢在退火炉中完成一定升温速率的加热，特定温度下一定时间的均热保温，快速的冷却等热处理工艺。按照带钢热处理炉生产节奏的不同，通常可以把带钢退火炉分为连续退火和非连续退火两大类炉型，按炉型结构、传热方式等可进一步划分，如表 2.2 所示。

表 2.2　带钢（钢卷）热处理工艺、设备的划分

生产节奏	热处理工艺	炉　型	加热冷却设备
间断式热处理	罩式热处理炉	室状炉	直接火焰加热
	台车炉		辐射管加热
连续式热处理	森吉米尔法（Sendzimir）	立式炉 卧式炉 L 型炉	电磁感应加热 射流冲击换热 辊冷 水雾冷却 冷水淬、热水淬 ……
	改良森吉米尔法（N.O.F）		
	美钢联法（US Steel Corp）		

罩式退火炉是将钢卷置于固定的炉台上，扣上内罩和外罩密封，通入保护气

体加热退火。其热源为气体燃料（煤气、天然气等）或电。罩式退火炉在20世纪70年代之前，一般采用的保护气体为氮、氢混合气体，采用强制循环或自然循环。在70年代之后，为了提高罩式炉的生产能力和产品质量，开始采用强循环全氢罩式退火炉，提高了炉内温度的均匀性和生产能力，改善了热交换条件。

卧式退火炉的特点是钢带在炉内呈水平状态，边加热边前进，是一种带钢连续热处理装置。热处理炉的结构由预热段、加热段和冷却段等构成。其中冷却段一般都是单独设置，而预热段和加热段则有两种类型：一种是分割型，即把预热段和加热段分割成若干炉室；另一种是整体型，预热段和加热段在同一个炉室，不做物理分割。

立式退火炉也是一种带钢连续退火装置。它是由开卷机、焊接机、脱脂装置、退火装置、冷却装置等组成的连续生产作业线。其特点是炉体为立式，带钢在炉中垂直运行。退火炉采用电加热或燃气加热。为防止带钢氧化，通入保护气体。主要用于不锈钢带钢的光亮退火和带钢的热镀锌前退火。

连续式退火炉（包括立式退火炉和卧式退火炉）通常与开卷机、焊机、机械除鳞、酸洗、涂镀等设备共同组合成一条生产作业线（机组）。用于热轧卷退火和酸洗的机组称为HAPL机组，用于冷轧后退火和酸洗的机组称为CAPL机组，用于连续退火的机组称为CAL机组。

对于带钢连续热处理炉而言，无论是何种炉型，采用何种工艺，热处理炉通常可区分为如下几个关键炉段：预热段、加热段（包括加热、保温等）、冷却段。根据各个工艺段的特点，在带钢热镀锌行业，又将连续退火机组分为森吉米尔法、改良的森吉米尔法和美钢联法。

2.2.1　森吉米尔法

20世纪30年代，波兰人森吉米尔首创连续热镀锌技术，首次将退火炉和热镀锌工序连成一体，称为森吉米尔法。森吉米尔法的主要特点是氧化炉采用直接加热方式使带钢表面强氧化，同时烧掉轧制油；然后在分开设置的还原炉中采用辐射管加热，带钢在强还原气氛中长时间加热、均热，表面氧化膜被还原成海绵状纯铁，产生适合热镀锌的活化表面，经冷却后进入锌锅。

与其他离线退火方法相比，森吉米尔法的显著进步为：

（1）带钢退火和镀锌过程联合成一个整体，简化了生产工序，提高了生产效率。

（2）省略了酸洗除氧化铁皮、碱洗脱脂、清洗以及涂防氧化溶剂等多道复杂工序。

（3）带钢以高于锌液30~50℃的温度入锌锅，可以补偿锌液的热损失，不需额外加热锌液，从而延长了设备使用寿命。

（4）带钢表面无任何溶剂，使锌液成分容易控制，同时减少了锌锅中锌渣的产生。

由于这些优点，森吉米尔法自出现以后，一直处于主导地位。但是，其在生产中也存在不足，如氧化炉中，带钢表面生产的氧化铁皮太厚；还原炉中，不易还原，炉辊容易结瘤等问题。

2.2.2 改良森吉米尔法

20世纪60年代，美国的阿姆克公司在莎伦法的基础上，首次发展了森吉米尔法，称为改良的森吉米尔法。其主要特点是将氧化炉和还原炉用一较小通道连接起来，这样，整个退火炉便连成一个整体。带钢加热段采用直接火焰加热，开发了无氧化加热技术，通过控制空燃比，使炉内保持微氧化气氛，控制带钢表面的氧化。采用无氧化加热可提高热效率，缩短炉长，还原段氢气含量可降至10%~20%，从而大大降低了投资和生产成本。

改良森吉米尔法的技术特点是：

（1）用高温火焰直接快速加热带钢，加热速度可达到40℃/s以上；

（2）利用高温火焰直接挥发和烧掉带钢表面的轧制油，退火炉前可不设置清洗段或只设置简单的清洗段（视原板油污量和铁粉量而定）；

（3）带钢在加热段要产生微氧化，均热段要用氢气进行还原，氧化-还原反应是其特点，保护气体含氢量通常略高于15%；

（4）均热段采用辐射管间接加热。

森吉米尔法和改良森吉米尔法的主要特点是工艺简单，前面不需设置清洗段，生产成本低，20世纪90年代以前得到广泛应用。但是，采用直接加热法虽然能烧掉轧制油，但无法降低钢板表面铁粉含量，而且即便是无氧化加热，也难免带钢表面局部氧化。因此，产品质量不高，很难满足汽车行业对板带钢的质量要求。

2.2.3 美钢联法

20世纪80年代以后，由于对产品质量要求越来越高，特别是汽车行业大量采用高质量的板带钢，以生产高质量板带钢的美钢联法开始被广泛采用，尤其是在镀锌、镀锡生产机组上。20世纪90年代后新投产的热镀锌机组几乎都采用美钢联法。图2.8为韩国浦项4号热镀锌机组设备布置图。为了充分保证带钢的表面清洁度，此机组采用了双清洗系统，除了正常的入口活套之前的预清洗外，带钢出入口活套后，再进行电解清洗。

美钢联法在退火炉前设置清洗段，保证带钢以清洁的表面进入炉内，退火炉全部采用辐射管间接加热。与改良的森吉米尔法相比，虽然工艺复杂，热效率低，但它可生产出表面质量更好、厚度更薄的带钢。另外，由于带钢是间接加

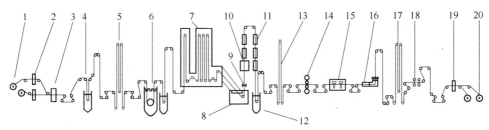

图 2.8　韩国浦项 4 号热镀锌机组设备布置[19]

1—开卷机；2—入口剪；3—焊机；4—预清洗；5—入口活套；6—电解清洗；7—连续退火炉；8—锌锅；
9—气刀；10—小锌花装置；11—冷却装置；12—水淬槽；13—中间小活套；14—平整机；15—拉矫机；
16—化学处理槽；17—出口活套；18—切边机；19—出口剪；20—卷取机

热，很少氧化，可以降低炉内氢气含量至 5% 左右，降低氢气消耗，提高安全性。

表 2.3 为直接加热法和间接加热法在带钢表面质量、退火炉的操作和维护、投资和运行费用等几个方面的比较。

表 2.3　直接加热法与间接加热法的比较

<table>
<tr><td colspan="2"></td><td>（清洗+）直接加热法</td><td>清洗+间接加热法</td></tr>
<tr><td colspan="2">产品用途</td><td>不设清洗段，可经济地生产建筑、容器业和家电行业用板。
设清洗段，其产品也可用作汽车板</td><td>其产品多用作汽车板，更可以用作建筑、容器业和家电行业</td></tr>
<tr><td colspan="2">带钢规格</td><td>炉内温度高达 1300℃，易烧断带钢，因而带钢厚度应在 0.4mm 以上</td><td>可处理非常薄的带钢，由于热瓢曲问题，厚度限制在 0.2mm 以上</td></tr>
<tr><td rowspan="4">带钢表面质量</td><td>氧化</td><td>燃烧产物直接与带钢接触，易氧化</td><td>燃烧产物不与带钢接触，不易被氧化</td></tr>
<tr><td>麻点</td><td>炉内温度高，内衬多为重质砖，长期使用内衬表面易剥落，砖颗粒散落在带钢表面上，易产生麻点</td><td>炉内温度不高于 950℃，内衬多为陶瓷纤维并用不锈钢敷面，内衬寿命长，不会因剥落而使带钢产生麻点</td></tr>
<tr><td>烧穿</td><td>炉内温度高，操作不当，会烧穿带钢，造成断带</td><td>没有烧穿断带的危险</td></tr>
<tr><td>热瓢曲</td><td>加热速度达 40℃/s，可将带钢迅速加热到 500~630℃，炉辊少，产生热瓢曲可能性小</td><td>加热速度小于 10℃/s，炉辊多，易产生热瓢曲，但可通过预热带钢或采用炉辊热凸度加以控制</td></tr>
<tr><td rowspan="2">对保护气体及煤气的要求</td><td>氢含量</td><td>各炉段采用高氢含量（15%~30%）的保护气氛，以减少镀锌前带钢表面上的氧化物</td><td>炉内保护气氛中氢含量低，一般在 5% 以下</td></tr>
<tr><td>消耗量</td><td>由于炉内燃烧产物和保护气氛一起通过排烟系统排出，直接加热炉和其他炉段之间又难以密封，保护气氛通过直接加热炉排掉，因而耗量大；由于炉温高，氮气安全吹扫耗量大</td><td>在炉子入口处易密封，各炉段保护气氛相对独立，定期排放更新，因而耗量小。由于炉温低，氮气安全吹扫耗量相对较小</td></tr>
</table>

续表 2.3

		（清洗+）直接加热法	清洗+间接加热法
对保护气体及煤气的要求	煤气	由于直接加热的燃烧产物直接与带钢接触，且空燃比控制严格，因而对煤气质量及热值要求高；煤气需精脱硫、脱萘及净化；种类为焦炉煤气或天然气，低发热值 ≥10.5MJ/m³（标况）的高、焦混合煤气	由于间接加热的燃烧产物不与带钢接触，因而对煤气质量及热值的要求较直接加热稍低
操作维护	操作	直接加热速度快，对变品种、变规格的炉温调节非常灵活。但其控制要求高，尤其空燃比的控制，空燃比扰动会影响炉况的稳定性	间接加热速度慢，对变品种、变规格的炉温调节灵活性差。由于辐射管和炉辊热惰性大，温度等控制稳定
	维护	炉辊、辐射管数量少，维护及维修量相对减少。直接加热时由于耐材的剥落、氧化物的积聚，定期维修量大	炉辊、辐射管数量大，维护及维修量大
投资		不设清洗段，投资相对较小。因而用该法生产表面质量要求不苛刻的产品，如建筑业用板，是经济的 设清洗段，与间接加热相比，投资差别不大。用该法也可生产优质汽车板	与带清洗段的直接加热相比，投资差别不大，该法多用作生产优质汽车板

2.2.4　改良森吉米尔法与美钢联法的比较

在现代化的大型机组上，主要采用改良森吉米尔法和美钢联法进行带钢热处理。这是因为此两种机组生产连续性强，速度快，产量大，老式的森吉米尔法已不再应用。下面对改良森吉米尔法与美钢联法作一个详细的比较。

A　加热方式不同

改良森吉米尔法与美钢联法加热带钢的方式不同，改良森吉米尔法在加热段采用无氧化的直接火焰加热方式加热带钢，而美钢联法则采用辐射管间接加热带钢。

直接火焰加热方式加热带钢，炉内温度高达 1200~1300℃，可将带钢快速加热到 600℃ 以上，从而缩短了加热段的炉长。但由于炉内温度高，易出现断带事故，薄带钢的生产受到限制。同时带钢表面会氧化，在后续的还原炉中会产生铁粉，不但易使炉辊结瘤，而且影响带钢表面质量，因此难以生产最高质量的产品。

间接加热方式加热带钢，炉内最高温度在 950℃ 以下，加热速度比较慢，不大于 10℃/s。因此，炉段比较长；但带钢不直接与火焰接触，在保护气氛下完成间接加热与光亮退火，温度控制准确，表面质量好，不但可以生产超薄带钢，而且能生产最高质量的产品。

 B　带钢表面清洗方式不同

 改良森吉米尔法在加热段采用无氧化的直接火焰加热方式加热带钢,高温火焰直接接触带钢表面,挥发、裂解和烧掉带钢表面的轧制油,具有清洁带钢表面的功能,退火炉前可不设置清洗段或设置简单的清洗段。

 美钢联法采用间接加热,加热段采用辐射管间接加热带钢,燃烧火焰不直接接触带钢表面,没有清除带钢表面轧制油的功能,因此带钢入炉前必须清洗干净,使轧制油和铁粉的含量(单面)小于 $10mg/m^2$,通常采用化学清洗和电解清洗。生产高质量的产品时,轧制油和铁粉的含量应小于 $8mg/m^2$。

 带钢表面的清洁直接关系到带钢表面的涂镀质量。因此,美钢联法对清洗段的设计极其重视,除采用化学清洗外,还采用电解清洗。美钢联在20世纪70年代发明了高电流密度清洗法(HCD法),其显著特点是使用 $70\sim150A/dm^2$ 的高电流密度,使清洗液产生大量的氢、氧气泡,将带钢表面的油污爆破而被清洗干净,因此清洗时间短,效果好。电解清洗液采用喷射方式,不仅能冲走积聚在带钢表面的气泡,保持电解清洗液的良好的电导率,而且可冲走已反应的电解液。高电流密度清洗法作为美钢联的专利已在世界上很多涂镀线上使用,效果显著。

 C　带钢热处理范围的差异

 改良森吉米尔法在加热段采用无氧化的直接火焰加热方式,炉温高达 $1200\sim1300℃$;事故时带钢停滞炉中,而炉温降低困难(由于炉温惯性,炉温下降较慢);停炉后重新开始生产时,由于张力作用容易导致断带事故,因此处理带钢厚度最好在 0.4mm 以上。

 美钢联法采用间接加热,炉内温度通常在 950℃ 以下(CQ级、DQ级带钢在800℃以下),加热速度不大于 $10℃/s$,温度控制准确,表面质量好,板形好,可对更薄的带钢进行退火,而且能生产最高质量的产品。

 D　带钢热处理表面质量的差异

 改良森吉米尔法带钢在入炉前未经过清洗或清洗不干净,轧制油和铁粉的含量较高,烧掉轧制油后仍有铁粉存留带钢表面;加热段炉温高,内衬采用重质耐火材料,长期使用易剥落,颗粒散落在带钢表面,易产生麻点,影响带钢表面质量。

 美钢联法采用间接加热,带钢在入炉前经过化学清洗和电清洗,带钢表面铁粉存留少。炉温在 950℃ 以下,内衬采用耐火纤维,外加 $0.5\sim1.0mm$ 不锈钢板保护,不易产生麻点。带钢不接触火焰,在保护气氛下完成间接加热与光亮退火,温度控制准确,表面质量好,能生产最高质量的产品。

 E　保护气体消耗不同

 改良森吉米尔法加热段采用无氧化的直接火焰加热方式加热带钢,带钢表面发生微氧化，均热段要用氢气进行还原；同时，各炉段难以严格密封，且多余的保护气体通过加热段及排烟系统排出（通过炉内压力控制），因此保护气体消耗较大，需连续补充，保护气体含氢量为15%~25%。由于温度高，事故吹扫氮气量也较大。

美钢联法采用间接加热，带钢在入炉前经过化学清洗和电化学清洗，表面清洁。保护气体氢含量为5%~10%，且由于密封较好，保护气体的消耗相对较小。由于炉温不高，事故吹扫氮气量相对较少。

F 对煤气品质要求的差异

改良森吉米尔法加热段采用无氧化的直接火焰加热方式，应严格控制空燃比，空气过剩系数必须严格控制在0.95以内。对煤气热值要求高，最好采用天然气或焦炉煤气。由于火焰直接接触带钢表面，对煤气中的硫和萘要严格控制，因此要求煤气精脱硫、脱萘，进行净化。

美钢联法采用间接加热，煤气在辐射管内燃烧，对煤气品质要求较宽松，可以采用热值较低的煤气，如混合煤气；且燃烧方式多样化，如自身预热式辐射管、自身蓄热式辐射管等，有利于提高能源利用率，降低能耗。

G 安全性

改良森吉米尔法加热段采用无氧化直接火焰的加热方式，保护气体通过加热段及排烟系统排出，由于加热段空气过剩系数必须严格控制在0.95以内。因此，烟气中含有残余煤气、氢气、一氧化碳等可燃成分，若遇空气则有爆炸危险。因此，必须设置严格的安全措施，如在热回收段设置二次燃烧空气烧嘴、烟道明火烧嘴、烟道紧急防爆阀、排烟风机防爆阀等。

美钢联法采用间接加热，煤气在辐射管内燃烧，烟气直接由管道排到烟囱，炉内安全性较好。

H 操作与维护

改良森吉米尔法加热速度快，在变钢种、变规格工况下的炉温调节非常灵活，但由于加热段空燃比的控制要求严格，空燃比的变化会影响炉温的稳定。炉辊和辐射管数量少，维护工作量相对减少，但由于耐火材料的剥落和氧化物的堆积，定期维护量仍然很大。

美钢联法加热速度慢，炉温调节灵活性差，但炉温控制稳定；炉辊和辐射管数量多，维护工作量相对较大。

I 生产成本

生产成本是由吨钢消耗决定的，美钢联法热效率高，而保护气体消耗较少，因而生产成本低。

J 投资成本

改良森吉米尔法无氧化加热炉段较短，燃烧设备较少，而且不设清洗段，占用厂房较短，总投资较少，但安全措施较多。

美钢联法加热速度慢，炉段较长；燃烧设备全为辐射管，价格高，数量大；占用厂房较长；需设完善的清洗段；因此总投资较多。

表2.4为两种方法的详细比较。

表2.4　改良森吉米尔法与美钢联法的比较

序号	项　目	改良森吉米尔法		美钢联法	
		卧式炉	立式炉	卧式炉	立式炉
1	生产率/t·h^{-1}	约60	较高，约100	较低 20~25	较高，约100
2	产品应用范围	家电、建筑、容器	家电、建筑、容器	家电、建筑、容器	家电、高档建筑板、汽车板等
3	板厚/mm	>0.4	>0.4	>0.2	>0.18
4	板宽/mm	任意	<3000	任意	<3000
5	炉温/℃	Max 1300	Max 1300	<950	<950
6	加热速度/℃·s^{-1}	>40	>40	<10	<10
7	退火周期	短	短	长	长
8	均热时间/s	>5	10~15	>5	10~15
9	保护气含氢量/%	15~25	10~25	>5	5 左右
10	生产品种	CQ、DQ	CQ、DQ、DDQ、EDDQ	CQ、DQ、DDQ	CQ、DQ、DDQ、EDDQ
11	爆炸危险	较大	较大	较小	较小
12	炉子密封性	较差	好	较差	好
13	煤气消耗/%	116	103	105	100
14	煤气要求	严格	严格	低	低
15	炉辊温度	高	低	高	低
16	结瘤	有	少	无	无
17	炉压控制	波动大	波动大	无	无
18	炉子净化	不易，吹氮气多	不易，吹氮气多	易，吹氮气少	易，吹氮气少
19	炉辊寿命	短	长	短	长
20	带钢炉内对中	易发生	易发生	不易发生	不易发生
21	烧断带	易发生	易发生	不易发生	不易发生
22	带钢炉内氧化	有氧化	有氧化	无氧化	无氧化
23	停车拉料	需要，废品多	需要，废品多	无	无
24	燃烧控制	难，易氧化	难，易氧化	易，不影响炉内气氛	易，不影响气氛
25	对锌锅的污染	有铁粉带入	有铁粉带入	无	无
26	镀后板形	不好	改善	不好	改善
27	来料板形	可瓢曲，不可边浪	不可瓢曲，可边浪	可瓢曲，不可边浪	不可瓢曲，可边浪
28	锌层附着力	受燃烧气氛影响	受燃烧气氛影响	良好	良好
29	操作灵活性	灵活但不稳定	灵活但不稳定	调节灵活、稳定	调节灵活稳定
30	预留生产能力	难	易	难	易

经过上述的比较，可以看出：改良森吉米尔法加热快，产量大，投资较少，适合建筑、轻工等行业用板和部分汽车用板的生产；而美钢联法更适合于生产高质量的建材用板、汽车用板和家电用板。

2.2.5 卧式加热炉与立式加热炉的比较

带钢连续热处理机组通常与开卷机、焊机、机械除鳞、酸洗、涂镀、拉矫、卷曲机等设备共同组合成一条生产作业线。无论对于立式炉还是卧式炉机组，其热处理环节的工艺原理基本相同，并可与前后工艺隔离，单独划分为一个工艺段。

图 2.9 所示为一典型的带钢连续热处理立式炉机组。通常，带钢在入炉前依次经过开卷、焊接、清洗、挤干，然后进入活套；随后进入立式炉，进行加热、保温、冷却、过时效等热处理工艺。带钢从立式炉中出来后进入涂镀工序，依次经过锌（锡）锅、气刀、镀后加热炉、合金化炉、冷却炉等（对于连续热处理机组，则没有涂镀工序），随后经过第二个活套，再经过拉矫、平整、涂油，最后卷曲。

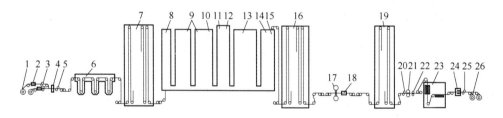

图 2.9　带钢连续热处理机组示意图

1—开卷机；2—直头机；3—入口剪；4—焊机；5，20—月牙剪；6—清洗段；7—入口活套；
8—预热段；9—加热段；10—均热段；11—缓冷段；12—快冷段；13—过时效段；14—终冷段；
15—水淬和干燥段；16—出口活套；17—平整机；18—干燥装置；19—检查活套；21—切边剪；
22—去毛刺机；23—检查站；24—静电涂油机；25—出口飞剪；26—张力卷取机

带钢连续热处理过程有几个关键温度和时间点：晶粒回复、再结晶开始、再结晶结束、固溶处理、过时效处理、最终冷却，为了在特定的时间内控制特定的带钢温度，需要不同的炉段（加热、冷却）、操作参数等合理匹配，也就需要各种不同的加热冷却设备。

由于连续热处理的带钢通常很薄（厚度小于 3mm），因此其加热冷却速度非常快，这也就要求机组保持较高的带钢运行速度（通板速度），如国内某产线的最高通板速度达 880m/min。

立式炉的结构和运行特点造成了带钢连续热处理炉独特的热工特性：

（1）炉子分段多，各段传热特性不尽相同，炉子有效长度超长。

（2）带钢规格、热处理周期、带钢运行速度等经常变化，炉况常常处于变动状态。

（3）由于带钢运行速度高，造成带钢在炉内驻留时间（<3min）小于炉子热惯性时间（10~15min），因此带钢速度、炉温等操作参数必须协调控制。图2.10为国内某连续退火机组立式炉辐射管加热段的辐射管管壁温度变化率与炉温变化率之间的比较，其时间差约为10min，这基本上代表了炉温的惯性时间。

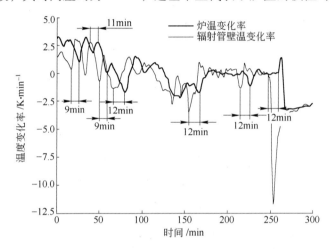

图2.10　立式炉辐射管加热段的辐射管管壁温度变化率与炉温变化率对比

（4）带钢规格、钢种或热处理周期切换时，必须兼顾前后带钢的工艺要求。

（5）不合理的带钢温度，很容易造成带钢跑偏、皱曲、断带等事故。

（6）带钢温度测点不多，由于带钢速度快，带温测量准确性较差，给反馈控制造成一定困难。

（7）带钢在炉内高速运行，其加热特性与带速有很大的关系，而带钢速度不仅与产量有关，还要与带钢焊接、清洗工艺、涂镀工艺以及后处理工艺相协调。

由于这些特性，以及现代带钢连续热处理（涂镀）机组大型化、产品多样化、高质量、低成本的发展趋势，使得连续热处理过程的模型化和优化控制成为亟待解决的重要难题之一。

通常卧式连续退火炉主要采用的是改良的森吉米尔法，而立式连续退火炉大多采用的是美钢联法。这主要有两方面的原因：首先，卧式炉由于设备是水平布置的，因此其占地面积较大，如果采用森吉米尔法或改良森吉米尔法，由于预热段和加热段采用明火供热，可以提高带钢在预热段和加热段的升温速率；其次，卧式炉通常用来处理热轧和冷轧不锈钢带钢，由于不锈钢具有很好的抗氧化作用，且在热处理之后均需要进行酸洗，热轧和冷轧不锈钢带钢规格通常也较厚，因此多采用明火加热的卧式炉，且不设置还原炉。热轧和冷轧不锈钢带钢连续热处理卧式炉结构示意如图 2.11 所示。

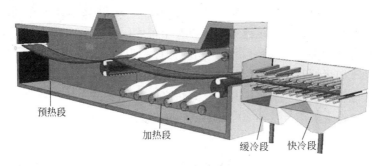

预热段 加热段 缓冷段 快冷段

图 2.11 卧式连续退火炉结构示意图（参见书后彩图）

通常，在卧式连续退火炉内主要有预热段、加热段、缓冷段和快冷段四个工艺段。根据热处理工艺的要求，每一工艺段内通常又分为若干个控制区域，根据采用的热处理工艺的不同，各控制段的组合方式也不一样。例如在缓冷段和快冷段中，通常在缓冷段中采用气体喷射冷却，而在快冷段中采用水雾冷却、气雾冷却或者水喷射冷却。在这三种冷却方式中，气体喷射冷却的冷却速率最低，但可控性最好；而水喷射冷却则正好相反；水雾冷却和气雾冷却介于两者之间，因此可以根据实际需要，采用不同的冷却方式组合，如气体喷射+水雾冷却，气体喷射+水喷射等。

对于碳钢类带钢，在连续热处理（涂镀）的生产线中，初期使用的退火炉多为卧式加热炉。20 世纪 60 年代以后，出现了利用立式炉进行冷轧带钢的连续退火工艺，目前碳钢的连续热处理（涂镀）生产基本上都采用立式炉。

近年来，由于对带钢连续退火生产线高质量、高产量、低能耗、低投资的要求日益成为人们所关注的焦点，所以在现有的条件下，选用什么形式的加热方式，越来越引起人们的关注。在此针对两种炉型的特点从不同的方面进行比较。

A 带钢运行速度

对于带钢连续热处理炉而言，必须保证带钢在炉内通过的时间。为了提高生产速度（即带钢运行速度），必须加大加热炉的长度。

当采用立式炉时，每增加一对炉辊，水平占地长度为 1.5m，相当于带钢长度增加 20m。而采用卧式炉时，炉子的水平长度增加与带钢长度增加是一致的。

为了提高产量，需要提高生产线的速度。若要提高 20m/min，对卧式炉而言，生产线要延长 20m，而立式炉只需要延长 1.5m。从目前带钢连续热处理生产线来看，带钢在炉内的时间要达到 1min 以上，对于生产速度达到 200~250m/min 以上的工况而言，卧式炉的长度便成了限制生产速度提高的重要因素。

对相同产量的机组，两种炉型的炉子长度可以相差数倍。水平占地长度相同而炉型不同的生产线，其炉子单位长度的生产能力也相差甚远。

B　厂房建筑要求

在采用立式加热炉时，退火生产线占地长度较小，但要求生产车间厂房有一定的高度。如宝钢 2 号线连续退火炉入口及出口段厂房轨面标高 37m（主要由入口立式活套高度所决定），冷却塔段厂房轨面标高为 56m。

采用卧式加热炉时，为了保证机组的生产速度，要使炉子具备相应的长度，因此厂房占地较大，但厂房高度只需立式炉高度的一半。

表 2.5 为若干条年产量在 20 万吨以上的热处理（涂镀）板生产线长度、加热炉炉型及长度与年产量的关系统计结果。

表 2.5　生产线长度及加热炉长度对比

公司名称	厂址	炉型	年产量/万吨	生产线长度/m	炉子长度/m
新日铁	名古屋	立式	30	199	58
	八幡	水平式	30	322	134
	君津	立式	51	227	41.4
日本钢管	京浜	立式	30	236	42
	福山	水平式	27	343	120
住友	鹿岛	水平式	36	313	208
川崎制铁	玉岛	水平式	26	315	151
	千叶	水平式	24	300	165
神户制钢	加古川	水平式	27.6	345	185
日新制钢	市川 1 号	立式	30	192	12
	市川 2 号	水平式	28.8	420	196
大同制钢		水平式	21	252	134
大洋制钢		水平式	21.6	245	125
宝钢（2 号线）	上海	立式	37.2	315.5	54.6
济钢（1 号线）	济南	立式	25	307	29

C　加热炉炉辊

为了使带钢在炉内转向或对带钢进行支撑，无论是立式炉还是卧式炉，都需要相当数量的耐热合金钢辊。两种类型加热炉使用的炉辊情况各有其特点，表 2.6 为炉内炉辊的使用情况比较。

表 2.6　炉内辊使用情况比较

炉型	数量比	辊径	传动方式	与带钢接触方式	相对滑动	清理辊子间隔	结瘤情况	辊子寿命
立式炉辊	1	一种	电机单独传动	包角 90°~180°	不易产生	1 年	不易发生	2~5 年
水平式炉辊	5	多种	链条集体传动	线性接触	易产生	1~3 个月	易发生	1 年

除了上述不同点之外，还有两点需要说明：一是炉辊数量多时，必然造成密

封部位和使用密封件的数量增多，增加了炉子漏气的隐患；二是立式炉辊为单独传动，包角为90°~180°，除了不易结瘤外，还有利于板形的调整。

D 炉型与产品质量

对于不同品种产品所要求的退火工艺，都可以通过调节炉子的长度来适应。立式炉不需要增加太大的长度就可以对带钢进行时效处理而得到深冲性能好的产品，而卧式炉则难以实现。

卧式炉的炉底辊处于炉膛内较高温度环境中，与带钢极易出现相对移动的状态，这样会划伤带钢表面，并将带钢表面的铁粉刮落，污染炉内环境，且易使炉辊结瘤，直接影响了退火带钢表面质量。而立式炉中带钢与辊子的包角在90°~180°范围，辊子直径也大，且是单独传动，避免了上述问题。

另外，采用立式炉时，当带钢上下往复运动时，由于带钢受到了张力及弯曲作用，从而可以减少带钢的瓢曲。

E 节能情况

对于同样生产能力的带钢连续退火线，采用立式炉或卧式炉时，对能源的消耗量也不同。

由于立式炉的长度较卧式炉短，结构材料少，表面积也小，因而热量散失比卧式炉要少。在使用燃气加热的情况下，节约燃气量约为12%。

在电力消耗方面，由于立式炉炉辊由电动机单独传动，这比卧式炉炉辊通过链条集体传动消耗的电力大，约为卧式炉的2倍。

立式炉炉辊数量约为具有同等生产能力的卧式炉的1/5，所以炉子的密封性能好，可以节约保护气体。

如前所述，立式炉炉辊几乎不存在结瘤的危险，而且由于带钢在炉中上下往复运动，炉内氢气、氮气混合较为均匀，这样可节约10%左右的氢气。

F 安全性

在立式炉的保护性气氛中，氢含量在5%~10%的范围内，比卧式炉的氢含量低10%~15%。由于氢气的浓度较低，减少了爆炸的危险性，更具安全性。

对于热轧不锈钢和冷轧不锈钢的轧后热处理而言，由于带钢厚度通常较大，因此多采用卧式炉。对于薄规格的冷轧不锈钢带钢（主要是热处理温度较低的钢种，如430不锈钢可在850℃下进行退火处理），由于立式炉具有较高的生产速度，且采用美钢联法的立式炉炉中充满保护气氛，带钢表面氧化可降至极低，这也为后续的酸洗工艺降低了生产压力。因此，目前也有采用美钢联法立式炉生产薄规格不锈钢带钢的趋势。

2.2.6 预热段（炉）

预热炉在森吉米尔法热处理（涂镀）生产线中称为氧化炉，在改良森吉米尔法中称为无氧化加热炉或快速加热炉。在美钢联法中，没有无氧化加热炉，加热炉和均热炉有的合二为一。为了利用辐射管废气产生的余热，在炉子的前端专门设置预热段，将辐射管产生的高温废气热量传给保护气体，通过射流冲击换热再将热量通过保护气体传给带钢，达到节能的目的。

　　预热炉处于退火炉的最前端，是带钢连续退火炉的一个重要组成部分，如图2.12（a）、（b）所示。

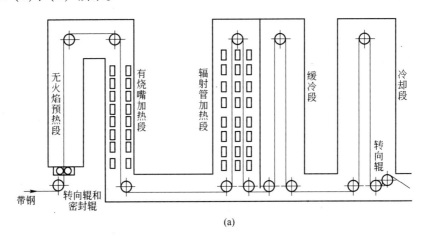

(a)

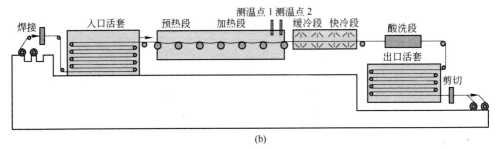

(b)

图 2.12　预热炉

（a）立式炉；（b）卧式炉

　　预热炉的作用为：（1）按工艺要求把带钢预热到一定温度；（2）将冷轧带钢表面的残余油脂通过蒸发和燃烧清除掉；（3）回收炉子烟气余热。

　　对森吉米尔法和改良森吉米尔法而言，预热炉采用煤气或天然气加热。带钢在预热炉内是直接被燃烧气体加热的。这种开式燃烧方法目前有多种形式的烧嘴，高速并流烧嘴在此段应用较多。目前还有不少炉子采用了较为优越的低压、短火焰涡流烧嘴[20]。

　　为了便于控制，预热炉通常设计成 2~3 个调节段，每段中的烧嘴也分组布置，当机组生产率发生变化时，则可根据实际需要关闭或打开其中一组烧嘴。

实际生产中，不同钢种具有不同再结晶温度，再结晶温度越高，要求出预热炉温度越高。这将使得炉中通入的燃气量、热量单耗及机组生产率都与预热炉的温度密切相关。当再结晶温度提高时，机组生产率就要下降，而热量单耗和燃烧气体通入量却要相应加大，如图 2.13 所示。

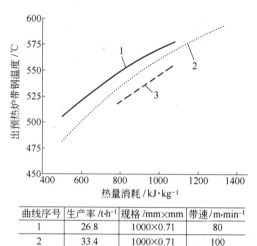

曲线序号	生产率 /t·h⁻¹	规格 /mm×mm	带速/m·min⁻¹
1	26.8	1000×0.71	80
2	33.4	1000×0.71	100
3	45.2	1000×0.96	100

图 2.13　不同生产率预热炉中热量消耗和带钢出炉温度的关系

为了满足一定带钢温度的需要，在生产中主要通过恰当地选择燃烧气体的通入量来控制预热炉的炉温，以达到精确控制带钢温度的目的。

预热炉中燃烧气体最少通入量可通过下式计算获得：

$$V_{mins} = \frac{G \cdot c_s (T_1 - T_2)}{Q_{Dw}^r \eta} \quad (2.2)$$

式中　V_{mins} ——需要通入预热炉的最少燃烧气体量，m^3/h；

　　　　G ——生产率，t/h；

　　　　c_s ——带钢的热容，$kJ/(kg \cdot \text{℃})$；

　　　　T_1 ——出预热炉时带钢温度，℃；

　　　　T_2 ——入预热炉带钢温度，℃；

　　　　Q_{Dw}^r ——燃料热值，kJ/m^3；

　　　　η ——炉子热效率，%。

在退火炉作业线中，热效率 η 是说明预热炉性能优劣的技术参数。由式（2.2）可看出，V_{mins} 随着 η 的增大而减小，这说明热效率高的炉子节省燃料，设计性能较好。炉子热效率与炉子的多种因素有关，可通过下式计算：

$$\eta = 1 - \frac{V_f \cdot c_f \cdot T_f}{Q_{Dw}^r} \quad (2.3)$$

式中　　V_f——燃烧 1Nm³ 燃料所产生的废气量，m³；

　　　　c_f——废气的热容，kJ/(kg·℃)；

　　　　T_f——炉子出口废气温度，℃。

由上式可见，要提高炉子的热效率，必须尽可能地降低废气温度。对于连续退火炉而言，采用一个尽可能长的无烧嘴对流区或废气加热炉，这样废气可以继续将其热量传给带钢，从而提高炉子的热效率。

当已知炉子热效率，即可由下式计算炉子的煤气通入量：

$$V_{mins} = \frac{Q_n + Q_v}{Q_{Dw}^r \eta} \tag{2.4}$$

式中　　Q_n——带钢吸热量，kJ/h；

　　　　Q_v——炉子周围的热量散失，kJ/h。

美钢联法采用全辐射管间接加热带钢，没有明火直接加热的无氧化加热炉。为了利用辐射管燃烧废气的余热，节约能源，现代热处理（涂镀）机组的退火炉一般会在全辐射管加热、均热炉前设置一个预热炉。通过利用辐射管燃烧烟气与预热炉内保护气体换热，使加热后的保护气体以射流冲击的方式来预热刚进入炉内的带钢。其结构如图 2.14 所示。

保护气与辐射管燃烧烟气换热后，可将带钢预热到 150~200℃。此外，预热炉还起到从入口密封到加热炉之间的缓冲作用；同时还能够减少带钢表面的氧化，节约保护气体中的氢气。

经过换热后的辐射管燃烧烟气，仍然有 400℃ 左右的余热，可将其再送到余热锅炉生产蒸汽，供机组使用。通过两次换热后的辐射管燃烧烟气温度可降低到 200℃ 左右，通过排烟机抽至烟囱排放，从而达到最大程度的节能目标。

2.2.7　加热段（炉）

加热段（炉）在很多涂镀机组中也称为还原段（炉），这是因为在具有明火预热段的涂镀机组中，加热段（炉）起到的关键作用是将带钢在预热段生成的表面氧化物还原成铁，提高带钢表面质量，改善镀层金属（锌、锡等）与带钢表面的结合力。

森吉米尔法和改良森吉米尔法带钢连续热处理（涂镀）机组中的退火炉均设有还原炉，其主要功能有两点：一是将带钢表面氧化铁还原成活性海绵状纯铁层；二是把预热到一定温度的带钢继续加热升温，完成带钢的再结晶退火。

现代化美钢联法热处理（涂镀）机组立式还原炉的还原段与加热段通常被设计在一个炉膛内，全部用辐射管加热和均热。在这种炉型中，加热段与还原段没有严格的界限，其优点是结构简化；根据带钢的规格、性能级别，可方便地调整退火曲线。

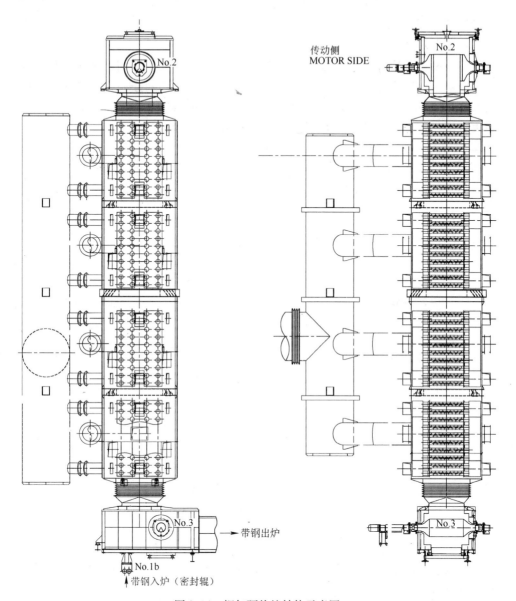

图 2.14 烟气预热炉结构示意图

加热段的热工制度是保证带钢力学性能的关键。由于各退火炉加热段的结构、容量、密封性及测温位置方法各不相同，所以不可能有满足所有机组的统一热工制度。在实际生产中，必须根据实践经验的积累，制定出符合各自机组特点的热工制度。

加热炉内采用的加热方法一般分为直接加热和间接加热，或称为接触式加热或非接触式加热。直接加热法有直接燃烧加热法；间接加热法有辐射管加热法、电感应加热法等。

2.2.7.1　直接燃烧加热方法（DF）

直接燃烧加热具有悠久的历史，最早在1949年由Selas公司在美国内陆钢铁公司应用，随后的几年内开始在连续热镀锌线上应用。但对于板带钢连续退火机组而言，辐射管加热后来渐渐占据了主导地位。随着连续退火机组产品多样性的要求日增，直接燃烧加热技术开始复兴并受到广泛关注。

A　辐射型直接燃烧（RDF）加热

RDF方法是利用燃烧火焰直接加热带钢的一种方法。它可以减小炉子的长度，用于板带退火线加热过程的任何阶段。同时研究发现，带钢表面的轻微氧化是可以接受的，并且可以通过气氛控制和酸洗来解决。通过RDF方法来实现无氧化加热，需要注意以下几点：

（1）炉温必须达到带钢加热温度要求；

（2）空燃比 $\alpha<1$，保证燃气具有弱还原性；

（3）处理厚带钢时，需要更长的停留时间，需要加大燃料量以提高炉温。

RDF加热过程中最高炉温为1200~1350℃，空燃比 α 为0.9~0.95。从节约能源的角度考虑，连续热镀锌线以及卧式连续退火线配备相应的热回收装备是必需的。通常，热回收过程分为两个阶段：烟气温度较高时，采用辐射型热回收模式，烟气温度由1200~1350℃降到700~800℃；随后利用对流型热回收模式，使烟气温度由700~800℃降到200~300℃。两种模式联合使用可以得到更高的热回收效率。

目前辐射型燃烧加热技术存在的问题主要是燃烧器喷嘴的材料和结构对于几何稳定性和设备寿命的影响。另一个问题就是如何保证无氧化炉内气氛为还原性。在带钢与燃气的氧化-还原反应平衡中，带钢从20℃升温到700℃，要想得到无氧化气氛，必须使气体组分满足下列要求：$\varphi(CO)/\varphi(CO_2)>4.0$，$\varphi(H_2)/\varphi(H_2O)>4.0$，空燃比 $\alpha<0.5$。这种燃烧状况已经在管材生产线上的加热过程中实现。严格来讲，目前的连续热镀锌线空燃比为0.9，因此只能称其为最小氧化炉而不是无氧化炉。尽管如此，由于带钢在加热区域的停留时间不超过25s，产生的微弱氧化作用对带钢质量的影响是可以接受的，且此影响通过后续工序可以消除。

B　对流型直接燃烧（CDF）加热[21]

在CDF技术中，燃气通过在燃烧室内燃烧，然后通过循环风机加压，由喷嘴喷吹到带钢表面，是一种强制循环直接燃烧加热方法。该技术主要用于铝、铜以及它们的合金的连续退火。

CDF方法与辐射管加热（RT）方法或RDF方法相比具有以下优点：

（1）由于强制对流的作用，加热过程变得快速均匀，且不需要考虑带钢的表面辐射率；

（2）由于高的对流换热系数，在给定炉长的情况下可以降低气体温度；

（3）由于加热速度可以通过气体喷射速度而不是提高炉温来进行调节，当带速或者带厚发生改变时，带温的控制变得更容易；

（4）当加热温度改变时，气体的温度变化比炉温具有更小的时间常数；

（5）烧嘴数量更少，不管从操作还是维护上都更容易。

2.2.7.2 辐射管（RT）加热

辐射管是通过燃气在辐射管中燃烧，利用受热的套管表面以热辐射的形式把热量传递给带钢，将带钢加热到退火要求的温度。由于燃烧产物不与带钢表面接触，因此不会影响带钢表面质量，而且炉内气氛及加热温度便于控制和调节。

辐射管燃烧系统主要由辐射管、烧嘴和废热回收装置等组成。辐射管是将燃料燃烧释放的热能辐射给带钢的关键部件。管体内表面与燃烧火焰及高温烟气直接接触，容易被局部灼烧、氧化；若沿管体长度方向存在较大的温差，则会产生较大的热应力，同时辐射管的热胀冷缩也会对它产生一定的蠕变。所以，管体应具有良好的耐热性能、抗高温的氧化能力、密封性、较低的膨胀系数以及较高的热导率等[22]。

从辐射管结构的发展历史来看，最早出现的是直管型，到 20 世纪 50 年代初 U 型辐射管问世，在此基础上发展了 W 型，以及烟气再循环的 P 型和 O 型。传统的燃气辐射管普遍存在着热效率低的问题，因其余热回收装置采用的是间壁式结构，余热回收不充分，空气预热温度一般为 200~500℃，烟气余热回收率仅能达到 30%左右。因此，传统的燃气辐射管加热装置的热效率难以突破 75%。蓄热技术的发展为人们提高辐射管加热装置的热效率提供了新思路，采用蓄热式换热器代替间壁式换热器，可实现余热的高效回收。

采用辐射管间接加热的还原炉，以改变煤气通入量来改变带钢温度反应迟缓。煤气通入量的变化反映到炉温变化的这一时间称为炉温惯性时间。在辐射管加热的立式炉中，这一时间通常在 10~15min（受辐射管壁厚、炉体保温材料和炉气量的影响）。那么，进一步反映到带钢温度的变化，通常需要 20min 左右。在实际生产中，为了快速调节带钢温度，比如在机组工况切换时，通常采用调节预热炉中煤气通入量和改变机组生产力相结合的办法达到调节带钢温度的目的，对于没有预热炉的机组，则通过预调节炉温结合调整机组生产力来调节带钢温度。在正常的生产中，还原炉温度一直较为平稳。

2.2.7.3 感应加热

感应加热是通过感应线圈产生的磁场作用于带钢，在带钢表层产生磁感应电流，从而加热带钢的。在连续退火过程中，带钢宽度方向采用纵向感应，通高频电流以获得高的加热效率，带钢厚度方向采用横向感应，通低频电流。这样可以根据不同的生产条件以及带钢规格灵活制定加热制度[23]。

感应加热的突出优点是无污染、热效率高、加热速度快、操作简单等，但难以实现均匀加热。由于集肤效应，电流集中于带钢表面，因此不可避免地导致感应加热带钢边部加热速度高于中部加热速度，从而使带钢宽度方向产生较大温差。感应加热电源频率越高，加热温度范围越大，带钢宽度方向的温差越大。同时，炉内线圈或电极的冷却也是一个难题。

感应加热通常用于小温差范围的加热，如合金化炉，涂层烘烤炉，连续退火炉中间快速反应段和冷却后加热段等。带钢温度越高，磁导率越低。通常认为带钢温度超过居里温度（约 700℃）时，不适合采用感应加热。

通常应用于板带退火过程的其他冷却方法有电阻加热、电子束加热、炉辊加热、盐浴加热等。而一些研究结果表明，快速加热可以使板带具有超高塑性，促进了其他一些快速冷却方法在板带退火过程中的应用，例如激光照射加热、等离子流加热、电容储能加热等。

2.2.8　冷却段（炉）

冷却段的作用是将带钢冷却到下一炉段或工艺所要求的温度。带钢的快速冷却是整个退火过程的核心，其冷却速率的控制对于带钢产品质量起着至关重要的作用。冷却速率的定义如下：

$$R_c = \frac{2h}{l \cdot \rho \cdot c} \frac{T_i - T_o}{\ln[(T_i - T_g)/(T_o - T_g)]} \tag{2.5}$$

式中　R_c——冷却速率，℃/s；

$\quad\quad T_i$——快速段入口带钢温度，℃；

$\quad\quad T_o$——快速段出口带钢温度，℃；

$\quad\quad h$——对流换热系数，W/(m²·℃)；

$\quad\quad l$——带钢厚度，m；

$\quad\quad \rho$——带钢密度，kg/m³；

$\quad\quad c$——带钢比热容，kJ/(kg·℃)；

$\quad\quad T_g$——冷却介质温度，℃。

冷却速率与很多因素相关，如冷却设备种类、冷却风箱喷嘴的数量、喷嘴的宽度、喷嘴之间间距、喷嘴与带钢间距、冷却介质速度、带钢运行速度等。在实际运行时，往往根据实际情况对这些参数进行自适应修正。

冷却设备从运行原理上可分为静力冷却和动力冷却两类。静力冷却是在带钢左右两侧交错布置空气冷却辐射管，即靠辐射来冷却带钢。空气冷却辐射管为套管式结构，如图 2.15 所示。

需要注意的是，冷却辐射管破裂时，会将空气鼓入炉内，这不仅影响保护气

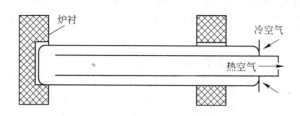

图 2.15 空气冷却辐射管套管示意图

体的还原性，甚至会引起爆炸。为了防止事故发生，冷却辐射管必须采用负压操作，使其内管和抽风机进口相接。冷空气由内外管壁间吸入，吸收了来自带钢的辐射热之后，由内管排出。当空气吸入温度为 20℃，则排出温度一般可达 80℃左右，即可达到热交换冷却的目的。

为提高机组的生产效率，冷却段常配备有快速冷却器，即所谓动力冷却。当静力冷却开到最大功率，带钢出炉温度依然偏高时，就要开启动力冷却。图 2.16 为快速喷气冷却装备示意图。

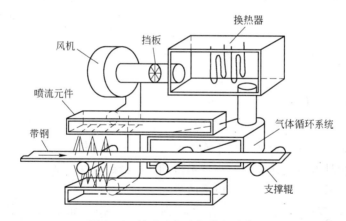

图 2.16 快速喷气冷却装备示意图

快速冷却装置包括热交换器、送风机、鼓风箱、风量调节闸门和保护气体循环管路等部件。热交换器是快速冷却装置的主要组成部分，它的功能是将快冷段内热的保护气体在换热器内与冷却水进行热交换降温，再由风机鼓入风箱，从风箱喷口射出并喷向带钢，使带钢快速降温。

随着汽车用高强热处理（涂镀）板的应用日趋扩大，热处理（涂镀）线常规快冷技术（冷却速度小于 30℃/s）已不能满足高强钢的生产工艺要求。特别是双相（DP）钢，最终组织为铁素体和马氏体，必须在很高的冷却速度下才能得到。因此，世界各国围绕提高冷却速度做了大量的研究试验，研究成果相继应用于工业生产，目前主要有以下几种方式：常规喷气冷却（GJC）、高速喷气冷却（HGJC）、辊冷（GC）、喷气和辊冷复合冷却（RGCC）、气水双相冷却（ACC）、冷水淬（WQ）、热水冷却（HOWAC）等。各种冷却方式的特点对比见表 2.7。

表 2.7　各种冷却方式的特点对比

冷却方式	冷却速度 /K·s⁻¹ （1mm 厚板）	开冷温度 终冷温度 /K	适用品种	板形	表面质量	力学性能	生产成本	技术拥有公司
GJC	约 15	任意温度	镀锡板	优	优	差	低	新日铁等
HGJC	约 50	约 948 任意温度	镀锡板 冷轧板	优	优	良	较高	新日铁 川铁
RC	约 160 （接触部分）	873~923 ≥573	冷轧板	良	差	优	较低	日本钢管
ACC	50~200	948，≥523	冷轧板	良	良	优	高	新日铁
WQ	1000~2000	约 773，<373	冷轧板	中	中	优	低	日本钢管
HOWAC	约 90	任意温度	冷轧板	中	良	良	中	比利时
GJC+RC	约 50	任意温度	冷轧板	良	良	良	中	川铁

2.2.8.1　高速喷气冷却技术

气体喷射冷却技术诞生于 20 世纪 60 年代，由 General Electric（GE）以及 Midland-Ross（M-R）研究开发，主要通过减小最终冷却段长度缩减炉长。后来他们成功地将该技术商业化应用于连续退火过程一次冷却。

由于可控性好，气体喷射冷却技术得到了广泛的关注。为了进一步提高气体喷射对流换热系数，对其进行了以下改进：

（1）提高气体喷射速度，增大喷射气体体积，如高速气体喷射冷却（HGJC）；

（2）使喷嘴与带钢间距离可调并尽可能小；

（3）提高喷射气体中氢气含量，如高速氢气的喷射冷却；

（4）喷射气体中加入雾化液体。

HGJC 冷却是由气体喷射冷却（GJC）发展而来，将经过冷却后的炉内保护气体（氢气含量约 5%）高速喷吹到带钢表面的一种干式冷却方式。目前该技术已在新日铁以及川铁等多家板带生产厂应用，换热系数高达 110~300W/（m²·℃）。新日铁开发的高速喷气冷却，在带钢宽度方向上分五个区段，设置五个挡板，与出口侧的带钢测温装置配合，控制带钢横向板温，使之均匀分布。而川铁开发的高速喷气冷却与辊冷技术结合形成高速喷气冷却加辊冷复合技术

（RGCC）。新日铁连退的 HGJC 与川铁的不同之处主要是喷嘴不一样。新日铁采用突出的喷嘴，川铁采用窄缝喷嘴，并采取了能有效减轻气体回流的对策措施，如喷嘴横向移动等，保证带钢宽度方向的均匀冷却。另外，与川铁的窄缝喷嘴相比，圆柱状喷嘴达到相同的冷却能力所需的能量更小。与此同时，法国 Stein 公司也开发了新型的高效冷却器，改善了带钢两面压差引起的带钢颤抖，使得带钢冷却得更均匀。

HGJC 技术不仅在产品质量和操作性能上稳定性好，而且其冷却速度高于气体喷射冷却（GJC）。但该冷却方法对于厚带钢还不可能达到高冷速，因此，这种冷却技术适于生产薄带钢，在生产薄带钢情况下，可以实现用铝镇静钢生产 DQ、DDQ[24]。

H_2-HGJC 冷却是对高速气体喷射冷却技术的又一发展，该冷却技术就是利用氢气的高导热性来提高带钢的冷却速度。H_2-HGJC 冷却中，氢气含量从 HGJC 的 5%提高到 50%，带钢的冷却速度将提高一倍。由于该冷却方式属于干式冷却，所以具备干式冷却的一切优点，而且由于含氢量的增加，带钢表面更加洁净，既保证了带钢的表面质量、板形和良好的操作稳定性，又能有较高的冷却速度，生产软钢的同时生产高强钢。与 ACC 和 WQ+RC 相比较，H_2-HGJC 冷却工艺可以减少后处理设备生产运行费用，设备和厂房的基建投资费用。

除氢气（其导热系数为空气的 1.58 倍）之外，其他新型气态冷却介质还有：CH_4(1.70 倍空气)、C_2H_2(1.73 倍空气)、C_2H_4(2.16 倍空气) 等，这些气体都可能成为高效冷却介质。

由于喷气冷却具有收敛的自稳定特点，即如果带钢温度不均匀，温度高的部位，其与气体的温差大，冷却快；反之，带温低的部位，其与气体的温差小，冷却慢，从而最终达到整个板面温度均匀。冷却效果如图 2.17 所示。

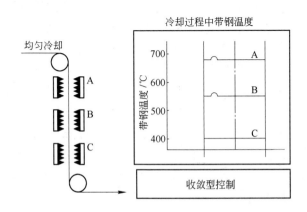

图 2.17 高速喷气冷却系统冷却效果

与其他冷却方式相比，HGJC 产品缺陷少，板形控制能力更强，冷却的起始温度可以较高（约 948K），有利于提高材质性能，更适合薄板高速稳定运行。

几种主要的高速喷气喷嘴形式优劣比较如表 2.8 所示[24]。

表 2.8　高速喷嘴形式优劣比较[24]

喷嘴结构形式	A 型	B 型	C 型	D 型
带钢温度分布	◎	○	○	○
冷却速度	◎	◎	◎	○
压力损失	○	○	○	◎
安装空间	◎	○	△	△
运行成本	◎	○	○	△
评价	◎	◎	○	△

注：◎—很好；○—好；△—可以。

2.2.8.2　辊冷技术

辊式冷却（RC）是用辊内冷却水来冷却带钢的一种接触式冷却方法。1981年，NKK 在其 2 号连退线上首次试用成功，同年在神户制钢建造的连退线上投入使用。该技术冷却系数可达 $2929 \sim 7531 kJ/(m^2 \cdot h \cdot ℃)$，即 $813 \sim 2092 W/(m^2 \cdot ℃)$，接触冷却速度为 $100 \sim 300℃/s$，冷却速度的调节可通过带钢运行速度及水冷辊的移动位置实现。该技术生产成本低，可实现快速冷却，适合生产冷轧板。但对板形依赖性强，对板宽方向均匀性缺乏有效的调控手段，通常辅以水冷辊对面喷气冷却和后部喷气冷却以减少板温偏差，但也会影响冷却速度；且接触的辊子多，产品辊印产生的几率也相对增大。

影响带钢宽度方向上冷却均匀性的因素主要有两个：张力控制和冷却水的流量及流动方式。为了保证带钢在冷却过程中与辊子均匀接触，在辊冷前后必须设置张紧辊以确保较大的张力。虽然增大张力能增强冷却均匀性，但由于带钢冷却过程中还要收缩，带钢与辊子之间就会产生相对滑动，影响带钢表面质量。因此冷却过程中带钢张力合理、稳定的控制显得尤为重要。此外，考虑到炉辊内壁结垢会削弱冷却水与带钢间换热，所以通常采用软化水作为冷却介质。冷却水的流动方式，通常认为从炉辊中间流向两端的冷却效果要比从炉辊一端流向另一端要好，这样更有利于带钢宽度方向上均匀冷却。

2.2.8.3 冷水淬冷却

水冷（WQ）是目前为止应用于连退机组速度最快的一种湿式冷却方法，其冷却速度高达 1000~2000℃/s。水冷技术应用于连退机组的主要难题是带钢经过水淬后发生形变的问题。经过研究发现，水淬过程中水的沸腾处于膜沸腾区，带钢表面会形成不均匀的汽膜，此时覆盖有汽膜的区域带钢温度会由于汽膜的隔绝作用下降很慢，而没有汽膜覆盖的区域带钢温度下降很快，这样就导致了带钢冷却不均，从而引发了变形问题。日本 NKK 公司结合气水喷射和水压喷射，成功地解决了带钢冷却不均造成的变形问题。

由于冷却速度的大大提高，生产高强钢所需合金元素少，产品焊接性能、延时破坏性能好，特别适合高强钢和超高强钢专业化生产。然而，由于连退机组产品品种多，通常既要生产软钢，又要生产高强钢，而软钢不必水淬，一般采用高速喷气冷却、辊冷等冷却方式。这样一条连退机组需配备两种冷却方式，造成设备投资大，生产成本高。此外，水淬方式使带钢终点温度难以准确控制，因此必须增加加热设备。增加加热设备带来的后果一方面是增加了能耗，另一方面则增加了设备投资运行费用。同时水冷后带钢表面会产生氧化膜，因此，在生产线上必须增设酸洗设备，增加了设备投资成本和生产运行成本[25]。

2.2.8.4 气-水双相冷却（ACC）

ACC 冷却是将雾化水作为冷却剂喷于带钢表面的一种湿式冷却方式。其冷却速度介于喷气和冷水淬之间，中等冷却速度提供了最佳的碳过饱和度并在后续处理过程中促进碳化物析出，有利于抗时效性的深冲软钢生产，也有利于高强冷轧板的工业化生产。此冷却方式在冷却能力和操作稳定性方面性能优越，但因水直接接触带钢表面，造成带钢表面氧化。所以，采用该冷却方法进行冷却的带钢，在其生产线上必须增设后处理设备和闪 Ni 处理工序。

ACC 冷却工艺技术特点为：

（1）高冷却速度，可达 150℃/s（1mm 厚带钢）；

（2）带钢宽度方向冷却均匀，冷却时板形稳定；

（3）冷却能力可进行调节，可以控制冷却终点温度；

（4）无可通板尺寸的限制；

（5）带钢表面氧化，须经后处理（酸洗+镀 Ni）；

（6）与气体喷射比较，需要更高的设备以及生产运行费用。

2.2.8.5 喷气和辊冷复合冷却技术

日本 JFE 公司开发了喷气加辊冷的复合冷却技术，如图 2.18 所示。它是在常规喷气冷却的技术上，再增加辊冷措施，以提高冷却速度。

以上几种快冷技术中，高速喷气冷却技术因其结构和常规喷气冷却最相近，结构简化，易于实现，应用最多。表 2.9 为几种冷却方法的比较[24]。

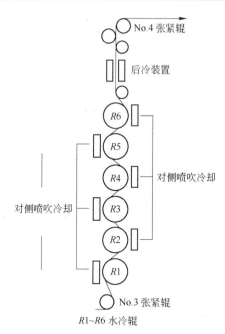

图 2.18　喷气和辊冷复合冷却技术

表 2.9　冷却方法的比较

	H₂-HGJC 高氢高速喷气冷却	HGJC+RQ 高速喷气冷却+辊冷	ACC 气水冷却	RQ	WQ
应用阶段	缓冷和快速冷却	开始缓冷，以后高速冷却	高速冷却	开始缓冷，以后高速冷却	冷却到常温需要再加热
冷却速度（板厚1mm时）/℃·s⁻¹	80（NSC）130（SH）	最大 50~100	最大 150	最大 100	>50
冷却控制，冷却速度控制，终点温度控制难易程度	容易	容易	容易	容易	困难
是否需要后处理	不要	不要	需要酸洗+镀 Ni	不要	需要酸洗+中和处理
产品质量	较好	较差，有可能产生压痕，薄带钢、高强钢的形状不良	较好，化学转化处理性能提高	较差，有可能产生压痕，对于薄带钢、高强钢的形状不良	较差，薄带钢、高强钢的形状不良
通板尺寸限制	无限制	薄带钢、宽幅带钢的通板有限制	无限制	薄带钢、宽幅带钢的通板有限制	—

此外，西马克公司在带钢热处理领域正在研究的一种新的冷却方式，是依靠入炉的冷带钢来冷却出炉的高温带钢，达到预热入炉带钢和冷却出炉带钢的双重目的。该技术目前并未有实际应用，相关设备详见第 6 章 6.5 节。

2.3　不锈钢退火工艺概述

不锈钢通常是指在空气中或者接近中性的介质中不产生腐蚀的钢，由于耐蚀钢和耐热钢也具有不锈的特性，有时也将耐蚀钢和耐热钢归为不锈钢。不锈钢通常含有一定量的碳，铬含量在 12% 以上，并且还含有其他合金元素，具有在含有腐蚀介质的气、液中不被腐蚀的能力。

冷轧不锈钢具有良好的板型、合适的力学性能和优良的表面质量，是不锈钢板带的主流产品。冷轧不锈钢带的核心生产流程是：热带退火和酸洗，冷轧，随后进行冷轧带钢退火和酸洗或光亮退火，再进行最终的光整冷轧。目前世界上冷轧不锈钢带的生产工艺主要有三种：传统冷轧不锈钢带生产工艺；直接轧制退火酸洗不锈钢带生产工艺；全连续式 5 机架冷连轧生产工艺。

A　传统冷轧不锈钢带生产工艺

传统冷轧不锈钢带生产工艺具有较悠久的历史，目前世界上大多数冷轧不锈钢带生产厂家基本上都采用该生产工艺，国内生产厂家（如太钢、张家港浦项、宁波宝新、上海 SKS）也均采用该生产方式。其工艺特点是采用单机可逆的多辊轧机进行一个或多个轧程的冷轧轧制。主要工艺机组有罩式退火炉、热带退火酸洗机组、多辊冷轧机组、冷带退火酸洗机组、平整机组等独立机组。该工艺成熟可靠，应用广泛，较适宜表面质量要求高及品种多而规模不大的生产。

B　直接轧制退火酸洗不锈钢带生产工艺

该工艺是 20 世纪 90 年代初国际上新开发的冷轧不锈钢生产方式，即热轧不锈钢原料卷直接经过轧制、退火、酸洗连续生产线生产冷轧不锈钢带。该生产工艺的出现，是顺应不锈钢市场激烈竞争中为降低生产成本应运产生的，即使在冷轧不锈钢产品价格处于低谷时，该工艺方式仍能在市场中占有一定的优势。但该工艺生产的产品规格偏厚，最薄规格为 1 mm，适应市场所需产品规格范围较窄，适宜于大规模生产规格较单一的产品，产品表面质量相对略低。

C　全连续式 5 机架冷连轧生产工艺

全连续式 5 机架冷连轧生产工艺是目前世界上冷轧不锈钢带生产的新兴发展方向。该生产工艺与传统生产工艺的区别，在于其核心生产机组采用了与碳钢轧机相类似的最先进 4 辊、6 辊组合或全 6 辊连轧机，替代了传统的多辊单机可逆式轧机，具有产量高，成材率高等特点；同时还能兼生产碳钢、硅钢等多品种，适应市场变化能力强，可充分发挥规模经济效益，降低单位生产成本；占地面积较传统工艺也有所减少。该生产工艺与直接轧制退火酸洗不锈钢带生产工艺相比，生产的灵活性大，并且设备间相互牵制的因素大大减少。

目前世界上已有多个生产厂家采用该工艺生产不锈钢，主要有美国的 AK 钢铁公司 Rockpor 厂、韩国浦项钢铁公司第二冷轧厂、日本新日铁八幡厂、宝钢集团不锈钢事业部等[26]。

由于不锈钢种类繁多，不同的钢种对应的退火要求也不一样，因此，在对不锈钢退火工艺和设备进行分类研究之前，首先要对不锈钢的分类做一个概述。

2.3.1　不锈钢分类与特性

不锈钢的分类方法很多，如按照化学成分分类，按照功能特点分类，按照金相组织和热处理特征分类等。从不锈钢带钢的热处理工艺角度来看，按金相组织进行分类更具有实际意义，如表 2.10 所示。

表 2.10　不锈钢分类及代表钢种

组织类别	代表钢种
马氏体不锈钢（400 系）	1Cr13，2Cr13，3Cr13，1Cr17Ni2
铁素体不锈钢（400 系）	00Cr11Ti，00Cr18Mo2，1Cr17
奥氏体不锈钢（300 系）	0Cr18Ni9，0Cr18Ni10Ti， 00Cr19Ni10，00Cr17Ni14Mo2
双相不锈钢	1Cr21Ni5Ti，00Cr18Ni5Mo3Si2
沉淀硬化不锈钢	0Cr17Ni7Al，0Cr17Ni4Cu4Nb

A　马氏体不锈钢

马氏体不锈钢在高温热轧状态为奥氏体组织，在随后的冷却过程中，奥氏体转变为马氏体。马氏体不锈钢具有高的强度和硬度，有磁性，通过热处理可以调整钢的力学性能，因此可用于制造强度要求高的零件。马氏体不锈钢的 Cr 含量一般为 12%~18%，并且根据使用目的，含有一定量的碳（0.1%~1.0%），有时也添加一定量的镍、钼等合金元素。

马氏体不锈钢在无机酸、有机酸及有机酸盐中具有较好的耐腐蚀性能，但是在硫酸、盐酸、热硝酸中的耐腐蚀能力较差[27]。

B　铁素体不锈钢

铁素体不锈钢从高温到室温均为体心立方结构的铁素体组织，因此不能采用热处理方法改变其组织结构，即不能用热处理方式进行强化。铁素体不锈钢具有一定的塑性，但脆性较大；有磁性，易于成型；对硝酸等氧化性介质有良好的耐蚀性；并且随着铬含量的增加，抗氧化介质腐蚀的能力也随之增强；在还原性介质中的耐腐蚀性较差。铁素体不锈钢的 Cr 含量一般在 12%~30%，通常还含有其他稳定铁素体的元素。

C 奥氏体不锈钢

奥氏体不锈钢从高温到室温均为面心立方结构的奥氏体组织，分为 Cr-Ni 和 Cr-Ni-Mn-N 两大类型。在正常热处理条件下，钢的基体组织为奥氏体，以及少量的碳化物、δ 相和 α 相等第二相。此类钢不能通过热处理方法改变其力学性能，只能采用冷变形的方式进行强化。奥氏体不锈钢的强度较低，但是其塑性和韧性较高；通过加入钼、铜、硅等合金元素可生产出适用于各类腐蚀环境的钢种；无磁性，有良好的低温性能和成型性。奥氏体不锈钢是目前应用最广的不锈钢材料。

D 双相不锈钢

双相不锈钢的铬含量通常为 17%～30% 之间，镍含量在 3%～13% 之间，双相不锈钢有奥氏体+铁素体、马氏体+铁素体等。常用的双相钢是指由奥氏体+铁素体两相组成的组织，两相之间的比例可以通过改变合金成分或热处理制度来调整，可以通过热处理来调整强度。此类钢屈服强度高、耐点蚀、耐应力腐蚀，易于成型和焊接。

E 沉淀硬化不锈钢

沉淀硬化不锈钢按其组织可分成马氏体沉淀硬化不锈钢（如 0Cr17Ni4Cu4Nb）、半奥氏体沉淀硬化不锈钢（如 0Cr17Ni7Al）和奥氏体沉淀硬化不锈钢。沉淀硬化不锈钢可以通过热处理来调整力学性能。沉淀硬化不锈钢总体上弥补了马氏体不锈钢耐腐蚀性能较差的缺点，弥补了奥氏体不锈钢不能调整力学性能的不足，因此其具有较大的力学性能条件范围，同时也具有良好的耐腐蚀性能。

表 2.11 为以上各种不锈钢特点的总结。

表 2.11 各种不锈钢特点的总结

钢 种	合金元素	组 织	力学性能	耐腐蚀性
铁素体型	$w(Cr)>12\%$	铁素体	强度低，不可调节	氧化环境：好 还原环境：差
马氏体型	$12\%<w(Cr)<18\%$ $0.1\%<w(Cr)<1.0\%$	马氏体	强度较高，可调节	强酸条件下：差
奥氏体型	$w(Cr)>18\%$ $w(Ni)>8\%$	奥氏体	塑性，韧性高，不可调节	较马氏体好
沉淀硬化型	铬、镍为主，铜、铝、钛、铌、钼等	主体相+沉淀相	较马氏体型、奥氏体型高，可调节	耐腐蚀性能良好
双相不锈钢	$17\%<w(Cr)<30\%$ $3\%<w(Ni)<13\%$	铁素体+奥氏体	较奥氏体型略高	耐腐蚀性能良好，特别是耐点腐蚀、缝隙腐蚀及应力腐蚀开裂性能好

综合而言，不同的组织，或者说生成不同组织的倾向性，是由钢的化学成分决定的。钢中各种合金元素含量的高低决定了最终成品的组织及性能。在评价这些合金元素的影响时，可以把它们分成两类：

（1）奥氏体形成元素：C、Ni、Mn、Cu、N 等；

（2）铁素体形成元素：Cr、Si、Ti、Nb、Mo 等。

通过计算各个元素形成奥氏体或铁素体的能力，得到 Cr 当量 $w(Cr)_{eq}$ 和 Ni 当量 $w(Ni)_{eq}$：

$$w(Cr)_{eq} = w(Cr) + w(Mo) + 1.5w(Si) + 1.5w(Ti) + 0.5w(Nb)$$

$$w(Ni)_{eq} = w(Ni) + 30w(C+N) + 0.5w(Mn) + 0.3w(Cu)$$

大体说来，通过某一钢号 Cr、Ni 当量的值就可以准确预测最终成品的组织和性能。一个简单的方法是借助于 Schaeffler 图，可以根据 Cr 当量、Ni 当量，近似地表示出不锈钢化学成分与金相组织之间的关系，如图 2.19 所示。

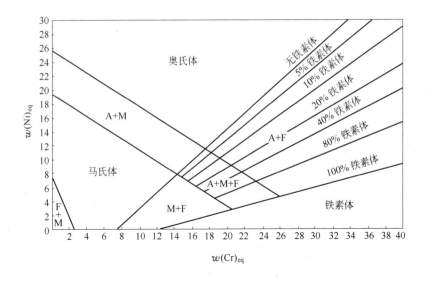

图 2.19　Schaeffler 图

2.3.2　不锈钢热处理的目的

不锈钢的热处理方式严格分为固溶处理、退火、淬火、回火等方式，但一般生产中习惯将所有的热处理形式都统一称为退火。

根据不锈钢板带生产过程，退火可分为原料退火、中间退火及成品退火。不同类型的不锈钢，热轧和冷轧后的组织是不同的，因此退火目的和使用的设备也不同。不锈钢轧后硬度都较高并有碳化物析出，不同类别的不锈钢退火目的各不相同，如表 2.12 所示。

表 2.12 各种不锈钢的退火目的

钢 种	退火目的
马氏体	软化；碳化物扩散；调整晶粒度
铁素体	提高塑性；调整晶粒度
奥氏体	碳化物固溶；调整晶粒度；软化；减少 δ 铁素体

（1）原料退火。热轧不锈钢原料卷，在热轧冷却后，强度和硬度较高，塑性降低，并有大量碳化物析出。

（2）中间退火。不锈钢冷轧过程中会产生加工硬化，冷轧变形越大，加工硬化的程度也越高。中间退火的目的是将加工硬化后的冷轧不锈钢板带通过再结晶退火而软化，以便进行进一步的加工。

中间退火的方式与原料退火基本一样，奥氏体不锈钢采用固溶处理；铁素体、马氏体不锈钢采用退火处理（再结晶退火，在连续炉中进行）。

（3）成品退火。经加工硬化后的成品钢带，为了达到所要求的性能，往往要进行成品最终退火。成品退火工艺一般与中间退火工艺相同，个别产品可根据用户需要而进行特殊处理。例如：对于 SUS321 奥氏体不锈钢，可以进行稳定化处理；对于马氏体不锈钢，可采用淬火、回火处理代替退火，以满足力学性能的要求。

各类不锈钢的退火目的和主要方式如下。

2.3.2.1 奥氏体不锈钢[27]

奥氏体钢含有大量 Ni、Mn 等奥氏体形成元素，即使在常温下也是奥氏体组织。但是钢中含碳较多时，热轧后会析出碳化物。另外，晶粒度也会随加工过程而发生变化。奥氏体不锈钢的热处理包括固溶化热处理和稳定化退火。

奥氏体不锈钢可含有不高于 0.08% 或不高于 0.15% 的碳，而碳在奥氏体中有一定的固溶度。这种钢的固溶化退火就是加热到高温，在高温下使得析出的碳化物分解，并固溶于奥氏体中；再通过急冷，使固溶了碳的奥氏体保持到常温；同时，在退火中调整晶粒度，以达到软化目的。

奥氏体不锈钢的固溶化退火温度范围通常为 920~1150℃，在连续式退火炉中退火，并紧接着在水中淬火进行固溶处理。淬火温度根据碳含量及附加合金含量而定。奥氏体不锈钢如果长时间在 450~850℃ 之间停留，会由于碳化物的析出而变脆，同时还会出现晶间腐蚀。

奥氏体不锈钢的稳定化热处理主要是针对含有铌和钛的奥氏体不锈钢采用的热处理方法。稳定化热处理的目的是利用铌、钛与碳的强结合特性，稳定碳，降低碳和铬的结合，最终达到稳定铬的目的，提高铬在奥氏体中的稳定性，避免碳和铬的化合物在晶界析出，提高材料的耐晶间腐蚀能力。稳定化热处理的温度应高于铬的碳化物溶解温度（400~825℃），低于钛、铌的碳化物溶解温度（750~1120℃），因此稳定化热处理的温度通常在 850~930℃。由于碳化物的溶解和形成需要很长的时间，退火保温时间通常在 2~4h，并采用较小的冷却速度。因此，奥氏体不锈钢带钢的稳定化热处理通常采用罩式退火炉。

2.3.2.2　铁素体不锈钢[27]

铁素体钢通常没有 γ-α 转变，在高温和常温下都是铁素体组织。但当钢中含有一定量的碳、氮等奥氏体形成元素时，即使有很高的 Cr 含量，高温时也会部分形成奥氏体，在轧后冷却过程也会发生马氏体转变，使钢硬化。因此，这类钢的退火目的一方面是使其在轧制过程中被拉长的晶粒变为等轴晶粒，另一方面使马氏体分解为铁素体和颗粒状或球状碳化物，以达到软化的目的。

对于一般铁素体不锈钢的退火，一般在 700~950℃ 范围内在罩式炉内进行，其保温时间和冷却时间很长。而超纯铁素体不锈钢（含碳量不高于 0.01%，且硅、锰、磷、硫等杂质元素的含量也低于一般铁素体不锈钢）因其成分特点，使得杂质元素带来的不利影响降低，特别是高温脆性倾向减小，耐腐蚀性能提高，晶间腐蚀的敏感性降低。所以，超纯铁素体不锈钢的退火温度可以高于一般铁素体不锈钢，通常保温温度在 900~1050℃，保温后需要快冷。超纯铁素体不锈钢通常在卧式连续热处理炉中进行退火处理。

铁素体不锈钢的可冷轧性主要取决于晶粒大小，细晶粒最为适宜。退火晶粒大小与热轧带钢的结构状态有关，热处理并不能改善带钢粗大的晶粒。

2.3.2.3　马氏体不锈钢[27]

马氏体不锈钢可以通过调整合金元素的含量和热处理的方式改善力学性能，并且具有一定的耐腐蚀性能，因此应用十分广泛。从合金成分的角度，马氏体不锈钢可以归为如下四类：Cr13 型马氏体不锈钢，1Cr17Ni2 型马氏体不锈钢，高碳-高铬马氏体不锈钢，低碳-镍-铬强韧性马氏体不锈钢。

马氏体不锈钢的热处理方式主要有：退火、退火后淬火、回火。根据马氏体不锈钢的成分和使用条件的不同，其热处理方式和工艺参数也不同。

马氏体钢在高温下为奥氏体，热轧后在冷却过程中发生马氏体相变，常温下得到高硬度的马氏体。退火的目的是将这种马氏体分解为铁素体基体上均匀分布的球状碳化物，以使钢变软。

马氏体不锈钢一般在 750~900℃ 温度范围内在罩式炉中进行退火，并可采用两种方式：一种是在 Ac_3 温度以下退火，快速冷却；一种是在 Ac_3 温度以上退火，缓慢冷却。一般采用后一种，以使带钢得到最大程度的软化。

2.3.2.4　沉淀硬化不锈钢[27]

依据结晶组织和硬化机制的不同，沉淀硬化不锈钢可以分为马氏体沉淀硬化不锈钢、半奥氏体沉淀硬化不锈钢、奥氏体沉淀硬化不锈钢、奥氏体-铁素体沉淀硬化不锈钢等四个类型。沉淀硬化不锈钢的热处理，通常先经过固溶处理得到较低的硬度，之后在不太高的加热温度下进行时效处理。其处理原则是：大量的加工可以在高温固溶处理后完成，只留很小加工余量的情况下进行时效强化，避免了为防止马氏体不锈钢高温加热淬火时可能产生的氧化、变形要加大加工留量的做法；而在回火后再加工时，则去掉了热处理有效层的弊病[27]。

沉淀硬化不锈钢的热处理主要有：固溶热处理、调整热处理、冷变形处理、冷处理、时效处理、均匀化处理等。其中固溶热处理和时效处理是所有沉淀硬化不锈钢必须进行的处理过程，是沉淀硬化不锈钢热处理中最重要的工艺。固溶热处理是通过高温加热，使得沉淀元素充分溶解到基体组织中，确保在后续的时效处理时沉淀元素处于过饱和状态，为时效处理提供基础条件。在时效处理过程中，使得过饱和溶于基体中的沉淀硬化合金元素以极细的散点形式析出，降低材料的硬度，提高其塑性和韧性。

2.3.2.5 双相不锈钢[27]

双相不锈钢通常指同时具有奥氏体和铁素体两种金相组织，并且其中一种的含量不低于25%的不锈钢。双相不锈钢通常可以分为四类：低合金型双相不锈钢、中合金型双相不锈钢、高合金型双相不锈钢和超级双相不锈钢。双相不锈钢具有在含有氯离子介质中抗点腐蚀、抗缝隙腐蚀和抗应力腐蚀的较高能力，并且具有良好的力学性能和工艺性能。

双相不锈钢热处理目的是通过改变双相不锈钢两相比例，改变两相中合金成分，以及消除其他析出相，来改善机械性能和提高耐腐蚀性能。双相不锈钢在不同的加热温度和不同的冷却条件下，对两相比例、两相中合金成分、其他析出相均有重要影响。双相不锈钢的热处理要根据其目的的不同，采用相应的工艺[27]，主要包括固溶热处理和消除应力热处理。

2.3.3 不锈钢退火炉炉型选择

不锈钢板带退火使用的退火炉炉型主要有罩式退火炉、连续式加热炉和立式退火炉等。

2.3.3.1 罩式退火炉

罩式退火炉（BAF）是将钢卷置于固定的炉台上，扣上内罩和外罩密封，通入保护气体加热退火。其热源为气体燃料（煤气、天然气等）或电。在20世纪70年代之前，罩式退火炉一般采用氮、氢混合气体为保护气体，采用强制循环或自然循环。在70年代之后，为了提高罩式炉的生产能力和产品质量，开始采用强循环全氢罩式退火炉，提高了炉内温度的均匀性和生产能力，改善了热交换条件。

2.3.3.2　连续式退火炉

连续式退火炉是目前广为使用的退火设备。其特点是钢带在炉内呈水平状态，边加热边前进。退火炉的结构由预热段、加热段和冷却段构成。其冷却段一般都是单独设置。而预热段和加热段则有两种类型，一种是分割型，即把预热段和加热段分割成若干炉室；一种是整体型。

连续式退火炉通常与开卷机、焊机、机械除鳞、酸洗等设备共同组合成一条生产作业线（机组），用于热轧卷退火和酸洗的机组称为 HAPL 机组；用于冷轧后中间退火的称为 CAPL 机组。

2.3.3.3　立式退火炉

立式退火炉也是一种带钢连续退火装置。它是由开卷机、焊接机、脱脂装置、退火装置、冷却装置等组成的连续生产作业线。其特点是炉体为立式，带钢在炉中垂直运行。退火炉采用电加热或燃气加热。为防止带钢氧化，须通入保护气体。该炉主要用于带钢的光亮退火，因此也称为光亮退火生产线（BAL）。

热轧后的马氏体钢通过退火使马氏体分解为铁素体和球状碳化物。碳化物的析出、聚集、球化需很长时间，因此这种钢的热轧卷通常选用罩式退火炉退火。

热轧后的铁素体钢几乎总有一些马氏体，因此往往也选用罩式炉退火。当然，对于单相铁素体钢，热轧后不存在马氏体，采用 HAPL 炉退火更合理[28]。

热轧后的奥氏体钢需通过退火使碳化物溶解和快速冷却防止再析出，所以只能用 HAPL 炉退火。至于冷轧后不锈钢的退火，都是通过再结晶消除加工硬化而达到软化目的。除此之外，奥氏体不锈钢还要使冷轧时产生的形变马氏体转变为奥氏体，因此都用 CAPL、BAL 这样的连续炉退火。如果用 BAF 炉，则存在以下问题：

（1）不管在什么条件下退火，由于退火时间长，表面都会氧化，生成不均匀的铁鳞，存在明显的退火痕迹。

（2）退火温度较高时，容易发生黏结和层间擦伤等表面缺陷。

采用什么炉子退火，主要根据产品种类和钢种特性决定，见表 2.13。

表 2.13　各类不锈钢退火炉型选择

钢　种	热　轧　后	冷　轧　后
马氏体钢	罩式炉 BAF	通常均采用 CAPL
铁素体钢	罩式炉或连续炉 HAPL	连续炉 CAPL 或 BAL 等
奥氏体钢	连续炉 HAPL	连续炉 CAPL 或 BAL 等

3 带钢热处理数学模型与优化策略研究现状

本章重点阐述应用于带钢热处理炉内热过程理论模型的国内外研究现状，总结不同的理论模型的各自特点、应用背景与研究目的，详细介绍其模型的设计思路、计算方法、应用效果等。在此基础上，综述其在线（或在线跟踪、离线仿真）参数优化策略及实际应用效果。

3.1 带钢热处理炉内热过程模型研究进展

在连续热处理炉内，带钢的温度不易连续精确测量，即便是采用辐射高温计，其测量误差也可能达到工程上无法接受的地步。而带钢横断面温度分布更是不便于在线连续监测，这样就必须借助数学模型来计算炉内带钢沿长度和宽度方向的温度分布，并以带钢截面平均温度、宽度方向温差作为优化控制目标，根据在线测量的带钢出炉反馈温度，实现以数学模型为核心的在线反馈优化控制。由于实际生产工况总是变化的，如不同带钢厚度、带速、钢种等的切换，要求数学模型在满足炉温、带温优化控制实时性要求的前提下，必须在足够大的工况范围内精确可靠[29]。因此，炉内热过程数学模型就成为连续退火炉模型优化控制研究的核心内容。

炉内热过程数学模型涉及流体力学、传热传质学、燃烧学等多方面的知识。传热的基本计算要求同时求解流体流动、化学反应和能量交换方程，而这些相互作用、相互依赖的过程使问题变得极为复杂。因此，炉内数学模型建立的基本特征或基础，即对炉内流动、传热和燃烧过程的模拟，不同类型的模拟器复杂程度和应用效果亦不相同。复杂、精确的模型往往计算量极大，不容易实现在线控制。但凡用于在线控制的模型，首先要满足实时性的要求，其次是高的精确度。这种在线模型往往从复杂的离线模型中简化而来，在现有的计算机平台上能够满足在线计算的要求，并且具有较高的精确度。

迄今为止，应用于实际的模型主要有三类：第一类是静态模型；第二类是通过简单传热机理，加上数学近似和人工经验建立的动态模型；第三类是应用传热机理，经过数学推导和参数辨识而建立的动态模型。第一类模型不能反映过程的动态情况，第二类模型对生产过程的描述比较粗糙，这两者都不太适合工况变化频繁或较大的机组。第三类模型目前对带钢沿炉宽方向的横向热传导考虑不足，且忽略了对流传热的影响，在一定程度上限制了其适用范围[2]。

20 世纪 90 年代中期国内外高校和研究院等，对带钢连续热处理炉数学模型进行了深入的研究，见文献［1，3，30～33］等，针对各自特定的换热方式，建立了带钢连续退火炉数学模型。由于研究侧重点不同，不同学者采用了不同的模型。总体而言，这些数学模型可分为带钢温度、位置跟踪和带钢换热边界条件的求解几部分。其中带钢温度、位置跟踪部分主要有两种方法：（1）将全炉带钢视为一个整体的带钢整体非稳态热过程模型；（2）跟踪带钢某一横截面温度分布的带钢单元热过程跟踪模型。对于稳定工况而言，上述两种跟踪模型具有相同的结果输出，但是在变工况下，单纯的带钢单元热过程跟踪模型将不能完成计算，需要对其计算方法进行特殊处理。这在本书的后续案例介绍中将详细论述。

无论是哪种跟踪模型，只有准确地给出换热边界条件，才有可能获得有价值的计算结果。传热边界条件的确定是任何热过程模型的重点和难点，不合理的热边界条件要么降低了模型的计算精度，要么使得模型过于复杂而难以应用。为了获取合理的换热边界条件，一方面需要深入认识研究对象的工艺和设备特点，另一方面需要对传热方式的机理进行分析研究，之后才能够对整个换热过程做出合理的简化。

从带钢连续热处理工艺与设备的特点可以看出，在连续热处理炉中，关键工艺段的传热方式主要包括：辐射换热、冲击射流换热和接触换热。首先，从带钢连续热处理工艺制度上来说，这三种换热方式并不是独立存在的。如辊冷段就有冲击射流冷却设备作为辅助；而在快速冷却段，对于极薄带钢来说为了防止其温度过低，又需要电辐射管进行补热。其次，就物理现象本身而言，这三种换热现象均不会单独存在，如辐射换热在所有工艺段都存在，只是其占总换热量的比例不同，因此在建立炉内带钢传热数学模型时需要统筹考虑。

3.1.1　带钢整体非稳态热过程模型

为了建立炉内带钢数学模型，将退火炉按炉长方向展开，以带钢宽度为 x 坐标，带钢厚度为 y 坐标，带钢长度（即炉长）为 z 坐标；带钢任何一点、任何时间的温度表示为 T_s；同样，炉温可以表示为 T_f。据此，经过严格的数学推导[34,35]，炉内带钢传热的三维非稳态基本控制方程可以表述如下：

$$\frac{\partial T_s}{\partial \tau} = \frac{1}{\rho_s \cdot c_s}\left[\frac{\partial}{\partial x}\left(\lambda_s \frac{\partial T_s}{\partial x}\right) + \frac{\partial}{\partial y}\left(\lambda_s \frac{\partial T_s}{\partial y}\right) + \frac{\partial}{\partial z}\left(\lambda_s \frac{\partial T_s}{\partial z}\right) + q_v\right] - v_s \cdot \frac{\partial T_s}{\partial z} \quad (3.1)$$

式中，x、y、z、τ 分别为带钢宽度方向、厚度方向、展开炉长方向空间坐标以及时间坐标，x、y、z 的取值范围分别限于带钢宽度 B、厚度 H、展开炉长长度 L；

ρ_s、c_s、λ_s 分别为带钢的密度（kg/m^3）、比热容(J/(kg·K))、热导率(W/(m·K))；q_v 为内热源强度，W/m^3；v_s 为带钢在炉内的速度，m/s。

式（3.1）是关于全炉带钢的非稳态传热控制方程。为了求解该方程，需要确定边界条件和初始条件。因为考虑的是三维模型，所以需要计算带钢宽度方向两个表面、厚度方向两侧表面的热流密度。综合考虑辐射、对流传热、接触导热，以宽度方向的一个表面为例，任意时刻 τ，展开炉长位置 z 处带钢表面的热流密度 $q(z, \tau)$ 可表示为：

$$q(z, \tau) = (1 - \eta)\left[\varepsilon_f \cdot \sigma(T_f^4 - T_s^4) + h_c(T_f - T_s)\right] + \eta \cdot h_r(T_r - T_s)$$
$$(3.2)$$

式中，$q(z, \tau)$ 为表面热流密度，W/m^2；h_c 为对流换热系数，W/(m^2·K)；ε_f 为展开炉长 z 位置处的综合辐射换热系数；η 为炉辊标识，当 $\eta = 1$ 时，带钢处于炉辊处，当 $\eta = 0$ 时，带钢不处于炉辊处；h_r 为带钢与炉辊接触传热的换热系数，W/(m^2·K)；T_r 为炉辊表面温度，K；σ 为斯蒂芬-玻耳兹曼常数，5.67×10^{-8} W/(m^2·K^4)。

当 $\eta = 0$ 时，式（3.2）两侧同时除以（T_f-T_s）；而当 $\eta = 1$ 时，式（3.2）两侧同时除以（T_r-T_s），即可得到系统的综合传热系数 $h(z,\tau)$ 的表达式：

$$h(z, \tau) = (1 - \eta)\left[\varepsilon_f \cdot \sigma(T_f^2 + T_s^2)(T_f + T_s) + h_c\right] + \eta \cdot h_r \quad (3.3)$$

这样，可以得到热流密度的简化表达式如下：

$$q(z, \tau) = h(z, \tau) \cdot \left[(1 - \eta) \cdot (T_f - T_s) + \eta(T_r - T_s)\right] \quad (3.4)$$

带钢宽度方向表面的边界条件就可表示为：

$$-\lambda_s \cdot \frac{\partial T_s}{\partial x}\bigg|_{x = 0或H} = q(z, \tau) \quad (3.5)$$

同理，可得其他几个表面的热流边界，此处不再一一赘述。

初始条件是当时间 $\tau = 0$ 时带温、炉温分布，即：

$$T_s = T_s(x, y, z) \quad (3.6)$$

$$T_f = T_f(z) \quad (3.7)$$

初始时刻的全炉其他位置的带钢温度可设置为带钢入炉温度，在炉温分布不变的前提下，经过迭代计算可逐步稳定；然后，以此时的带温分布作为初值，即可进行变工况的仿真计算。

上述方程建立的为全炉带钢温度分布模型。该模型计算详细，考虑了带钢钢种、规格、热处理周期切换时的变工况过程，考虑到了带钢沿炉子长度和宽度方向上的温度分布。由于此模型比较全面地考虑了炉内热过程，造成该模型存在计算量大、计算周期长的缺陷，不能完全满足在线应用实时性的要求。虽然该模型不宜用于在线优化控制，但却是进行离线优化最完整、最理想的模型。

对于式（3.1），若不考虑时间因素，就变成了稳定工况下的控制方程，即：

$$\frac{1}{\rho_s \cdot c_s}\left[\frac{\partial}{\partial x}\left(\lambda_s \frac{\partial T_s}{\partial x}\right) + \frac{\partial}{\partial y}\left(\lambda_s \frac{\partial T_s}{\partial y}\right) + \frac{\partial}{\partial z}\left(\lambda_s \frac{\partial T_s}{\partial z}\right) + q_v\right] = v_s \cdot \frac{\partial T_s}{\partial z} \qquad (3.8)$$

与相应的边界条件方程一起计算，即可得到全炉带钢稳定工况下的解。此解与带钢单元热过程跟踪模型具有同等效力。

文献［2］采用了该类模型，针对带钢连续热镀锌退火炉开发了炉内传热模型。文献［33］采用带钢整体非稳态热过程模型的一维简化模型，建立了带钢连续热处理明火加热炉段的动态模型，其采用的求解算法为二阶迎风差分方法。

3.1.2 带钢单元热过程跟踪模型

以带钢横截面单元为研究对象，假设带钢沿炉长方向上没有热量传递，只考虑带钢厚度、宽度方向上的热传导问题，而带钢单元依据带钢运行速度在炉内移动（从而改变外部换热条件，需要模型识别带钢单元的位置，并与外部换热条件匹配），这样建立起来的模型为带钢单元热过程跟踪模型。其控制方程如下：

$$\frac{\partial T_s}{\partial \tau} = \frac{1}{c_s \cdot \rho_s}\left[\frac{\partial}{\partial x}\left(\lambda_s \frac{\partial T_s}{\partial x}\right) + \frac{\partial}{\partial y}\left(\lambda_s \frac{\partial T_s}{\partial y}\right) + q_v\right] \qquad (3.9)$$

式中，x、y、τ 分别为带钢宽度方向、厚度方向以及时间坐标，x、y 的取值范围分别限于带钢宽度 B、厚度 H；ρ_s、c_s、λ_s 分别为带钢的密度（kg/m^3）、比热容（$J/(kg \cdot K)$）、热导率（$W/(m \cdot K)$）；q_v 表示内热源强度，W/m^3。

对于常物性情况，式（3.9）变成如下形式：

$$\frac{\partial T_s}{\partial \tau} = a_s\left(\frac{\partial^2 T_s}{\partial x^2} + \frac{\partial^2 T_s}{\partial y^2} + \frac{q_v}{\lambda_s}\right) \qquad (3.10)$$

$$a_s = \lambda_s/(c_s \cdot \rho_s) \qquad (3.11)$$

与带钢整体非稳态热过程模型相同的处理方法，需要确定带钢加热过程的边界条件和初始条件。任意时刻 τ、展开炉长位置 z 处带钢表面的热流密度 $q(z, \tau)$ 与式（3.2）的形式完全相同。所不同的是，在带钢初始条件的设置中，$\tau = 0$ 时，带钢温度为入炉时刻的带温。

在炉况稳定的前提下，该模型计算带钢单元从入炉到出炉的非稳态加热过程，比带钢全炉热过程数学模型简单，计算量相应大大减少。但是，其缺点是不能计算炉况变化的工况，这是与带钢整体非稳态热过程模型最大的区别。

3.1.3 炉内热过程的半理论半经验模型

作为半理论半经验模型的代表，文献［32］开发了一套适用于现场控制的半理论半经验的带钢连续热处理炉内传热模型。该模型主要针对带钢连续热处理的辐射管加热、保温炉段，经过相应的调整也可以扩展到其他炉段。该模型由动态带温模型、动态炉温模型和静态带温模型三个部分组成。动态带温模型描述了带钢在炉子出口的温度与煤气流量、带钢规格、带钢速度等参数之间的依变规律；动态炉温模型则描述了炉温与煤气流量、带钢规格、带钢速度等参数之间的依变规律；静态带温模型描述了在煤气流量、带钢规格、带钢速度等参数不变的条件下，炉子出口处的带钢温度与上述参数之间的依变规律。

动态带温模型的控制方程如式（3.12）所示：

$$y(t + d) = \alpha_0 y(t) + \sum_{i=0}^{m} \beta_i u(t - i) + \sum_{i=1}^{4} d_i v_i(t + d) \tag{3.12}$$

式中

$$y(t) = T_s(t) - T_s^* \tag{3.13}$$

$$u(t) = D_{sf}(t) [F(t) - F^*] \tag{3.14}$$

$$v_i(t + d) = \sum_{j=0}^{d-1} \alpha_0^{j/d} w_i(t + d - j) \quad (i = 1, \cdots, 4) \tag{3.15}$$

$$w_1(t) = (1 - d_1) w_1(t - 1) + (1 - d_2) w_2(t - 1) \tag{3.16}$$

$$w_2(t) = [T_f(t) - T_{sin}] \cdot [S_f(t) - S_f(t - 1)] \tag{3.17}$$

$$w_3(t) = D_{sf}(t) [W_d(t) T_h(t) V(t) - W_{tv}^*] \tag{3.18}$$

$$w_4(t) = D_{sf}(t) \tag{3.19}$$

动态炉温模型如式（3.20）所示，具有与动态带温模型相同的形式。

$$y_f(t + d_f) = \alpha_{f0} y_f(t) + \sum_{i=0}^{m_f} \beta_{fi} u_f(t - i) + \sum_{i=1}^{2} d_{fi} v_{fi}(t + d_f) \tag{3.20}$$

式中

$$y_f(t) = T_f(t) - T_f^* \tag{3.21}$$

$$u_f(t) = F_f(t) - F^* \tag{3.22}$$

$$v_{fi}(t + d_f) = \sum_{j=0}^{d_f-1} \alpha_{f0}^{j/d_f} w_{fi}(t + d_f - j) \quad (i = 1, 2) \tag{3.23}$$

$$w_{f1}(t) = W_d(t) T_h(t) V(t) - W_{tv}^* \tag{3.24}$$

$$w_{f2}(t) = 1 \tag{3.25}$$

静态带温模型如式（3.26）所示。

$$T_{ss}(t) = [T_f(t) - T_{sin}(t)] S_f(t) + T_{sin} \tag{3.26}$$

式中

$$S_f(t) = \frac{T_{ss}(t) - T_{sin}}{T_f(t) - T_{sin}} = 1 - \exp\left[\frac{-1}{f_{sf}(t)}\right] \tag{3.27}$$

$$f_{sf}(t) = s_1 [T_v(t) - T_v^*] + s_2 T_v(t) [T_v(t) - T_v^*] + s_3 T_v(t) [T_f(t) - T_f^*] + s_4 \tag{3.28}$$

$$D_{sf}(t) = \frac{\partial T_{ss}(t)}{\partial T_f(t)} \tag{3.29}$$

$$T_v(t) = T_h(t) \, V_f(t) \tag{3.30}$$

上述式中各个变量的意义如下：t 为时间，模型中的采样间隔为 1min，min；d、d_f 为惯性时间，min；F 为燃料总流量（标态），10000m³/h；T_s 为辐射管加热段出口处带钢温度，100℃；m、m_f 为非负的整数参数，通过现场实验回归确定；T_{ss} 为静态模型输出的辐射管加热段出口处带钢温度，100℃；T_{sin} 为辐射管加热段入口处带钢温度，100℃；T_f 为炉腔温度，100℃；W_d、T_h 分别为带钢宽度（m）和带钢厚度（mm）；v 为带钢运行速度，10000m/h；$v_f(t)$ 为带钢在时间段 $[t - t_f, \, t]$ 内的平均速度，10000m/h；$V_i \, (i = 1, \cdots, 4)$，$v_{fi} \, (i = 1, \cdots, 4)$ 为扰动项；F^*、F_s^*、W_{tv}^*、T_v^*、T_f^* 分别为 F、F_s、W_{tv}、T_v、T_f 的平均值；α_0、β_0，$\cdots$，β_m、d_1，$\cdots$，d_4、s_1，$\cdots$，s_4 为待定系数，根据在线调试整定。

诚如作者所述，上述方程十分适合与现场控制系统结合，扰动参数 v_i 和 v_{fi} 的增加使得上述模型具备预测能力。但是，准确获得众多的需要在线调试的参数（α_0；β_0，$\cdots$，β_m；d_1，$\cdots$，d_4；s_1，$\cdots$，s_4）是一个非常困难的任务。

此外，文献［32］给出了上述模型的推导思路。在这些推导过程中，用到了基本的传热原理。又由于上述模型中有很多待定系数，因此，本书称该模型为半理论半经验模型。

静态带温模型的推导中，文献［32］考虑到了一个基本事实：在静态情况下，炉内带钢的传热基本上是辐射换热，且带钢厚度方向的温度分布是均匀的（对于薄带钢）。因此，如果再忽略掉带钢宽度方向的温度分布，带钢温度 T_{sc} 可以通过下式计算：

$$\frac{dT_{sc}}{dt} = \frac{\sigma_{sb} \cdot 2\varphi_s \left[(T_f + 273.15)^4 - (T_{sc} + 273.15)^4 \right]}{60 c_s d_s \cdot 10^{-3} T_h} \tag{3.31}$$

式中，T_f 为炉温，℃；σ_{sb} 斯蒂芬-玻耳兹曼常数，4.88×10^{-8} kcal/(m² · h · ℃)；φ_s 为总括辐射热吸收率，在 0~1 之间；c_s 为带钢比热容，随着带钢温度变化，kcal/(kg · ℃)；d_s 为带钢密度，kg/m³。

方程式（3.31）在特定工况条件下对辐射管加热炉段的计算结果如图 3.1 所示。图 3.1 中的曲线可以用指数函数表示，这就是式（3.26）~式（3.28）中的方程形式的来源。

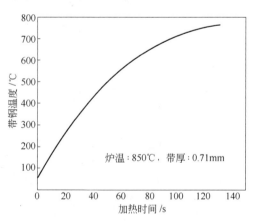

图 3.1　带温模型仿真结果

动态带温模型的推导过程，用到了静态带温模型。首先从一个采样周期

（1min）内的热平衡开始分析，一个采样周期内的热平衡关系如式（3.32）所示：

$$q_{FL} = q_F + q_S + q_L \tag{3.32}$$

式中，q_{FL} 为燃料燃烧热减去烟气带走热，kcal/min；q_F 为炉体热量增量（炉内气氛热量增量、炉衬热量增量、炉内其他设备热量增量等的总和），kcal/min；q_S 为带钢带出热量，kcal/min；q_L 为炉体散失热量，kcal/min。

其中炉体热量增量可表示成：

$$q_F(t) = C_f \frac{dT_f(t)}{dt} \tag{3.33}$$

式中，C_f 为炉体热容，kcal/℃。

在正常情况下，带钢温度 T_s 和炉温 T_f 都不会有大的波动，可以认为 q_S 和 q_L 分别与 T_s 和 T_f 成线性关系，这样，q_L 也近似地与 T_s 成线性关系，因为带钢温度 T_s 和炉温 T_f 之间也具有线性关系。此外，q_S 与带钢生产量有关。q_{FL} 可以表示成各个采样周期中燃料流量 $F(\tau)$ 的级数和的形式。q_S、q_L、q_{FL} 的表达式如下：

$$q_S(t) = d_s W_d(t) T_h(t) V(t) [k_1 T_s(t) + k_2] \tag{3.34}$$

$$q_L(t) = k_3 T_s(t) + k_4 \tag{3.35}$$

$$q_{FL}(t) = b'_0 F(t-d) + \cdots + b'_{nb} F(t-d-n_b) \tag{3.36}$$

式中，$k_1 \sim k_4$、$b'_0 \sim b'_{nb}$ 为待定系数，其中 n_b 为非负整数。

在静态过程中，$T_s(t)$ 与 $T_{ss}(t)$ 相等，均随着炉温 $T_f(t)$ 的变化而变化，因此有如下表达式：

$$\frac{dT_s(t)}{dt} = \frac{\partial T_{ss}(t)}{\partial T_f(t)} \frac{dT_f(t)}{dt} = D_{sf}(t) \frac{dT_f(t)}{dt} \tag{3.37}$$

这样，利用式（3.37），方程式（3.33）可以表示为如下有限差分形式：

$$q_F(t) = c_f \frac{T_s(t+1) - T_s(t)}{D_{sf}(t)} \tag{3.38}$$

动态带温的基本模型是将式（3.34）~ 式（3.36）、式（3.38）代入式（3.32），并利用式（3.13）、式（3.14）、式（3.18）和式（3.19）得到：

$$y(t+1) = \alpha_1 y(t) + \sum_{i=0}^{n_b} b_i u(t-d-i) + d_3 w_3(t+1) + d_4 w_4(t+1) \tag{3.39}$$

$$\alpha_1 = 1 - \frac{k_1 d_s W_d(t) T_h(t) V(t) D_{sf}(t) + k_3}{c_f} \tag{3.40}$$

式中，$b_0 \sim b_{nb}$、d_3、d_4 为待定系数，由 T_s^*、F^*、W_{tv}^*、c_f、d_s、$k_1 \sim k_4$、$b'_0 \sim b'_{nb}$ 等参数决定。

动态带温模型需要具备过渡过程（带钢厚度变化或者带钢速度变化）预测

带温的能力，为了具备这一功能，需要在方程式（3.39）右侧增加辅助项 $d_1 w_1(t+1) + d_2 w_2(t+1)$ 。此处 w_1 表示由于炉辊引起的一阶延迟因子，w_2 表示阶跃变化因子，如图 3.2 所示。

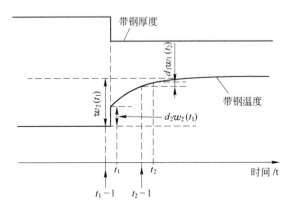

图 3.2　扰动因子 w_1 和 w_2 示意图

最终动态带温模型方程（3.12）从式（3.41）中通过将 $y(t+1)$，…，$y(t+d-1)$ 消除而得到：

$$y(t+j) = \alpha_1 y(t+j-1) + \sum_{i=0}^{n_b} b_i u(t-d-i+j-1) + \sum_{i=1}^{4} d_i w_i(t+j) \quad (j = 1 \sim d)$$

（3.41）

通过该步计算，w_i 被 v_i 替换。α_0 和式（3.12）中的 m 具有如下关系：

$$\alpha_0 = \alpha_1^d \qquad m = n_b + d - 1 \tag{3.42}$$

炉温动态模型的推导过程与带温动态模型的推导过程类似。

虽然文献［32］提供的实验验证数据表明该模型具有良好的准确性，但是为数众多的待定系数是该类模型推广的最大障碍。由于每一条带钢连续热处理机组都是不同的，即便是相同的带钢连续热处理机组，随着使用年限的增加，炉用设备的老化、改造等因素，都会导致其热特性发生变化，此时那些待定系数仍然需要重新整定。此外，阻碍该模型推广的另一个重要因素是，模型中使用了总括热吸收系数作为带钢温度计算的重要参数。总括热吸收系数是综合了辐射、对流、导向辊传热等众多因素之后，按照辐射换热整理出来的带钢与炉膛之间的辐射热吸收系数，那么，该系数一旦确定就很难去调整，这主要是由于总括热吸收率还与带钢的表面发射率（黑度系数）、辐射管表面黑度系数、辐射管位置、几何形状等参数有关。尤其是带钢的表面发射率、钢种、规格（主要指带钢宽度）、表面粗糙度都会对其产生影响，因此，原则上总括热吸收率必须针对每一个钢种给定，这就增加了模型系参数整定的工作量，且难以对新钢种进行生产前的预测仿真。

3.2 带钢热处理炉仿真优化控制研究进展

计算机控制技术已普遍地应用于各种工业炉窑中，按其发展历程和控制水平可将其划分为 DDC 级、SPC 级和 SCC 级控制等三个层次[36,37]。DDC 级以炉温为控制对象，属于基础自动化控制；而 SCC 级是以系统为控制对象，即以协调优化整个生产体系为目标的生产管理级控制。本书论述的带钢温度优化控制属于SPC 级控制，是以炉内传热过程数学模型为基础，以带速、炉温等为控制参数，以带钢温度满足设定值为优化目标，最终实现优质、高产和低消耗的过程自动控制系统。

目前带钢连续热处理工艺（包括涂镀之前的热处理工艺）广泛采用的是改良森吉米尔法和美钢联法[38]，而连续热处理工艺是冷轧带钢热处理及涂镀生产中的重要过程。带钢连续热处理炉不仅与钢坯加热炉（如步进炉、推钢炉和辊底炉等）有相同的非线性、滞后性、多干扰等特性，还具有以下典型特征：带钢规格、热处理周期、带钢速度等经常变化，使得炉况不稳，并且带钢运行速度快，立式炉可高达 1000m/min；炉子热惯性时间（10~15min）远大于带钢在炉内的驻留时间（<3min）；炉温分布沿炉子宽度、高度方向上不均，宽度方向呈单峰曲线形式，由于炉气上浮，高度方向，呈上高下低的形式[39,40]，对板形控制不利；带钢在炉内高速运行，其加热特性与带速有很大的关系，而带钢速度不仅要满足产量要求，还要与带钢焊接、清洗工艺、涂镀工艺以及后处理工艺相协调，带钢连续退火炉炉温设定与带钢速度的协调控制是控制系统设计时的一个难题。

早期的连续退火炉采用常规仪表进行模拟量的常规控制，20 世纪 80 年代以后，连续退火炉开始采用计算机进行过程级的直接控制[29]。J. A. Kilpatrick[41]、N. Yoshitani[42]各自对连续退火炉的动态优化控制做了深入的研究，特别是 N. Yoshitani 所做的工作为热镀锌退火炉的模型化和计算机优化控制系统的设计奠定了坚实的理论基础。

3.2.1 优化目标函数的确定

带钢连续退火炉优化控制的主要目标是使得带钢在每个炉段出口处的温度与设定值尽量保持一致[3,32,43]，从而保证带钢在炉内的温度经历满足退火工艺的技术要求[29]。因此，可将退火炉的带温优化目标函数定义为：

$$J = \sum_{j=1}^{N} |\Delta T_e(j)| \qquad (3.43)$$

控制目标是使得式（3.43）为最小，并满足下列约束条件：

$$T(j) = F(a, T_{si}(j), v, T_f(j)) \qquad (3.44)$$

$$T_{si}(0) = T_0 \qquad (3.45)$$

$$T_{\text{fmin}}(j) \leqslant T_{\text{f}}(j) \leqslant T_{\text{fmax}}(j) \tag{3.46}$$

$$T(j) \leqslant T_{\max}(j) \tag{3.47}$$

上述各式中，j 为炉段号，$j \in [0, N]$；$\Delta T_{\text{e}}(j)$ 为第 j 炉段出口处带钢温度与设定值的偏差，K；$T(j)$ 为第 j 炉段带钢温度，K；$T_{\text{si}}(j)$ 为第 j 炉段入口带钢温度，K；F 为连续退火炉数学模型；a 为带钢的热扩散率，m^2/s；v 为带钢运行速度，m/s；$T_{\text{f}}(j)$ 为第 j 炉段炉温，K；$T_{\text{fmax}}(j)$，$T_{\text{fmin}}(j)$ 分别为第 j 炉段炉温上、下限，K；$T_{\max}(j)$ 为第 j 炉段带钢热处理温度上限，K。

在目标函数式（3.43）的指导下，就可以对带钢连续退火炉一个炉段或者多个炉段进行优化计算，优化内容包括带速、炉温的调整时间和调节幅度等主要参数。优化策略为逐段优化方法，根据实际生产中炉温和带温的变化对后续炉段炉温设定值进行实时修正，即实现炉温的在线优化控制，如图 3.3 所示。这种方法能够在一段优化时对前一炉段的影响进行实时补偿，以使带钢温度尽量满足工艺要求[29]。

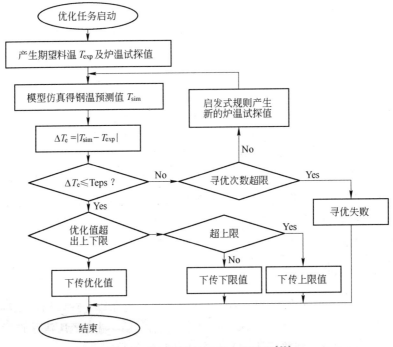

图 3.3　带钢优化炉温设定值流程[29]

3.2.2　稳定工况下的优化控制策略

由于退火炉存在很多干扰因素，造成供热参数短时间、小范围偏离设定值，导致带钢出炉温度偏离目标温度。稳定工况控制就是针对这种现象进行的反馈补偿控制，其控制流程见图3.4。

首先，根据稳定工况控制模块计算带速 v_s 以及带钢规格恒定不变时的炉温设定值 T_{rf}，然后将此炉温下传给基础燃烧级，以控制实际炉温。其次，在线检测数据（包括带温 T_s、炉温 T_f）反馈给稳定工况控制模块，若带温 T_s 相对于其设定值 T_{rs} 的误差 e_s 在允许范围之内，则不改变炉温或者稍作调整。若 e_s 超出允许误差，则调整炉温的同时调节带速，以使带温尽快恢复到设定值 $T_{rs}^{[44]}$。此时的炉温、带速调整可参考变工况控制。

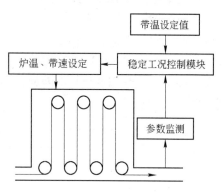

图3.4 稳定工况下退火炉的计算机控制流程简图

稳定工况控制是带钢退火炉过程控制的最基础的形式，也是最简单的形式。但是，随着现代带钢连续热处理工艺向着产品多样化的趋势发展，带钢规格、钢种、热处理周期等是经常变化的，单纯采用稳定工况控制不能满足生产需要。因此，对全炉动态模拟和控制的需求就愈来愈迫切，变工况控制随之也成为连续退火炉优化控制系统的研究热点。

3.2.3 变工况下的优化控制策略

变工况控制是指带钢规格、钢种、退火炉产量（带速）、热处理周期等一项或多项改变时的控制。这是在退火炉全炉动态变化情况下的控制模式，仅仅靠设定炉温不能满足带温跟踪的要求。20世纪90年代初，I. Ueda[44]建立了稳定工况和变工况控制系统，Kazuhiro Yahiro[45]针对带钢连续退火炉建立炉温—带速协调优化的专家控制系统。90年代中期田玉楚等人[31,46,47]根据简化的带温分布模型和带温跟踪模型建立了带钢连续热镀锌退火炉的混合智能控制系统。同时，日本学者 Naoharu Yoshitani[32,48]、Akihiko Hasegawa[49]等对带钢立式连续退火炉的控制策略进行了深入的研究，开发了基于传热过程数学模型的带温自适应控制系统。David O. Marlow[50]针对带钢连续退火炉火焰直接加热段开发了变工况控制系统。

由于各学者建立的控制系统均不相同，特别是所采用的控制理论以及在详细的控制程序设计上存在明显差别，但是在根本上都是基于相同的传热模型和带温响应函数，即带温对炉温、带速和带钢规格等参数变化的响应[3,44]，如图3.5所示。M. M. Prieto[51]等对退火炉特性分析的结果在一定程度上印证了该结论。在带钢速度有阶跃变化时（带钢速度的阶跃变化可以在较短的时间内完成，通常在2min以内），带钢出炉温度呈现连续变化的规律。然而当带钢厚度变化时，带钢出炉温度有一个阶跃变化，随后是连续变化的规律，其主要原因是：焊缝前后（带钢厚度变化，前行带钢为厚带钢，后行带钢为薄带钢，如图3.5所示）带钢厚度不同，而焊缝前后带钢在炉内驻留的时间基本一致，因此，厚带钢较薄带钢温度偏低，在焊缝出炉时会有温度的阶跃变化。待厚带钢完全出炉，炉内仅为薄带钢，由于厚薄带钢吸热量的差异，导致炉温升高（相同供热量的情况下），带钢温度随之缓慢升高。

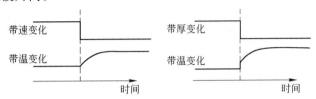

图 3.5　带钢温度响应炉温和带厚的变化曲线

通过对国内外研究成果的总结和归纳，可以用带钢升温特性函数[44]来描述在变工况条件下基于退火炉数学模型的计算机优化控制策略：

$$\Delta T_{ST}(\tau,\ \tau_v,\ \tau_F) = \alpha(\tau) \cdot \frac{\partial T_{ST}}{\partial H} \cdot \Delta H + \beta(\tau) \cdot \frac{\partial T_{ST}}{\partial W} \cdot \Delta W +$$

$$\theta(\tau,\ \tau_v) \cdot \frac{\partial T_{ST}}{\partial v} \cdot \Delta v + \gamma(\tau,\ \tau_F) \cdot \frac{\partial T_{ST}}{\partial T_F} \cdot \Delta T_F \quad (3.48)$$

式中，ΔT_{ST} 为带温变化量，K；H、ΔH 分别为带厚、带厚变化量，m；W、ΔW 分别为带宽、带宽变化量，m；v、Δv 分别为带速、带速变化量，m/s；T_F、ΔT_F 分别为炉温、炉温变化量，K；τ 为时间，当焊缝到达出炉口时 $\tau=0$；τ_v 为带速调整时刻；τ_F 为炉温调整时刻；α、β、θ、γ 为实验系数，它们是 τ、τ_v、τ_F 的函数，其形式与具体的炉子特性有关。

图3.6为变工况条件下的计算机控制流程图，其控制流程是：首先，由上位机给优化预测模块下传变工况信息，包括下一卷带钢规格 S_{size}（长、宽、厚、钢种）、热处理周期 T_S、入炉时刻 τ_e 等。其次，优化预测模块优选制定带速调节量 Δv（Δv 为切换前带速 v_p 与切换操作完成后下一钢卷稳工况带速 v_p 之差）、炉温调节量 ΔT_F（切换前稳定炉温 ΔT_{FP} 与切换后稳定炉温 T_{FN} 之差），以及最佳带

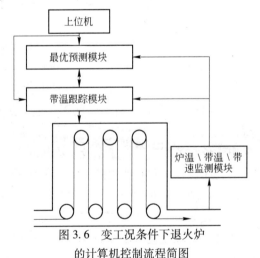

图 3.6　变工况条件下退火炉的计算机控制流程简图

速改变时刻 τ_v、最佳炉温改变时刻 τ_F、切换期间最优带钢温度曲线 T_{SC}。随后将优化数据 Δv、ΔT_F、τ_v、τ_F、T_{SC} 下传给带温跟踪模块，由其根据在线反馈信息进行炉温、带速设定值的制定与下传，若下传失败则将反馈信息反馈给优化预测模块重新优选控制参数。

此处调节量的优化函数 J 如式（3.49）所示：

$$J(\tau_v,\ \tau_F) = \eta \int_{-\tau_P}^{0} E(T_{SC},\ T_{SP}) \cdot d\tau + (1-\eta) \int_{0}^{\tau_N} E(T_{SC},\ T_{SN}) \cdot d\tau$$

$$(3.49)$$

式中，η 为权重系数，$\eta \in [0,1]$；τ_P、τ_N 分别为前行带钢、后行带钢的切换调整时间，s；E 为带钢温度偏差函数；T_{SP}、T_{SN} 分别为前行、后行带钢的热处理温度，K。

式（3.49）右边两项分别代表前行带钢和后行带钢温度优化。当前行带钢的优先级别高于后行带钢时，权重系数 $\eta=1$，或取接近于 1 的数；反之，权重系数 $\eta=0$，或取接近于 0 的数。

结合带钢升温特性函数式（3.48），优化目标是求出 τ_v、τ_F 使得 J 取得最小。同时可求得切换期间最优带温曲线 T_{SC}。

3.2.4 基于智能优化技术的控制策略

智能控制是模拟人类的智能活动，并将其应用于工程控制中。它是人工智能、控制理论和管理科学互相结合的产物。智能控制依靠知识模型，把技术和非技术的人类行为和经验归纳为若干系统化的规则或规律，实现对系统的"拟人智能"控制[52]。其显著特点是：

（1）以知识为基础进行推理，用启发的方式来引导求解过程；

（2）能够对实际环境或过程进行决策和规划，采用符号信息处理、启发式程序设计、知识标识和自动推理与决策等相关技术，实现广义的问题求解。

智能控制所包括的内容十分丰富，随着研究的不断深入，其理论体系日趋庞大，目前尚没有一个确切的分类。瑞典学者 K. J. Astrom 提出，专家控制、模糊控制和神经网络控制是三种典型的智能控制方法。这一说法较确切地反映了智能控制的研究和应用状况，也为大多数人所接受。此外，多级递阶智能控制、仿人智能控制、学习控制以及遗传算法等的研究也颇受关注。

智能优化技术不需要对被控对象建立复杂的热过程传输模型，特别是神经网络控制器以其强大的自学习能力，能够对不确定、不确知系统及扰动进行有效的控制[53]。

近年来，一方面，随着对神经网络理论、模糊理论研究的不断深入，智能控制器的精度和鲁棒性越来越好[54,55]；另一方面，随着人们对连续退火炉热态特性研究不断深入，如 M. Renard 等[56]对退火炉快速喷吹冷却段的实验研究，M. M. Prieto 等[51,57]对带钢连续退火炉建立数学模型，并参考实验结果进行对比研究，得出了退火炉多种传热特性，这些研究使得热处理炉的传热特性日渐明晰。

上述两个方面推动了智能控制算法的应用。如 Shaoyuan Li 等人[3,4]用 GGAP-RBF 神经网络对热镀锌退火炉进行了动态温度特性的系统辨识，并对 GGAP、MRAN、RANEKF、RAN 神经网络进行了比较研究。结论表明，GGAP 网络在节点数量小于其他三种网络的同时，无论是在计算时间、训练误差还是测试误差上均优于其他网络。Shin-Yenog Kim 等[58]对带钢辊冷段带温控制建立了神经网络辨识模型，并建立了相应的控制系统。F. J. Martínez-de-Pisón 等[59]应用人工神经网络和遗传算法对带钢连续退火炉带温优化控制系统进行了研究，并应用神经网络建立了静态参数设定模型和动态带温模型，采用遗传算法对神经网络输出数据进行炉温和带速设定值的动态优化，其流程如图 3.7 所示。图中 t 代表时间，$t=0$ 表示稳定工况的恒定量，而 t、$t+1$ 表示变工况的即时量。由图 3.7 可见，智能控制系统和基于模型的控制系统基本组成是相同的，均需要静态（稳定工况）的参数设定模型和动态（变工况）带温预测模型。

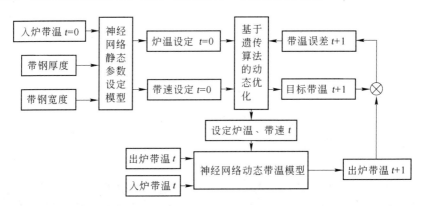

图 3.7　智能算法带温优化控制系统[59]

从上述各学者的研究过程来看，智能控制系统设计的基础和重点是神经网络辨识模型的建立，该辨识模型应该具有模型控制中所述式（3.48）的基本特性。无论是在线学习还是离线学习，其流程如图 3.8 所示。首先将控制对象的输入参数（如带钢规格、带速、炉温等）输入神经网络，随后将神经网络的输出相对于控制对象的输出偏差反馈给神经网络进行权值的学习。如此反复学习，直到网络输出误差小于允许值。

在建立系统辨识模型后，可根据遗传算法等优化策略对辨识模型的输出进行优化[53,59]。基于神经网络、遗传优化、模糊推理控制建立的智能控制系统一般流程如图 3.9 所示[53]。

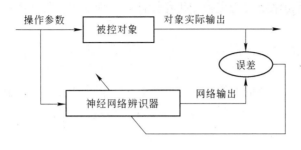

图 3.8　神经网络学习流程

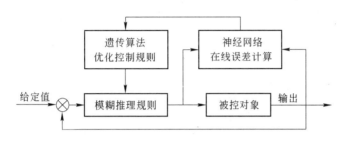

图 3.9　智能控制系统一般流程

　　此处遗传算法的功能主要是对系统输入输出数据、神经网络权值和模糊推理规则进行聚类优化。模糊推理、神经网络和遗传算法等智能算法具有拟人类思维的特点，智能算法之间的互补性结合将是未来智能控制研究的主要方向[53]。

　　与机理模型相比，智能算法也存在不足之处，特别是对物理现象的仿真能力上的不足，主要存在三个不可回避的问题：

　　（1）由于人工智能算法的特点，其所建立的模型需要大量实测数据进行模型参数的训练，而热过程机理模型不需要数量众多的现场实测数据，仅仅需要验证的数据即可，大大减少了现场工作量。

　　（2）由于使用人工智能方法建立的模型具有（1）所述的特点，其模型参数很难在不同的生产线间移植；而热过程机理模型则具有较好的移植性。原因在于任何一条生产线中同类热工设备的工作原理是相同的，可用相同的微分方程来描述。

　　（3）使用人工智能方法建立的模型经过训练，虽然可以对设备进行仿真并具有一定的准确性，但是智能模型不能覆盖所有的工况，即智能模型对其训练样本以外的工况的仿真能力有限，有时甚至是不可能的。例如对于不锈钢带钢的热处理，由于表面发射率随着温度、表面状况的变化而变化（详见附录 B、C、D），因此，对应于每个钢种，均需要对智能模型进行训练；增加新产品后，仍然需要进一步修改智能模型，无形中增加了巨大的工作量。而热过程机理模型不存在这个问题，而且可以在实际设备还没有制造出来之前就能进行大量的数值仿真研究计算，所得结果可为设备的优化设计、精细加工及优化控制奠定坚实的理论基础。

尽管智能方法在建立数学模型时有一定限制，但智能方法在进行参数决策与优化等方面仍然具有明显的优势。因此，在本课题的研究中，也会利用智能算法的优势，特别是对拟建的在线检测和控制系统，将会借助智能控制方法（如自学习、自寻优等）进行参数决策、优化计算等，起到加速处理信息的作用。

4 封闭空间内的辐射换热

描述辐射换热现象的方程称为辐射换热方程（Radiative Transfer Equation），其在本质上是空间体积微元内，沿热辐射某一传播方向上的一束射线的能量平衡方程式，见式（4.1）：

$$\frac{\mathrm{d}I_\lambda}{\mathrm{d}s} = -(\kappa_{a,\lambda} + \sigma_{s,\lambda})I_\lambda + \kappa_{a,\lambda}I_{b,\lambda} + \frac{\sigma_{s,\lambda}}{4\pi}\int_0^{4\pi}I_s(s')\Phi_\lambda(s',s)\mathrm{d}\Omega' \quad (4.1)$$

式中，左边项表示沿射线方向上单位行程内辐射强度的变化量；右边第一项表示由于介质的吸收、散射而造成的辐射强度衰减量；右边第二项表示由于介质的发射而在该方向产生的辐射强度增强量；右边第三项表示其他方向的辐射被散射入该方向而对辐射强度的增加量，称之为内向散射项[60]。

求解给定几何形状受限空间的辐射换热方程时，为了确定边界上的辐射强度分布，必须给定辐射在空间边界上的传输特征。在边界上，辐射强度包括两个部分：（1）边界表面的发射；（2）边界对投射到其上的辐射的漫反射或镜反射，而投射到边界上的辐射来自于空间中所有的微元体和微元面。在数学上，任何表面的边界条件的通用形式为[61]：

$$I_{w,\lambda}(0,s) = \varepsilon_\lambda I_{b,\lambda} + \int_{n\cdot s'<0}\rho''(s',s)I_\lambda(0,s')|n\cdot s'|\mathrm{d}\Omega' \quad (4.2)$$

式中，ε_λ 为边界表面的单色发射率；$\rho''(s',s)$ 为边界表面对 s' 方向入射的辐射在 s 方向反射的比率。在很多实际问题中，通常将壁面近似为漫发射和漫反射边界[62]。

对热辐射换热问题而言，即使是在无弥散介质的情况下，也仅存在非常少的精确解。大部分情况下，只能通过数值方法求得近似解[61]。这其中最主要的困难来源于积分形式的内向散射项，各种辐射计算方法基本上是围绕内向散射项的处理而进行的。求解辐射换热方程的方法需要做出不同程度的近似，以适应不同的场合。近似解法有很多种，一般可以分为两大类：一类是物理近似：如忽略某些物理现象（吸收或散射或发射等），也可取某些极限情况，如光学薄、光学厚极限等；另一类是利用数学近似的方法，如不同的离散方法，在方向分布或空间分布上做一定的近似，或者利用不同的近似函数的逼近方法等。这些近似能使辐射换热方程获得简化。

求解辐射换热的方法基本上可以分为两大类，一类是在给定的边界条件下解算基本的辐射传输方程，另一类是求解封闭空间内的辐射换热积分方程[63]。工程计算上使用较多的有区域法（Zone method），以积分方程的形式进行描述[64]，区域法自出现以来，得到了广泛的应用，在 Hottel、Johoson、Zuber、Lowes 以及 Riciter 等人的著作中均有论述，已成功地应用于三维炉膛的传热计算[65]，但应用于在线控制模型仍有难度[36]；球形谐波法（Spherical harmonics）、离散坐标法（Discrete ordinate method）以微分方程的形式来描述，这类方法统称微分近似法；蒙特卡洛法（Monte Carlo method）、离散传递法（Discrete transfer method）用概率模拟的方式描述。文献 [1，66] 提出了计算复杂形状物体间辐射热交换的假想面等效黑度法，虽然该方法仍然需要计算角系数，但因其将几何结构简化，极大地提高了计算效率，具有一定的应用前景。

在材料热处理过程中，为了满足材料加热、冷却的工艺要求，保证产品热处理质量，往往要预测和控制材料的受热状态。要控制被加热物料的温度分布，本质上是控制物料表面的热流密度分布，那么首先要对换热过程进行求解，其次是对加热器的温度分布进行优化。在板带钢的生产过程中，以辐射换热为主要传热过程的工艺主要有：板带钢的明火加热、辐射管（罩）加热、气体射流冲击冷却（板带钢温度高于 400℃ 的各阶段）等。此外，在其他热设备中辐射换热的影响往往也不容忽视，如蓄热燃烧系统中的蓄热室传热、含锌球团烧结过程等。在涉及粗糙表面时，需要考虑表面微观形貌对辐射换热的影响，此时需要对粗糙表面进行辐射换热特性分析，如表面等效发射率分析。上述涉及辐射换热的热设备，其几何结构各不相同，且结构都很复杂，为了对其进行统一建模，本章建立基于蒙特卡洛方法的复杂空间辐射换热模型，该模型可以适应几何结构的复杂变化，对其进行统一的求解。

在以辐射换热为主的工业热设备中，如带钢连续热处理立式炉中的辐射管加热段、电阻保温段等，带钢连续热处理卧式炉的加热段、喷气冷却段等，罩式热处理炉的内罩内部的换热、内罩和外罩之间的燃气辐射换热等，其热量传输主要是辐射换热，由于炉内结构非常复杂（如图 4.1 所示为立式连续退火炉（a）、卧式连续热处理炉（b）、烧结球团转底炉（c）等的内部几何结构示意图，以及单体几何结构和三维封闭空间的抽象几何结构图（d）），各个表面之间存在遮蔽效应，因此其换热过程的计算就非常复杂。

由于工程实际中热工设备内部几何结构的多变性和复杂性，这就要求辐射换热模型的建立和求解就必须能够适应这种复杂的变化，就需要辐射换热模型在具有较高精度的前提下具有良好的通用性。应用通用蒙特卡洛方法，建立三维空间辐射透明介质中任意灰面间辐射换热数学模型，该模型能够适应系统复杂的几何结构变化，能够对其统一求解，并实现蒙特卡洛方法的并行运算，提高程序运行速度。

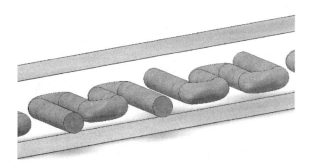

辐射管加热段　　　　　　　　气体射流冷却段

(a)

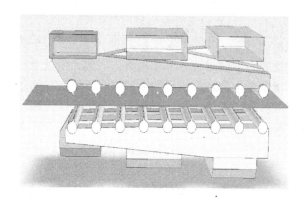

(b)

(c)

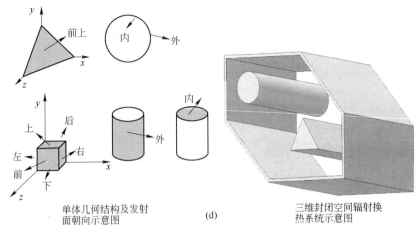

单体几何结构及发射   (d)   三维封闭空间辐射换
面朝向示意图   热系统示意图

图 4.1 炉内几何结构（参见书后彩图）
（a）立式炉辐射管加热段和气体射流冲击冷却段的几何结构示意图；
（b）不锈钢带钢卧式连续热处理炉喷气冷却段的几何结构示意图；
（c）球团烧结-转底炉内几何结构示意图（单层和多层堆积球团）；
（d）三维空间任意几何结构示意图

    蒙特卡洛法是从 20 世纪 50 年代发展起来的一种统计模拟数值方法。很多数学问题和物理化学现象可以通过统计方法求解，因此，蒙特卡洛法并不特指某一个具体方法。任意一个采用合适的统计抽样的方法求解数学问题或模拟物理化学现象的方法通常都称作蒙特卡洛法。该方法的特点是在求解辐射换热方程时，不需要做太多的简化假设，不仅适合于多维几何问题，也适合于非灰气体介质，以及介质的辐射性质随温度等参数变化的情况。其缺点是精确度受能束数目的影响，计算量较大，同时伴随有统计误差。但是随着计算机性能的提高，尤其是并行程序设计方法和多核计算机的普及和发展，对于复杂几何结构下的辐射传热问题而言，蒙特卡洛方法的这一缺点显得越来越微不足道。

    由于辐射能量以离散的份额（光子束或者能束）在一段相对长的距离上、在与物质相互作用之前沿直线传播，因此热辐射问题特别适合采用蒙特卡洛方法求解。采用蒙特卡洛方法求解热辐射换热问题需要追踪大量具有统计意义的抽样能束，从发射点开始，跟踪能束的散射、反射过程，直到能束被吸收。蒙特卡洛方法的优点在于，即使对于最复杂的问题，也能相对容易地求解，如图 4.2[61] 所示。对于求解一般复杂性的问题，蒙特卡洛方法在选择合适的光子束

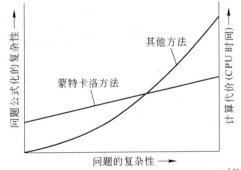

图 4.2 蒙特卡洛方法与其他求解方法的比较[61]

抽样技术方面需要花费的代价要多于寻找其分析解。但是当问题的复杂性增加时，传统方法（热流法、区域法、离散坐标法等）的求解难度以及计算代价却急剧上升。当问题超过一定的复杂度时，蒙特卡洛方法就更能显示出其优越性。

蒙特卡洛法是一种随机模拟方法，是通过随机变量的统计试验来求解数学、物理或工程技术问题的一种数值方法。这种方法应用于近似数值计算领域已经有上百年的历史，如著名的蒲丰投针实验（1777 年法国科学家蒲丰提出的一种计算圆周率的方法——随机投针法，即蒲丰投针实验），但是早期由于模拟试验工具的限制，真正用于解决实际问题还比较少。

蒙特卡洛方法的名称和系统性的发展可以追溯到 1944 年[67]。该方法首次应用到热辐射问题中是在 20 世纪 60 年代[68~70]。20 世纪 90 年代 Howell J R[71] 给出了蒙特卡洛方法应用于辐射传热问题的详尽综述，并且认为，如果进行足够的抽样分析，该方法能够给出精确的结果，因此常用来检验其他方法得到的结果。因为计算速度的快速提高，蒙特卡洛方法已经被证明适合于大规模并行计算，而其他方法却加速缓慢且效率较低。与编程所花的时间相比，计算所花的 CPU 时间很快将微不足道（事实也确实如此）。Howell J R 指出，因为蒙特卡洛方法适合于准确处理光谱特性、非均相介质、各向异性散射、复杂的几何形状以及辐射换热中的一切重要的因素，它正逐渐显示出作为求解热辐射换热问题的主导选择的潜力[71]。

4.1 辐射换热的基本概念

辐射换热是物体之间通过电磁波进行能量传递的基本换热方式之一。只要物体温度高于绝对零度（0K），物体就会将热能转换为电磁波的形式向外界辐射，而且这种能量的传递不需要其他介质的辅助（区别于导热和对流）。现实世界中，任何物体都会自发地发射、吸收、反射、散射电磁波，处于辐射热平衡的物体，其表面的辐射换热仍然在进行，只不过其表面的净辐射热流量为零。

在工业领域中，涉及的温度范围主要在 2000K 以内，涉及的热辐射波长在 $0.8\sim100\mu m$ 之间，并且在红外线区域（$0.76\sim20\mu m$）中的能量占了主要部分。处于红外线区域的热辐射波，在氮气、氧气、氢气等分子对称的气体介质中传播，不会被气体介质吸收，同时这类气体介质也不发射热辐射，统称为辐射透明介质。而二氧化碳、甲烷、水蒸气、一氧化碳、氮的化合物（NO_x）、臭氧等分子不对称的气体介质，对热辐射具有一定的吸收和发射能力，统称为辐射参与性介质。当辐射换热系统中存在辐射参与性介质时，就需要考虑气体与固体壁面之间的辐射换热。

本书涉及的主要是在封闭空间中的辐射换热问题，空间介质包括辐射透明介质和辐射参与性介质（吸收、透过性介质），因此主要针对封闭空间中表面之间的辐射角系数计算、表面温度（净辐射热流）的计算方法展开，为带钢连续热处理炉内热过程模型的建立奠定基础。在本书所涉及的辐射换热问题中，均假设封闭空间中各个表面具有灰体的性质。

4.1.1　辐射角系数的定义及其求解方法

辐射角系数又称辐射形状系数，简称角系数，表示从一个温度均匀的黑体表面（或者漫射灰表面）发射的辐射能量中到达另一温度均匀的黑体表面（或者漫射灰表面）的能量所占总发射能量的份额。按照上述定义，角系数是一个纯粹的几何参数，它反映了表面之间几何关系对辐射换热的影响，是辐射换热计算中必不可少的重要参数[72]。角系数可以通过理论进行计算，国内外学者整理了大量的角系数理论计算公式和图表，详见文献［73，74］。

由于角系数是一个纯粹的几何参数，因此仅与几何尺寸的相对大小有关，与尺寸的绝对值无关。在下面的讨论中，所有几何体的尺寸数据均不标注量纲。在同一算例中，仅需要保证几何体的尺寸具有相同的量纲即可。

根据角系数的定义，任意两个曲面 F_1、F_2 上的微元表面 d_1、d_2（如图 4.3 所示）之间的角系数可以表示成如下形式[34]：

$$f_{d_1-d_2} = \frac{\cos\theta_1 \cos\theta_2}{\pi R^2} dF_2 \qquad (4.3)$$

微元面 d_1 对表面 F_2 的角系数为：

$$f_{d_1-2} = \int_{F_2} \frac{\cos\theta_1 \cos\theta_2}{\pi R^2} dF_2 \qquad (4.4)$$

表面 F_1 对表面 F_2 的角系数为：

$$f_{1-2} = \frac{1}{F_1} \int_{F_1} \int_{F_2} \frac{\cos\theta_1 \cos\theta_2}{\pi R^2} dF_2 dF_1 \qquad (4.5)$$

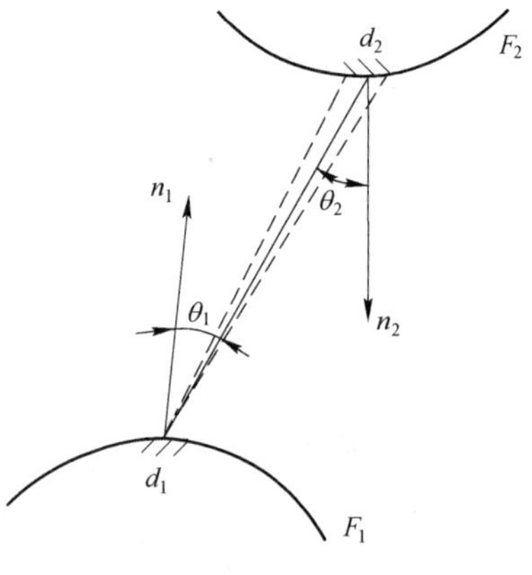

图 4.3　任意曲面直接的角系数定义

根据角系数的定义，角系数具有如下四个性质[34]：

（1）非自见面的角系数等于零，即 $f_{1-1}=0$。所谓非自见面，是指平面和凹面，即自身辐射出去的能量不能直接再落到自身上。

（2）相互性。两个表面（表面1、2）之间的角系数 f_{1-2}、f_{2-1} 与其面积 F_1 和 F_2 之间具有如下关系：

$$F_1 \cdot f_{1-2} = F_2 \cdot f_{2-1} \qquad (4.6)$$

参数 $F_1 \cdot f_{1-2}$ 具有面积的量纲，称为表面1对表面2的相互辐射面积。

（3）完整性。在由 n 个表面组成的封闭系统中，根据能量守恒原理，任一面 F_1 对气体所有表面的角系数之和等于1，即：

$$\sum_{i=1}^{n} f_{1-i} = 1 \qquad (4.7)$$

（4）和分性。根据角系数的完整性，在图 4.4 所示的系统中有

$$f_{3-(1+2)} = f_{3-1} + f_{3-2} \qquad (4.8)$$

两侧乘以面积 F_3，得到：

$$F_3 \cdot f_{3-(1+2)} = F_3 \cdot f_{3-1} + F_3 \cdot f_{3-2} \qquad (4.9)$$

根据角系数的相互性，上式可变为：

$$F_3 \cdot f_{3-(1+2)} = F_1 \cdot f_{1-3} + F_2 \cdot f_{2-3} \qquad (4.10)$$

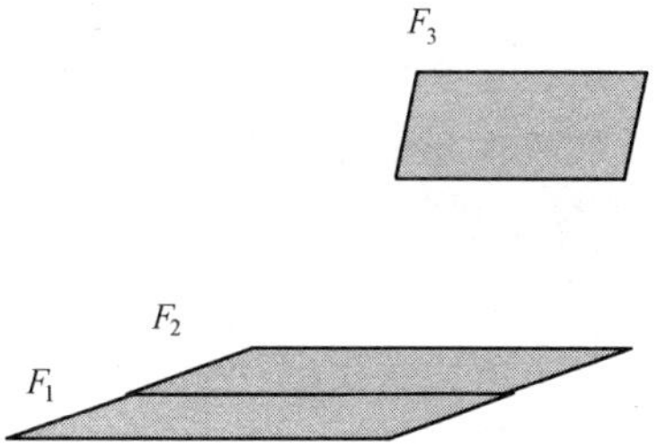

图 4.4　角系数的和分性

式（4.10）称为角系数的和分性。角系数的和分性表明，表面 F_3 得到的总辐射热流等于来自表面 F_1 和表面 F_2 的辐射之和。

辐射角系数的求解方法有：

（1）直接积分法。利用角系数的定义公式（4.5），代入相应的几何参量，进行二重或四重积分得到。

（2）环路积分法。是将辐射角系数的计算公式中的面积分用环路积分（或线积分）来代替，将四重积分用面积分来代替，使计算过程得到简化。实现这一简化的主要依据是数学分析中的斯托克斯（Stokes）定理。

（3）微分法。在某些情况下，利用已知的有限表面之间的角系数关系式，经过微分，可以得到微元面之间的角系数表达式。

（4）代数法。由于直接积分法和环路积分法都要通过积分运算来确定辐射角系数，对于某些复杂的几何形状常常是很难实现的。为了避免进行积分运算，并利用已知的几何形状的角系数表达式来确定另一种几何系统的角系数，1935 年卜略克提出了计算角系数的代数法[72]。代数法主要利用角系数的性质，避免了复杂的积分计算。

采用代数法求解 n 个表面组成的封闭系统时，系统共有 n^2 个角系数，需要列出 n^2 个方程才能求解出全部角系数。根据角系数的相互性，对于 F_1 面，可以列出 $n-1$ 个方程式，即：

$$F_1 \cdot f_{1-i} = F_i \cdot f_{i-1} \qquad (i = 2 \sim n) \qquad (4.11)$$

对于 F_2 表面，可以列出 $n-2$ 个方程式（有一组方程与前面重复）。以此类推，对于 F_j 面，可以列出 $n-j$ 个方程式（其中 $j=1\sim n$）。根据角系数的相互性可以列出的方程式的总数为：

$$\sum_{j=1}^{n} (n-j) = \frac{n(n-1)}{2} \qquad (4.12)$$

根据角系数的完整性，每一个表面都可以列出一个方程式，即：

$$\sum_{j=1}^{n} f_{i-j} = 1 \quad (i = 1 \sim n) \tag{4.13}$$

总计 n 个方程式。

如果在 n 个面中有 m 个非自见面，即自身对自身的角系数为零，则还可以列出 m 个方程式：

$$f_{i-i} = 0, \quad (i \text{ 为非自见面的编号，总数为 } m \text{ 个}) \tag{4.14}$$

综上所述，根据角系数的性质，可以列出的方程数量为：

$$\frac{n(n-1)}{2} + n + m \tag{4.15}$$

对于由 n 个表面组成的封闭系统，若要采用代数法求解角系数，则要求下式为 $Z = 0$：

$$Z = n^2 - \left[\frac{n(n-1)}{2} + n + m \right] = \frac{n(n-1)}{2} - m = 0 \tag{4.16}$$

即所能列出的方程式的数目与未知数的数据相等的时候，才能用代数法求解角系数。

在大多数相对简单的几何系统中，代数法可以十分方便地求解角系数，但是，对于复杂的几何系统，尤其是表面数量众多、表面之间存在遮蔽效应、非自见面很少的情况下，代数法将面临巨大的困难。

随着计算机技术的发展，采用数值计算的方法应用于角系数的求解越来越普遍，这些数值方法包括有限差分法（FDM）、有限元法（FEM）、蒙特卡洛法（MCM）、矢量法等[75]。这些方法中，蒙特卡洛法对复杂结构的适应性强，虽然其计算精度受到能束发射数量的影响，但是随着计算机计算速度的提高，以及并行计算的程序设计，采用蒙特卡洛法处理复杂辐射换热系统的角系数更加方便。

用蒙特卡洛法求解角系数有其特殊优点：它除了可以避免复杂的数学运算外，更重要的是它可以用于计算非理想的、非均匀的辐射表面。对于非均匀辐射表面，通常是将离开一个表面到达另一个表面的能量份额称为"辐射交换系数"或"辐射传递系数"。利用蒙特卡洛法计算定向辐射表面或镜面之间的辐射传递系数是比较简便的[72]。

4.1.2　蒙特卡洛法的基本原理

计算表面辐射换热或辐射传递系数的蒙特卡洛法，其基本思想是：首先，将一个表面发射的辐射能看作是由许多能束所组成，每个能束具有一定的能量；表面所发射的能量与由此表面发出的能束数量有关。然后，跟踪每一个能束的可能途径，直到此能束最后被某一表面吸收为止，从一个表面发射的能束其发射位置和发射方向是随机的。假若能束被某表面吸收，则整个行程终结，跟踪此能束的过程到此为止。若能束被反射，则需要继续跟踪直到此能束被某一表面吸收为止。逐个跟踪每个能束的行程，当能束数量足够多时，就可以得到具有统计意义的结果。根据每个表面吸收能束的能量，可确定该表面可接受的辐射能量，从而确定表面间辐射能量的传递系数或角系数[72]。

根据蒙特卡洛法的基本思想，求解辐射换热方程的蒙特卡洛法主要有以下四个关键步骤：能束发射方向的确定，能束发射位置的确定，能束的跟踪统计，能束的吸收或反射，其中能束的反射还需要进一步确定反射方向，并重新进行跟踪统计。

4.1.2.1　能束发射方向的确定

图 4.5 为微元面发射射线方向示意图，在球坐标系中，射线矢量由角度 θ 和 φ 唯一确定。

在球坐标系中，微元面的面积 dA 可以表示为微台高度 $d\delta$ 和微元体积 dV 的函数：

$$dA = \frac{dV}{d\delta} = \frac{(r\sin\theta d\varphi)(rd\theta) dr}{d\delta}$$

$$= \frac{r^2\sin\theta d\theta d\varphi dr}{d\delta} \qquad (4.17)$$

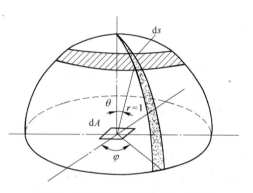

图 4.5　微元面发射射线方向示意图

那么，微元面 dA 向空间体积 ΔV 所辐射的能量 $Q_{dA\to\Delta V}$ 可表示为：

$$Q_{dA\to\Delta V} = \Delta V \int_{dA} \frac{Q_{dA}}{d\delta} \frac{K_a e^{-K_a r}}{\pi r^2}\cos\theta(r^2\sin\theta d\varphi d\theta dr)$$

$$= \Delta V \int_{dA} \frac{Q_{dA}}{d\delta}(K_a e^{-K_a r} dr)(2\sin\theta\cos\theta d\theta)\left(\frac{d\varphi}{2\pi}\right) \qquad (4.18)$$

根据概率密度和联合概率密度的定义，上式可写为：

$$Q_{dA\to\Delta V} = \Delta V \int_{dA} \frac{Q_{dA}}{d\delta} P(r, K_a) P_1(\theta) P_2(\varphi) d\theta d\varphi dr \qquad (4.19)$$

式中，$P(r, K_a)$ 为与衰减有关的概率密度函数；$P_1(\theta)$ 为与方向角 θ 有关的概率密度函数；$P_2(\varphi)$ 为与方向角 φ 有关的概率密度函数。

对于方向角 θ、φ，有：

$$P_1(\theta) = 2\sin\theta\cos\theta \qquad (4.20)$$

$$P_2(\varphi) = \frac{1}{2\pi} \qquad (4.21)$$

其概率分布函数分别为：

$$R_\theta = \int_0^\theta P_1(\theta) = \int_0^\theta 2\sin\theta\cos\theta \mathrm{d}\theta = \sin^2\theta \qquad (4.22)$$

$$R_\varphi = \int_0^\varphi P_2(\varphi) = \int_0^\varphi \frac{1}{2\pi}\mathrm{d}\varphi = \frac{\varphi}{2\pi} \qquad (4.23)$$

因此方向角 θ、φ 可确定为：

$$\theta = \sin^{-1}\sqrt{R_\theta} \qquad (4.24)$$

$$\varphi = 2\pi R_\varphi \qquad (4.25)$$

式中，R_θ、R_φ 为 0~1 之间均匀分布的随机数。

需要注意的是，上式同样适用于确定能束从漫射表面的反射方向，因为对漫射表面而言，能束的反射方向与其入射方向无关，但该式不适用于镜反射。

4.1.2.2　能束发射位置的确定

能束在微元面区域内均匀随机发射，因此，不同类型的微元面能束发射点坐标的确定方法也略有不同。以图 4.6 所示的矩形微元面 dA 为例，对于局部坐标系（直角坐标系）而言，微元面 dA 发射能束的概率为：

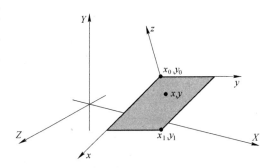

图 4.6　矩形微元面能束发射位置示意图

$$P(x, y) = \frac{\mathrm{d}x}{x_1 - x_0} \cdot \frac{\mathrm{d}y}{y_1 - y_0}$$
$$= P_x(x) \cdot P_y(y) \qquad (4.26)$$

式中，(x_0, y_0)、(x_1, y_1) 为矩形微元面 dA 两个对角点的坐标。

同样，根据概率密度与联合概率密度的关系，矩形微元面上能束发射点的坐标为：

$$x = x_0 + R_x(x_1 - x_0) \qquad (4.27)$$

$$y = y_0 + R_y(y_1 - y_0) \qquad (4.28)$$

式中，R_x、R_y 为 0~1 之间均匀分布的随机数。

对于图 4.7 所示的圆柱面而言，在局部坐标系（柱坐标系）下，能束发射点的坐标可表示为：

$$\varphi = 2\pi R_\varphi \qquad (4.29)$$

$$z = z_0 + R_z(z_1 - z_0) \qquad (4.30)$$

式中，R_φ 和 R_z 为 0~1 之间均匀分布的随机数。

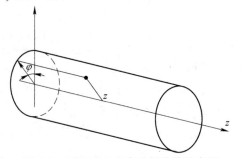

图 4.7　圆柱面上能束发射位置示意图

4.1.2.3 能束的跟踪方法

当能束发射方向、发射位置确定之后，即可对能束的传递、吸收、反射过程进行跟踪。在辐射吸收、散射介质中，能束传递路径及其能量衰减的处理可采用路径长度法[70,76]；而在辐射透明介质中，或者计算目的仅仅是求解辐射角系数时，不需要计算能束散射方向和能量衰减过程，只要确定能束投射的位置即可。在确定能束的投射位置时，需要考虑到表面之间的遮蔽效应，如图4.8所示。

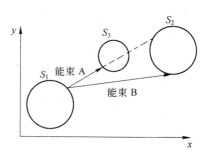

图4.8 圆柱面上能束发射位置示意图

在图4.8所示的三体辐射系统中，表面 S_1 发射的能束 A 首先投射到了表面 S_3 上，能束 A 的延长线（图中虚线所示）投射到了表面 S_2 上，即表面 S_3 起到了辐射遮蔽的作用。表面 S_1 发射的能束 B 则直接投射到了表面 S_2 上，对这一类能束而言没有遮蔽效应。在蒙特卡洛模型中，需要随时处理上述两类能束的投射位置。在蒙特卡洛模型中，采用以下原则判定能束的投射位置（无论是否有遮蔽）：能束的投射位置与发射位置之间的距离最短。

4.1.2.4 能束的吸收或反射

当能束投射到表面上之后，能束是被吸收还是反射，取决于表面发射率 ε。用随机舍取法确定，即取一个 0~1 之间均匀分布的随机数 R_ε，当：

$$R_\varepsilon \leqslant \varepsilon \tag{4.31}$$

则投射到该表面上的能束被该表面吸收；否则，能束被反射。能束的反射方向确定方法与发射方向的确定相同，能束的跟踪过程从其反射点重新开始，直到能束被某个表面吸收。

上述四个步骤的简单重复，即为计算辐射透明介质中，漫射灰面间辐射换热方程的蒙特卡洛方法。

对于 i，j 两个表面，设 Q_i 为单位时间内从 i 表面单位面积上辐射的热量，N_i 为 i 表面单位面积发射的辐射能束，则每个能束所具有的能量为：

$$W = Q_i/N_i \tag{4.32}$$

如果表面 j 吸收的能束数目为 N_{ij}，则由 i 面传递给 j 表面的能量为：

$$Q_{ij} = N_{ij}W \tag{4.33}$$

由此得到两个表面之间的辐射传递系数 F_{ij}：

$$F_{ij} = \frac{Q_{ij}}{Q_i} = \frac{N_{ij}}{N_i} \tag{4.34}$$

值得注意的是，若将各表面的黑度 ε 设置为 1，F_{ij} 的值就是 i、j 两表面之间的角系数。

为了达到统计模拟的目的，要求单位面积发射的能束数量有足够的数值，通常都取到 10000 束以上。在蒙特卡洛法的误差分析部分，模拟实验和统计分析的结果均表明：在辐射角系数或辐射传递系数不小于 0.05 的情况下，能束数量取 10^6 时即可获得十分稳定的计算结果，其相对计算误差可控制在 ±0.5% 以内。

4.2   基于蒙特卡洛法的多个灰面间辐射换热通用模型

由于蒙特卡洛法的求解步骤是围绕着能束的发射、反射、吸收的跟踪过程展开的，能束的跟踪无先后顺序，且与辐射换热系统中表面数量、位置、形状之间的关系也不大。因此，基于蒙特卡洛方法的基本原理，可以开发任意表面间的辐射传递系数、角系数通用计算软件，其计算流程见图 4.9。

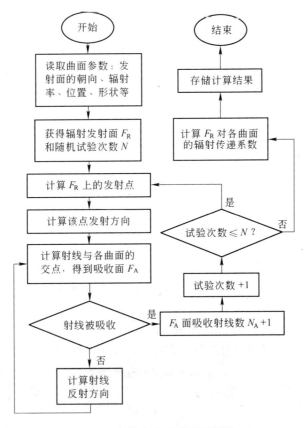

图 4.9   蒙特卡洛法计算流程图

由于蒙特卡洛法具有很好的并行计算特性，如每一个能束（射线）的发射、跟踪、吸收、反射都是独立进行的，相互之间不存在干扰，因此可开发蒙特卡洛并行计算软件。相比于串行软件，并行软件在多核计算系统中的执行时间远少于串行软件。

4.2.1 设计蒙特卡洛法程序需要考虑的问题

在按照上述流程进行计算的过程中，还有三个问题值得注意：

首先，如何确定表面的热辐射方向，即确定表面的哪一侧是热辐射表面。这在多个表面间的辐射换热计算中尤为重要，可通过设置热辐射表面的法线方向进行确定。图 4.10 所示为几种典型表面的发射面朝向。对于与坐标面平行的平面，其发射面朝向有上、下、左、右、前、后，以及对于倾斜的表面有前上、后下、左上、右下等。对于圆筒、球体等表面，发射面的朝向有内、外两种。表面朝向可由表面的法线方向定义，例如，对于圆筒壁表面，其辐射方向若为

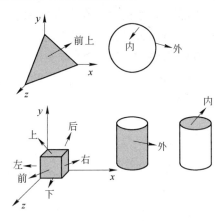

图 4.10 几种典型表面的发射面朝向定义

外，使用外法线方向的单位矢量表示其朝向；若辐射方向为内，则使用外法线方向相反的单位矢量表示其朝向。

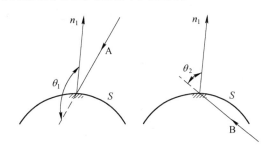

图 4.11 判断入射射线与表面朝向是否匹配

在判断入射射线与表面朝向是否匹配时，可通过计算入射射线与入射点处表面的辐射朝向矢量之间的夹角来判断。若入射射线与辐射朝向矢量夹角大于 90°，则入射射线投射到了表面的辐射面上，否则投射到了辐射表面的背侧。如图 4.11 所示，射线 A 投射到了表面 S 的辐射发射面上，而射线 B 投射到了表面 S 的背侧。

其次，如何确定辐射能束与哪一个热辐射表面相交，如果存在多个表面时，会出现表面间的遮蔽。可通过跟踪能束的传递距离进行判断，如图 4.12 所示。表面 S_1 发射的射线 A 与表面 S_3 和表面 S_2 均有交点（总共四个交点），其中根据发射面的朝向可以排除掉两个交点（与表面 S_3 的第二个交点、与表面 S_2 的第二个交点），其次，根据遮蔽判断，射线 A 的发射点与表面 S_3 交点之间的距离小于其与表面 S_2 交点的距离，据此判断，射线 A 投射到表面 S_3 上，而非 S_2 上。同样，从表面 S_1 上发射的射线 B 仅与 S_2 表面有两个交点，通过表面朝向可排除一个交

点，因此剩下的那个交点即为射线 B 在表面 S_2 上的入射点。

最后，需要将局部坐标系下获得的能束发射（反射）方向矢量通过坐标变换，转变为全局坐标系下的矢量。可通过矢量的平移、旋转变换实现。

如图 4.13 所示，系统坐标系为 (X, Y, Z, O)，局部坐标系为 (x, y, z, o)。局部坐标系的原点在系统坐标系下的坐标为 (X_0, Y_0, Z_0)，系统坐标系的坐标轴的方向矢量在局部坐标系下的方向余弦分别为：

OX 轴在局部坐标系 $oxyz$ 下的方向余弦 $(\cos\alpha_X', \cos\beta_X, \cos\gamma_X)$

OY 轴在局部坐标系 $oxyz$ 下的方向余弦 $(\cos\alpha_Y, \cos\beta_Y, \cos\gamma_Y)$

OZ 轴在局部坐标系 $oxyz$ 下的方向余弦 $(\cos\alpha_Z, \cos\beta_Z, \cos\gamma_Z)$

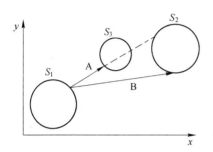
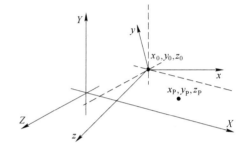

图 4.12　遮蔽判断示意图　　　　　图 4.13　局部坐标系与系统坐标系的关系

在局部坐标系中的任意一点 P 的坐标为 (x_P, y_P, z_P)，那么 P 点在系统坐标系下的坐标值为：

$$\begin{bmatrix} X_P \\ Y_P \\ Z_P \end{bmatrix} = \begin{bmatrix} \cos\alpha_X & \cos\beta_X & \cos\gamma_X \\ \cos\alpha_Y & \cos\beta_Y & \cos\gamma_Y \\ \cos\alpha_Z & \cos\beta_Z & \cos\gamma_Z \end{bmatrix} \begin{bmatrix} x_P \\ y_P \\ z_P \end{bmatrix} + \begin{bmatrix} x_0 \\ y_0 \\ z_0 \end{bmatrix} \tag{4.35}$$

若已知系统坐标系下 P 的坐标 (X_P, Y_P, Z_P)，则在局部坐标系下点 P 的坐标为：

$$\begin{bmatrix} x_P \\ y_P \\ z_P \end{bmatrix} = \begin{bmatrix} \cos\alpha_X & \cos\beta_X & \cos\gamma_X \\ \cos\alpha_Y & \cos\beta_Y & \cos\gamma_Y \\ \cos\alpha_Z & \cos\beta_Z & \cos\gamma_Z \end{bmatrix}^{-1} \left(\begin{bmatrix} X_P \\ Y_P \\ Z_P \end{bmatrix} - \begin{bmatrix} x_0 \\ y_0 \\ z_0 \end{bmatrix} \right) \tag{4.36}$$

上述为任意一点坐标的转换。那么对于任意矢量 V 在局部坐标系 $oxyz$ 下的方向余弦为 (v_x^*, v_y^*, v_z^*)，在系统坐标系下 V 的方向余弦为 (v_x, v_y, v_z)，两个坐标系下其方向余弦的关系为：

$$\begin{bmatrix} v_x^* \\ v_y^* \\ v_z^* \end{bmatrix} = \begin{bmatrix} \cos\alpha_X & \cos\beta_X & \cos\gamma_X \\ \cos\alpha_Y & \cos\beta_Y & \cos\gamma_Y \\ \cos\alpha_Z & \cos\beta_Z & \cos\gamma_Z \end{bmatrix} \begin{bmatrix} v_x \\ v_y \\ v_z \end{bmatrix} \tag{4.37}$$

对于坐标系之间的平移、旋转变换，还有另一种表示方式，即通过坐标系的基本平移变换、基本旋转变换得到两个坐标系任意点的坐标转换。坐标系的基本平移变换矩阵为：

$$T_{x,a} = \begin{bmatrix} 1 & 0 & 0 & a \\ 0 & 1 & 0 & 0 \\ 0 & 0 & 1 & 0 \\ 0 & 0 & 0 & 1 \end{bmatrix} \tag{4.38}$$

$$T_{y,b} = \begin{bmatrix} 1 & 0 & 0 & 0 \\ 0 & 1 & 0 & b \\ 0 & 0 & 1 & 0 \\ 0 & 0 & 0 & 1 \end{bmatrix} \tag{4.39}$$

$$T_{z,c} = \begin{bmatrix} 1 & 0 & 0 & 0 \\ 0 & 1 & 0 & 0 \\ 0 & 0 & 1 & c \\ 0 & 0 & 0 & 1 \end{bmatrix} \tag{4.40}$$

式中，$T_{x,a}$ 表示原坐标系沿 x 轴方向平移 a 距离的平移变换矩阵；$T_{y,b}$ 表示原坐标系沿 y 轴方向平移 b 距离的平移变换矩阵；$T_{z,c}$ 表示原坐标系沿 z 轴方向平移 c 距离的平移变换矩阵。

坐标系的基本旋转变换矩阵为：

$$R_{x,\alpha} = \begin{bmatrix} 1 & 0 & 0 & 0 \\ 0 & \cos\alpha & -\sin\alpha & 0 \\ 0 & \sin\alpha & \cos\alpha & 0 \\ 0 & 0 & 0 & 1 \end{bmatrix} \tag{4.41}$$

$$R_{y,\varphi} = \begin{bmatrix} \cos\varphi & 0 & \sin\varphi & 0 \\ 0 & 1 & 0 & 0 \\ -\sin\varphi & 0 & \cos\varphi & 0 \\ 0 & 0 & 0 & 1 \end{bmatrix} \tag{4.42}$$

$$R_{z,\theta} = \begin{bmatrix} \cos\theta & -\sin\theta & 0 & 0 \\ \sin\theta & \cos\theta & 0 & 0 \\ 0 & 0 & 1 & 0 \\ 0 & 0 & 0 & 1 \end{bmatrix} \tag{4.43}$$

式中，$R_{x,\alpha}$ 表示原坐标系围绕 x 轴方向旋转 α 角度的旋转变换矩阵；$R_{y,\varphi}$ 表示原坐标系围绕 y 轴方向旋转 φ 角度的旋转变换矩阵；$R_{z,\theta}$ 表示原坐标系围绕 z 轴方向旋转 θ 角度的旋转变换矩阵。

对于多个旋转变换和平移变换，可由上述基本平移变换矩阵和基本旋转变换矩阵按次序乘积得到。例如，对于坐标系 I 由坐标系 O 经过围绕 x 轴旋转 α 角度，再沿 x 周平移 b 距离，再经过 z 轴平移 d 距离，然后围绕 z 轴旋转 θ 角度后得到，那么坐标系 I 到 O 的坐标变换矩阵 $\boldsymbol{H}$ 可表示为：

$$\boldsymbol{H} = \boldsymbol{R}_{x,\alpha}\boldsymbol{T}_{x,b}\boldsymbol{T}_{z,d}\boldsymbol{R}_{z,\theta} \tag{4.44}$$

将基本平移和基本旋转转换矩阵代入：

$$\boldsymbol{H} = \begin{bmatrix} 1 & 0 & 0 & 0 \\ 0 & \cos\alpha & -\sin\alpha & 0 \\ 0 & \sin\alpha & \cos\alpha & 0 \\ 0 & 0 & 0 & 1 \end{bmatrix}\begin{bmatrix} 1 & 0 & 0 & b \\ 0 & 1 & 0 & 0 \\ 0 & 0 & 1 & 0 \\ 0 & 0 & 0 & 1 \end{bmatrix}\begin{bmatrix} 1 & 0 & 0 & 0 \\ 0 & 1 & 0 & 0 \\ 0 & 0 & 1 & d \\ 0 & 0 & 0 & 1 \end{bmatrix}\begin{bmatrix} \cos\theta & -\sin\theta & 0 & 0 \\ \sin\theta & \cos\theta & 0 & 0 \\ 0 & 0 & 1 & 0 \\ 0 & 0 & 0 & 1 \end{bmatrix} \tag{4.45}$$

整理后得到：

$$\boldsymbol{H} = \begin{bmatrix} \cos\theta & -\sin\theta & 0 & b \\ \cos\alpha\sin\theta & \cos\alpha\cos\theta & -\sin\alpha & -d\sin\alpha \\ \sin\alpha\sin\theta & \sin\alpha\cos\theta & \cos\alpha & d\cos\alpha \\ 0 & 0 & 0 & 1 \end{bmatrix} \tag{4.46}$$

空间任意一点 P 在坐标系 I 中的坐标表示为 $[P_{Ix}, P_{Iy}, P_{Iz}, 1]^{\mathrm{T}}$，$P$ 在坐标系 O 中的坐标表示为 $[P_{Ox}, P_{Oy}, P_{Oz}, 1]^{\mathrm{T}}$，根据上述变换，有如下关系：

$$\begin{bmatrix} P_{Ox} \\ P_{Oy} \\ P_{Oz} \\ 1 \end{bmatrix} = \begin{bmatrix} \cos\theta & -\sin\theta & 0 & b \\ \cos\alpha\sin\theta & \cos\alpha\cos\theta & -\sin\alpha & -d\sin\alpha \\ \sin\alpha\sin\theta & \sin\alpha\cos\theta & \cos\alpha & d\cos\alpha \\ 0 & 0 & 0 & 1 \end{bmatrix}\begin{bmatrix} P_{Ix} \\ P_{Iy} \\ P_{Iz} \\ 1 \end{bmatrix} \tag{4.47}$$

4.2.2　曲面单元设计

为了提高计算精度，对曲面进行二次函数拟合，而不是传统的将曲面划分为更小的平面单元的做法。当然，将曲面近似为多个平面单元的组合，也可以获得一定精度的结果。在 $OXYZ$ 坐标系中，用二次函数表示的通用曲面方程如下所示：

$$f(x, y, z) = a_1x^2 + a_2y^2 + a_3z^2 + a_4xy + a_5yz + a_6xz + a_7x + a_8y + a_9z + a_{10} \tag{4.48}$$

通过定义曲面方程中 x、y、z 参数的取值范围，可以获得一定形状的曲面。例如，对于式（4.49）所示的球体，若定义 $z \geqslant 0$，则定义了一个半球；若定义 $a \geqslant z \geqslant b$，则定义了一个带状球面，如图 4.14 所示。

$$f(x, y, z) = x^2 + y^2 + z^2 - R^2 \tag{4.49}$$

此外，通过添加其他约束，可以构造更加复杂的曲面形状。对于本书要讨论的辐射换热问题，二次曲面的近似已经足够满足工程实践中的辐射换热计算精度要求。

若不采用二次曲面近似的方法，直接采用多个平面微元面拼接，近似成曲面的形式，将会造成一定的计算误差。图 4.15 为一微元面与圆柱面的几何位置示意图，对圆柱面分别采用二次曲面方程描述、14 个微元面拼接和 22 个微元面拼接三种形式，分别计算微元面与圆柱面的角系数，计算中取射线数量 10^6，计算结果见表 4.1（$r = 350$；$h = 1000$；$l = 1000$）。

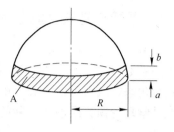

图 4.14 带状球面的定义示意图

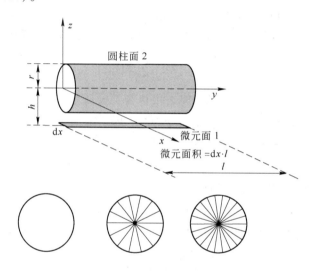

图 4.15 微元面与圆柱面的几何位置及圆柱面近似形式示意图

表 4.1 微元面与圆柱面的角系数计算结果

	理论值	二次曲面方程	14 个微元面	22 个微元面
计算值	0.57945	0.57936	0.567644	0.573374
相对误差/%	—	0.015	2.037	1.049

由表 4.1 可知，虽然对圆柱面进行了较为细致的划分（沿圆周方向划分为 22 个单元面），但其计算结果的相对误差也在 1% 以上，且单元面划分的份数越少，误差越大（14 个单元面的相对误差在 2% 以上）。而采用二次曲面方程进行计算时，相对误差只有 0.015%。由此可见，精确的曲面描述是获得准确的辐射角系数的重要因素。虽然将曲面进行单元划分，用平面单元可以近似描述出曲面的形状，可以适应更加复杂的曲面形式，但这将带来计算误差，而且这些误差并不能通过增加射线发射数量来降低。

4.3　蒙特卡洛法模型的验证与计算误差分析

　　基于上述蒙特卡洛法模型原理，可开发蒙特卡洛法软件，用于计算表面之间的角系数；也可以计算表面之间的辐射传递系数，特别是能够对复杂的几何结构进行角系数或辐射传递系数分析，为辐射换热的精确计算提供了基础。下面根据统计学理论预测误差和实际的计算误差的对比分析，来考察蒙特卡洛法的计算精度。

4.3.1　基于统计学的蒙特卡洛法误差分析

　　由蒙特卡洛法的原理可知，求解辐射传递系数、角系数时，蒙特卡洛法以随机变量 $\mathbf{X}$ 的子样 X_1，X_2，$\cdots$，X_N 的算术平均值作为真值 $\mathbf{X}$ 的近似值，即：

$$\mathbf{X} \approx \overline{X}_N = \frac{1}{N} \sum_{n=1}^{N} X(\omega_n) \tag{4.50}$$

由于随机变量 $\mathbf{X}$ 的子样相互独立，可认为其服从 0-1 分布，其分布率为：

$$f(x\ ;p) = p^x (1-p)^{1-x} \tag{4.51}$$

$$x = \begin{cases} 0 \\ 1 \end{cases} \tag{4.52}$$

0-1 分布的均值和方差分别为：$\mu = p = \mathbf{X}$，$\sigma = \sqrt{p(1-p)}$。

　　根据独立同分布的中心极限定理，当随机变量 $\mathbf{X}$ 的子样个数 N 充分大时，其算术平均值 $\overline{X}_N$ 近似地服从正态分布 $N(\mu，\sigma^2)$，从而有：

$$\frac{\overline{X}_N - \mu}{\sigma / \sqrt{N}} \sim N(0，1) \tag{4.53}$$

那么真值 $\mathbf{X}$ 的置信水平为 $1 - \alpha$ 的置信区间为：

$$P\left\{ \left| \frac{\overline{X}_N - \mu}{\sigma / \sqrt{N}} \right| < z_{\alpha/2} \right\} = 1 - \alpha \tag{4.54}$$

式中，$z_{\alpha/2}$ 为分位点，可查数学手册获得。

　　根据式（4.54）左端的不等式有下式成立：

$$-\frac{\sigma}{\sqrt{N}} z_{\alpha/2} < \mu - \overline{X}_N < \frac{\sigma}{\sqrt{N}} z_{\alpha/2} \tag{4.55}$$

　　上式的意义为：算术平均值 $\overline{X}_N$ 与真值 $\mathbf{X}$ 的绝对误差小于 $\frac{\sigma}{\sqrt{N}} z_{\alpha/2}$ 的概率为 $1 - \alpha$。

　　对于蒙特卡洛法计算的辐射传递系数或角系数 F_{ij}（设其精确值为 F_{T-ij}）而言，式（4.55）中各变量的对应关系为：$\mu \to F_{T-ij}$；$\overline{X}_N \to F_{ij}$；$N$ 对应能束数量；

$p \approx F_{ij}$ 。因此有：

$$- z_{\alpha/2} \sqrt{\frac{F_{ij}(1 - F_{ij})}{N}} < F_{T-ij} - F_{ij} < z_{\alpha/2} \sqrt{\frac{F_{ij}(1 - F_{ij})}{N}} \qquad (4.56)$$

上式表示了置信水平为 $1 - \alpha$ ，F_{ij} 与精确值 F_{T-ij} 的绝对误差。对该式进一步推导，可以得出相对误差的上下限为：

$$- \frac{z_{\alpha/2} \sqrt{\frac{1}{N}\left(\frac{1}{F_{ij}} - 1\right)}}{1 + z_{\alpha/2} \sqrt{\frac{1}{N}\left(\frac{1}{F_{ij}} - 1\right)}} < \frac{F_{T-ij} - F_{ij}}{F_{T-ij}} < \frac{z_{\alpha/2} \sqrt{\frac{1}{N}\left(\frac{1}{F_{ij}} - 1\right)}}{1 - z_{\alpha/2} \sqrt{\frac{1}{N}\left(\frac{1}{F_{ij}} - 1\right)}} \qquad (4.57)$$

另外，对式（4.56）中三项同时除以 F_{ij} ，得到近似的相对误差上下限为：

$$- z_{\alpha/2} \sqrt{\frac{1}{N}\left(\frac{1}{F_{ij}} - 1\right)} < \frac{F_{T-ij} - F_{ij}}{F_{ij}} < z_{\alpha/2} \sqrt{\frac{1}{N}\left(\frac{1}{F_{ij}} - 1\right)} \qquad (4.58)$$

由于 $z_{\alpha/2} \sqrt{\frac{1}{N}\left(\frac{1}{F_{ij}} - 1\right)}$ 通常较小，因此，上述两种相对误差上下限，式（4.57）和式（4.58）差别不大。但从式（4.57）可以看出，蒙特卡洛法的相对误差下限绝对值要小于上限绝对值。

由式（4.56）、式（4.58）可以看出，在蒙特卡洛法计算辐射传递系数或角系数时，其计算收敛速度为 $1/\sqrt{N}$ 。此外，若要将计算精度提高一个数量级，能束数量需要提高两个数量级。同时，其他条件相同的情况下，相对误差随着 F_{ij} 的减小而增大，如图 4.16 所示：当 F_{ij} 趋近于 0 的时候，相对误差迅速增大；当 F_{ij} 趋近于 1 的时候，相对误差趋近于 0。对于绝对误差，当 $F_{ij} = 0.5$ 时，绝对误差达到最大值，如图 4.17 所示。

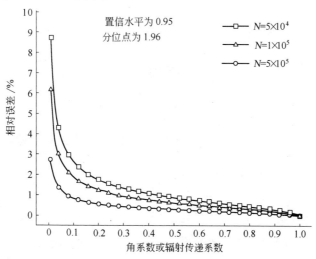

图 4.16　F_{ij} 与相对误差限的关系

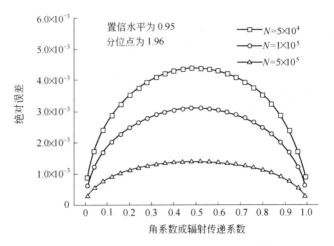

图 4.17　F_{ij} 与绝对误差限的关系

设辐射系统共有 n 个辐射面，对式（2.25）按照 j 进行累加取平均值，有：

$$-\frac{z_{\alpha/2}}{n}\sum_{j=1}^{n}\left[\sqrt{\frac{F_{ij}(1-F_{ij})}{N}}\right] < \frac{1}{n}\sum_{j=1}^{n}(F_{T-ij}-F_{ij}) < \frac{z_{\alpha/2}}{n}\sum_{j=1}^{n}\left[\sqrt{\frac{F_{ij}(1-F_{ij})}{N}}\right]$$

$$(4.59)$$

由于函数 $f(F_{ij})=F_{ij}(1-F_{ij})$ 的二阶导数为负，该函数为向上的凸函数，根据 Jensen 不等式，有：

$$\frac{z_{\alpha/2}}{n}\sum_{j=1}^{n}\left[\sqrt{\frac{F_{ij}(1-F_{ij})}{N}}\right] < \frac{z_{\alpha/2}}{n}\sqrt{\frac{\sum_{j=1}^{n}F_{ij}\cdot\sum_{j=1}^{n}(1-F_{ij})}{N}} = \frac{z_{\alpha/2}}{n}\sqrt{\frac{1\cdot(n-1)}{N}}$$

$$(4.60)$$

因此对于式（4.59），有：

$$-z_{\alpha/2}\sqrt{\frac{n-1}{N\cdot n^2}} < \bar{\delta}_{Fi} < z_{\alpha/2}\sqrt{\frac{n-1}{N\cdot n^2}} \qquad (4.61)$$

$$\bar{\delta}_{Fi} = \frac{1}{n}\sum_{j=1}^{n}(F_{T-ij}-F_{ij}) \qquad (4.62)$$

上式表示辐射面 i 对辐射面 $1\sim n$ 的角系数的平均绝对误差。对式（4.61）中三项同时除以 $\dfrac{1}{n}\displaystyle\sum_{j=1}^{n}F_{T-ij}=\dfrac{1}{n}$，得到平均的相对误差限：

$$-z_{\alpha/2}\sqrt{\frac{n-1}{N}} < n\,\bar{\delta}_{Fi} < z_{\alpha/2}\sqrt{\frac{n-1}{N}} \qquad (4.63)$$

从上两式可以看出，平均绝对误差随着辐射面个数的增多而减小，如图 4.18 所示；而平均相对误差随着辐射面个数的增多而增大，如图 4.19 所示。

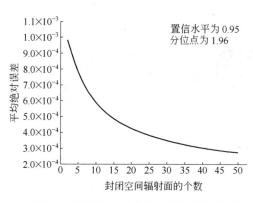

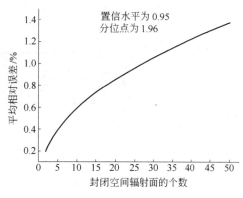

图 4.18 平均绝对误差与辐射面个数的关系   图 4.19 平均相对误差与辐射面个数的关系

从上述统计分析可以得出：

（1）应用蒙特卡洛法计算辐射传递系数或角系数时，应综合考虑绝对误差、相对误差与辐射面个数、能束数量的关系，当辐射面个数较多时，应适当提高能束数量，以防止计算误差的迅速扩大。

（2）综合来看，提高能束数量是提高计算精度最直接的方法。随着多核计算机系统的普及，以及并行程序的开发，提高能束数量带来的计算时间长的缺点得以弥补，而由此获得的高精度对辐射换热的精确计算起到了至关重要的作用。

（3）在对辐射系统中各个表面进行区域划分时，应尽量减小各表面的面积差别，避免出现个别辐射传递系数或角系数误差较大的情况。

（4）为了提高蒙特卡洛法的计算精度，可以根据已经计算获得的相对精确的角系数（如数值>0.05），按照角系数之间的相互性关系（$F_1 \cdot f_{1-2} = F_2 \cdot f_{2-1}$），来确定其他相对难于准确计算的角系数（如数值<0.05）。

4.3.2 蒙特卡洛法模型验证与误差分析

为了验证蒙特卡洛法模型的准确性，针对多种典型的几何结构进行角系数模拟计算，并与理论值进行比较。

图 4.20 所示为微元面 1 与柱面 2 的位置关系。其中微元面 1 对柱面 2 的角系数 f_{s1-2} 的理论解如式（4.64）所示[77]：

$$f_{s1-2} = \frac{H}{H^2 + S^2} - \frac{H}{H^2 + S^2} \frac{1}{\pi} \left\{ \arccos\left(\frac{B}{A}\right) - \frac{1}{2L}\left[\sqrt{A^2 + 4L^2}\arccos\left(\frac{B}{A\left(H^2 + S^2\right)^{0.5}}\right)\right. \right.$$

$$\left. \left. + B\arcsin\left(\frac{1}{\left(H^2 + S^2\right)^{0.5}}\right) - \frac{\pi A}{2}\right] \right\} \tag{4.64}$$

式中，$H = h/r$，$L = l/r$，$S = s/r$，$A = L^2 + H^2 + S^2 - 1$，$B = L^2 - H^2 - S^2 + 1$；h、r、s、l 如图 4.20 所示，计算中取 $l = 1000$，$r = 350$。

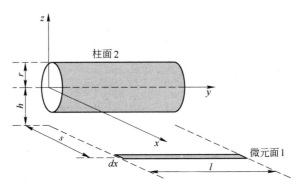

图 4.20　微元面与柱面的位置关系示意图

图 4.21 所示为角系数 f_{s1-2} 的蒙特卡洛法模型计算值（Monte Carlo Result）与理论值（Analytical Results）的对比。蒙特卡洛法计算中设置射线数量为 $N=10^6$，远少于文献［77］所采用的 $N=10^8$，但是本书的计算精度（相对误差均小于±1%）要远高于文献［77］的计算精度（相对误差大部分高于±5%，某些值甚至高于±20%）。

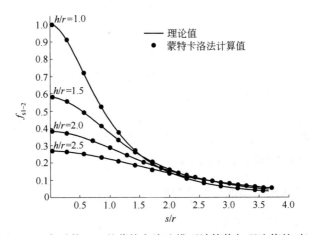

图 4.21　角系数 f_{s1-2} 的蒙特卡洛法模型计算值与理论值的对比

图 4.22 所示为微元面 1 对弓形面 2 的几何位置关系，微元面 1 对弓形面 2 的角系数 f_{p1-2} 的理论解为式（4.65）[78]：

$$f_{p1-2} = \frac{\theta}{2\pi} + \frac{1-X^2-Y^2}{\pi Z}\arctan\left[\frac{Z\tan(\theta/2)}{1+X^2+Y^2-2X}\right] +$$

$$\frac{X-\cos\theta}{\pi\sqrt{(X-\cos\theta)^2+Y^2}}\arctan\left[\frac{\sin\theta}{\sqrt{(X-\cos\theta)^2+Y^2}}\right] \qquad (4.65)$$

式中，$X=a/b$，$Y=c/b$，$Z=[(1+X^2+Y^2)^2-4X^2]^{0.5}$；$a$、$b$、$c$ 和 θ 如图 4.22 所示。

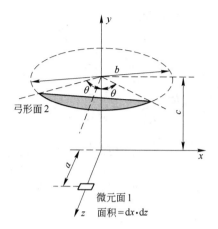

图 4.22　微元面 1 对弓形面 2 的几何位置关系

图 4.23 为角系数 $f_{\text{p1-2}}$ 的蒙特卡洛法计算值与理论解的对比，对图中数据进行误差分析表明，角系数 $f_{\text{p1-2}}$ 的相对误差均在 ±0.6% 之内。

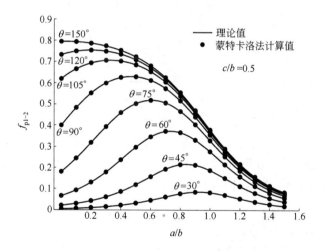

图 4.23　角系数 $f_{\text{p1-2}}$ 的蒙特卡洛法计算值与理论解的对比

图 4.24 为两圆柱面与底盖三个表面之间的几何位置关系示意图。其中内柱面的发射面朝向为 "外"，外柱面的发射面朝向为 "内"，底盖的发射面朝向为 "上"。在该几何系统中，内柱面起到了遮蔽的作用。角系数 $f_{\text{pc2-1}}$、$f_{\text{pc2-2}}$、$f_{\text{pc2-3}}$ 的理论值如式（4.66）~式（4.68）所示[78]。

$$f_{\text{pc2-3}} = \frac{1}{2}(1 - f_{\text{pc2-1}} - f_{\text{pc2-2}}) \tag{4.66}$$

$$f_{\text{pc2-1}} = \frac{1}{R} - \frac{1}{\pi R}\left\{\arccos\left(\frac{B}{A}\right) - \frac{1}{2R}\left[\sqrt{(A+2)^2 - 4R^2}\arccos\left(\frac{B}{RA}\right) + \right.\right.$$

$$Barcsin\left(\frac{1}{R}\right) - \frac{\pi A}{2}\right] \right\} \tag{4.67}$$

$$f_{pc2-2} = 1 - \frac{1}{R} + \frac{2}{\pi R}arctan\left(\frac{2\sqrt{R^2 - 1}}{H}\right) - \frac{H}{2\pi R}\left\{\frac{\sqrt{4R^2 + H^2}}{H}\cdot\right.$$

$$arcsin\left[\frac{4(R^2 - 1) + H^2(R^2 - 2)\,/R^2}{H^2 + 4(R^2 - 1)}\right] -$$

$$arcsin\left(\frac{R^2 - 2}{R^2}\right) + \frac{\pi}{2}\left(\frac{\sqrt{4R^2 + H^2}}{H} - 1\right)\right\} \tag{4.68}$$

式中，$R = r_2/r_1$，$H = h/r_1$，$A = H^2 + R^2 - 1$，$B = H^2 - R^2 + 1$；r_1、r_2 和 h 如图 4.25 所示。

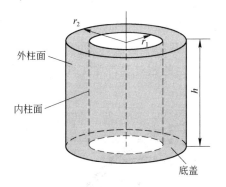

图 4.24   两圆柱面与底盖三个表面之间的位置关系

图 4.25 为角系数 f_{pc2-2}、f_{pc2-3} 的蒙特卡洛法计算值和理论值的对比，进一步对图中数据进行误差分析表明，角系数 f_{pc2-3} 的相对误差在±1%以内，角系数 f_{pc2-2} 的相对误差在±1.5%以内。

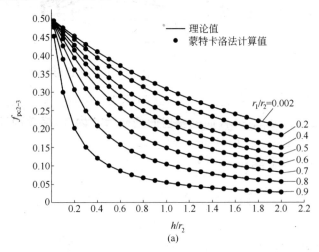

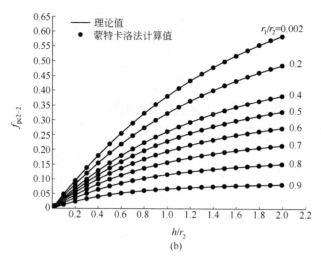

图 4.25 角系数 $f_{\mathrm{pc}\,2-2}$、$f_{\mathrm{pc}\,2-3}$ 的蒙特卡洛法计算值和理论值的对比

（a）角系数 $f_{\mathrm{pc}\,2-2}$；（b）角系数 $f_{\mathrm{pc}\,2-3}$

从图 4.25 中可以看出，随着圆柱面 1 半径的增大，其遮蔽效应也逐步增加，导致角系数 $f_{\mathrm{pc}\,2-2}$、$f_{\mathrm{pc}\,2-3}$ 的数值逐渐降低。

半径不同的两球体之间的角系数，如图 4.26 所示，目前并无准确的理论计算公式，Howell 在其最新的手册[74]中也仅仅提供了其角系数的近似解，如式（4.69）~式（4.73）所示，其中各个区域的划分如图 4.27 所示。

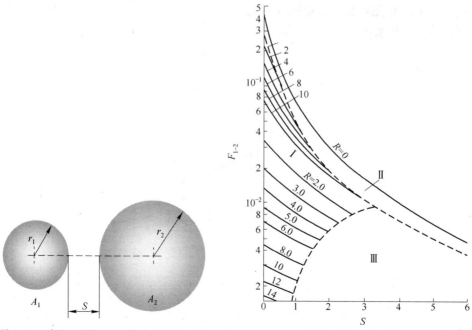

图 4.26 半径不同的两球体之间的角系数　图 4.27 半径不同的球体间角系数及区域划分[74]

$$R = \frac{r_1}{r_2} \tag{4.69}$$

$$S = \frac{s}{r_2} \tag{4.70}$$

其中在区域 I 中仅能通过查表来获得精确的数值。

区域 II 的计算（计算结果可精确到 1%）：

$$f_{s1-2} = \frac{1}{2}\left\{1 - \left[1 - \frac{1}{(S+R+1)^2}\right]^{\frac{1}{2}}\right\} \tag{4.71}$$

区域 III 的计算（计算结果可精确到 1%）：

$$f_{s1-2} = \frac{1}{2}\left(\frac{1}{R}\right)^2\left\{1 - \left[1 - \left(\frac{R}{S+R+1}\right)^2\right]^{\frac{1}{2}}\right\} \tag{4.72}$$

对所有区域均适用的公式为：

$$f_{s1-2} = \left\{1 - \left[1 - \left(\frac{R}{S+R+1}\right)^2\right]^{\frac{1}{2}}\right\} \cdot \left\{1 - \left[1 - \left(\frac{1}{S+R+1}\right)^2\right]^{\frac{1}{2}}\right\} \cdot \left(\frac{S+R+1}{R}\right)^2 \tag{4.73}$$

上式的计算精确度可达到 5.8%。

通过前述所建立的蒙特卡洛法程序，对半径不同的两球体间角系数进行仿真计算，计算时设置射线发射数量 $N = 10^6$。计算结果与近似的理论值的对比如图 4.28 所示，由图可见，前述所建立的通用蒙特卡洛法模型可以十分准确地获得两球体间的角系数。

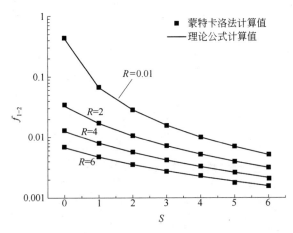

图 4.28　半径不同的两球体间角系数计算值与近似理论值的对比

图 4.29 为微元面与圆筒内壁之间的角系数模型图，角系数 f_{pc1-2} 的理论计算如式（4.74）和式（4.75）所示[79]。

当 $H<1$，且 $a/h=0$：

$$f_{pc1-2} = \frac{1}{1+R^2} - \frac{(1-H)^2}{(1-H)^2+R^2} \quad (4.74)$$

当 $H \geqslant 1$，且 $a/h=0$：

$$f_{pc1-2} = \frac{1}{1+R^2} \quad (4.75)$$

式中，$H=h/b$，$R=r/b$；f_{pc1-2} 为微元面对圆筒内壁面的角系数；h、a、b 和 r 如图 4.29 所示。

图 4.30 对比了角系数 f_{pc1-2} 的蒙特卡洛法模型计算值与理论公式计算值，计算条件是 $a/h=0$，射线发射数量为 10^6。由于 $a/h \neq 0$ 时没有理论解，因此，图 4.31 仅仅绘制了蒙特卡洛法的计算值，射线发射数量为 10^6。

对本节所有算例的角系数逐一进行误差分析，获得角系数 f_{s1-2}，f_{p1-2}，f_{pc2-3} 和 f_{pc2-2} 的相对误差分布如图 4.32 所示，图中数据表明，相对误差均在 $\pm 1.5\%$ 的范围内。

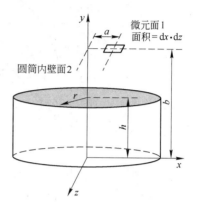

图 4.29 微元面与圆筒内壁面的几何位置示意图

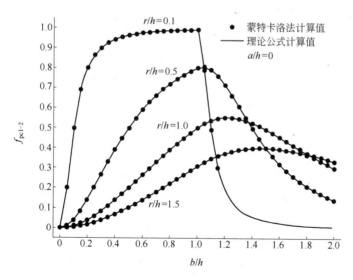

图 4.30 当 $a/h=0$ 时的角系数 f_{pc1-2} 曲线

将基于统计学获得的蒙特卡洛法的误差分析结果，取置信度为 0.95，分位值为 1.96 时，式（4.57）的计算结果绘制在图 4.32 中。由图可见，统计预测误差与模拟计算误差吻合得非常好。

应用上述蒙特卡洛法通用模型，计算了如图 4.33 所示的几何结构各个表面

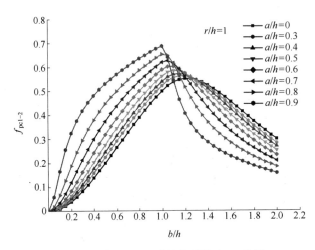

图 4.31 当 $a/h \neq 0$ 时的角系数 f_{pc1-2} 曲线

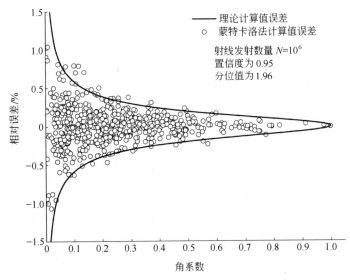

图 4.32 角系数 f_{s1-2}，f_{p1-2}，f_{pc2-3} 和 f_{pc2-2} 的相对误差分布

之间的角系数。在此需要特别注意的是，由于管排的遮蔽效应，微元面对平面的角系数 f_{sc1-2} 存在一定的周期性变化。本例中计算条件为：$h_1 = h_2 = 250$，$r = 100$，$w = 1000$，$l = 2000$，$s = 250$，$dx = 0.1$，d 的变化范围为 0 到 2000。所有尺寸的单位均为"1"。图 4.34 所示为角系数计算结果，从图中可以看出，当微元面位于圆管正下方时，f_{sc1-2} 达到低值，微元面对圆管的角系数达到峰值，这充分体现了圆管的遮蔽效应。

由于角系数 f_{sc1-2} 的理论计算十分困难，因此无法得到其理论值。但是，从

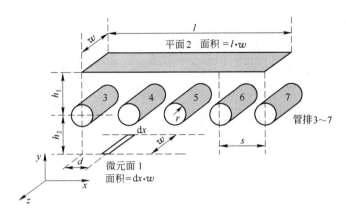

图 4.33 微元面、管排和平面的几何结构示意图

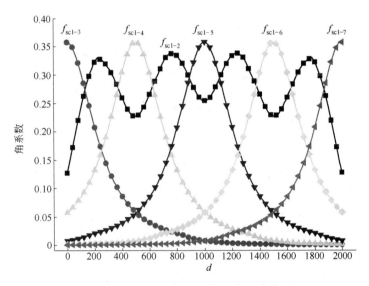

图 4.34 微元面对圆管、平面的角系数分布图

图 4.34 可以看出，角系数 f_{sc1-2} 大于 0.1，在蒙特卡洛法模拟中，射线个数为 $N=10^6$，因此，根据图 4.32 和方程式（4.57）可以得出其误差估计值：角系数 f_{sc1-2} 的相对误差限为 $\pm0.6\%$（置信度为 0.95）。

图 4.35 为微元面对圆管上的翅片组的角系数几何位置示意图，圆管上的翅片为无限多个。图 4.36 绘制了微元面 1 对翅片组的角系数 f_{pi1-2}。该算例中的角系数 f_{pi1-2} 均大于 0.45，通过方程的估计，角系数 f_{pi1-2} 的误差范围在 $\pm0.22\%$ 之间（置信度为 0.95）。

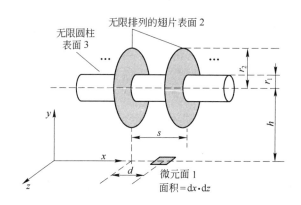

图 4.35   微元面与翅片组之间的角系数几何位置示意图

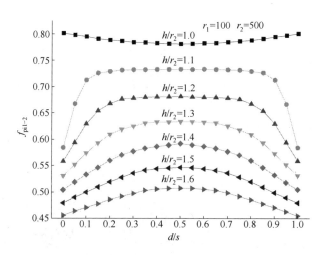

图 4.36   不同条件下角系数 $f_{\text{pi}1-2}$ 变化曲线

4.4   封闭空间辐射换热计算方法

4.4.1   封闭空间辐射透明介质下的辐射换热

为了使工程计算更接近实际情况而又避免繁杂冗长的计算，常常假定参与辐射换热的表面为漫射灰表面。漫射表示表面辐射特性与辐射角度无关，灰体表示辐射特性与波长无关，即：漫射灰表面的辐射特性只随着表面温度而变化。同时，假定所讨论的辐射换热系统中，各个表面温度均匀，即接收到的辐射能和发射的辐射能是均匀分布的。对于表面温度非均匀分布的情况，可以通过划分更多的表面来逼近。

有效辐射是指表面本身的热激发辐射与该表面对外界投射来的入射辐射的反射能量之和。对于黑体表面，由于表面对入射辐射能量全部吸收，所以黑体的有效辐射就是表面半球全辐射力。对于漫射灰表面，其有效辐射可以表示为：

$$J = \varepsilon \sigma T^4 + \rho G \tag{4.76}$$

式中，J 为表面的有效辐射，W/m^2；G 为表面的入射辐射，W/m^2；ε 为表面的发射率（部分不锈钢材料的表面发射率详见附录 B、C、D）；ρ 为表面的反射率。

对于具有 N 个表面组成的封闭辐射换热系统，假定 N 个表面的面积、温度、发射率、反射率分别为：F_i、T_i、ε_i、ρ_i，其中 $i = 1 \sim N$。对于该封闭辐射换热系统，任意表面 k，其净辐射热流量应当是有效辐射与入射辐射能量之差：

$$Q_k = q_k F_k = (J_k - G_k) F_k \tag{4.77}$$

其中有效辐射又可以表示成：

$$J_k = \varepsilon_k \sigma T_k^4 + \rho_k G_k \tag{4.78}$$

对于不透明灰表面，其辐射特性有如下关系：

$$\rho_k = 1 - \varepsilon_k \tag{4.79}$$

代入式（4.78）得到：

$$J_k = \varepsilon_k \sigma T_k^4 + (1 - \varepsilon_k) G_k \tag{4.80}$$

上述各式中 G_k 为封闭空间中其他各个表面的辐射能量之和，可表示为：

$$F_k G_k = \sum_{i=1}^{N} F_i J_i f_{i-k} \tag{4.81}$$

由角系数的互换性可知：

$$F_i f_{i-k} = F_k f_{k-i} \tag{4.82}$$

代入式（4.81）得：

$$G_k = \sum_{i=1}^{N} J_i f_{k-i} \tag{4.83}$$

将式（4.83）代入式（4.80）得到：

$$J_k = \varepsilon_k \sigma T_k^4 + (1 - \varepsilon_k) \sum_{i=1}^{N} J_i f_{k-i} \tag{4.84}$$

将式（4.80）代入式（4.78），消去 G_k，得到净辐射热流与净辐射热流密度的表达式：

$$Q_k = q_k F_k = \frac{\varepsilon_k}{1 - \varepsilon_k}(\sigma T_k^4 - J_k) F_k \qquad (4.85)$$

$$q_k = \frac{\varepsilon_k}{1 - \varepsilon_k}(\sigma T_k^4 - J_k) \qquad (4.86)$$

上述求解过程假定封闭空间辐射系统中各个表面的温度是已知的。如果在封闭空间中的 N 个表面中，有 M 个表面的温度是已知的（记为 T_i，$i=1\sim M$），其余 $(N\text{-}M)$ 个表面的热流量是已知的（记为 Q_i，$i=M+1\sim N$），对于表面温度已知的表面，按照式（4.84）的形式可得如下表达式：

$$J_k = \varepsilon_k \sigma T_k^4 + (1 - \varepsilon_k) \sum_{i=1}^{N} J_i f_{k-i} \qquad 1 \leqslant k \leqslant M \qquad (4.87)$$

其净辐射热流量可表示为：

$$Q_k = q_k F_k = \frac{\varepsilon_k}{1 - \varepsilon_k}(\sigma T_k^4 - J_k) F_k \qquad 1 \leqslant k \leqslant M \qquad (4.88)$$

对于净辐射热流量已知的表面，根据式（4.77）和式（4.83）可得：

$$Q_k = q_k F_k = \left(J_k - \sum_{i=1}^{N} J_i f_{k-i} \right) F_k \qquad M + 1 \leqslant k \leqslant N \qquad (4.89)$$

其温度可通过下式计算（由式（4.88）推导得来），取其正值：

$$T_k^4 = \frac{1}{\sigma} \left(q_k \frac{1 - \varepsilon_k}{\varepsilon_k} + J_k \right) \qquad (4.90)$$

联立式（4.87）和式（4.89），得到关于 J_k 的 N 个方程组，对其进行求解得到 J_k，然后按照式（4.88）、式（4.90）分别求解热流量和温度。

为了便于统一形式，将式（4.87）、式（4.89）改写为如下统一形式：

$$\sum_{i=1}^{N} [\delta_{ki} - (1 - \zeta_k \varepsilon_k) f_{k-i}] J_i = \zeta_k \varepsilon_k \sigma T_k^4 + (1 - \zeta_k) \frac{Q_k}{F_k} \qquad 1 \leqslant k \leqslant N$$
$$(4.91)$$

式中，δ_{ki}、ζ_k 均为二值函数，其定义如下：

$$\delta_{ki} = \begin{cases} 1 & k = i \\ 0 & k \neq i \end{cases} \qquad (4.92)$$

$$\zeta_k = \begin{cases} 1 & 1 \leqslant k \leqslant M \\ 0 & M + 1 \leqslant k \leqslant N \end{cases} \qquad (4.93)$$

或者更普遍地表示为：

$$\zeta_k = \begin{cases} 1 & \text{表面温度已知} \\ 0 & \text{表面热流已知} \end{cases} \qquad (4.94)$$

式（4.91）可以十分方便地整理为如下形式：

$$\begin{cases} a_{11}J_1 + a_{12}J_2 + \cdots + a_{1N}J_N = b_1 \\ a_{21}J_1 + a_{22}J_2 + \cdots + a_{2N}J_N = b_2 \\ \vdots \qquad \vdots \qquad \qquad \vdots \qquad \vdots \\ a_{k1}J_1 + a_{k2}J_2 + \cdots + a_{kN}J_N = b_k \\ \vdots \qquad \vdots \qquad \qquad \vdots \qquad \vdots \\ a_{N1}J_1 + a_{N2}J_2 + \cdots + a_{NN}J_N = b_N \end{cases} \tag{4.95}$$

矩阵形式为:

$$[A][J]^T = [B]^T \tag{4.96}$$

其中

$$[A] = \begin{bmatrix} a_{11} & a_{12} & \cdots & a_{1N} \\ a_{21} & a_{22} & \cdots & a_{2N} \\ \vdots & \vdots & \vdots & \vdots \\ a_{N1} & a_{N2} & \cdots & a_{NN} \end{bmatrix} , \ a_{ki} = (\delta_{ki} - f_{k-i} + \zeta_k \varepsilon_k f_{k-i}) , \ k \text{ 和 } j \in [1-N]$$

$$\tag{4.97}$$

$$[B] = [b_1 \quad b_2 \quad \cdots \quad b_N] , \ b_k = \zeta_k \varepsilon_k \sigma T_k^4 + (1 - \zeta_k)\frac{Q_k}{F_k} , \ k \in [1-N]$$

$$\tag{4.98}$$

$$[J] = [J_1 \quad J_2 \quad \cdots \quad J_N] \tag{4.99}$$

由线性方程组式 (4.96) 的系数矩阵式 (4.97) 可知, 系数矩阵主对角元素 $a_{kk} \neq 0$ ($k \in [1-N]$)。因此, 可以采用 Gauss 消元法进行求解。此外, 还可以将矩阵 [A] 进行 LU 分解, 使得矩阵 [A] 分解为一个下三角矩阵 [L] 和一个上三角矩阵 [U] 的乘积形式:

$$[A] = [L][U] \tag{4.100}$$

代入方程 (4.96) 得到:

$$[L][U][J]^T = [B]^T \tag{4.101}$$

定义:

$$[U][J]^T = [X]^T \tag{4.102}$$

代入式 (4.101) 有:

$$[L][X]^T = [B]^T \tag{4.103}$$

式 (4.102)、式 (4.103) 分别为下三角方程组和上三角方程组, 对式 (4.103) 实施求解三角形方程组的 "回代法" 可以得到 [X] 的值, 将 [X] 代入式 (4.102), 再实施一次 "回代法" 得到 [J] 的值。

关于线性方程组的 Gauss 消元法、矩阵的 LU 分解法、求解三角形方程组的 "回代法" 等, 参考文献[80]中有非常详细的计算步骤。

4.4.2 封闭空间辐射参与性介质下的辐射换热

上述方程（4.96）描述的是封闭空间中充满辐射透明介质（或封闭空间为真空的）时的表面之间的辐射换热过程。在板带钢热处理设备中，具有氮气、氢气或氮氢混合气的保护气氛炉中的辐射传热属于这种情况。但是，在直接火焰加热、烟气射流预热、水雾冷却（高温阶段）过程中，由于气体介质中存在诸如碳化物裂解产生的碳颗粒，以及二氧化碳、水蒸气、一氧化碳、甲烷等三原子和分子结构非对称气体，统称为辐射参与性介质（这些介质具有吸收热辐射、热辐射穿透性和热辐射发射能力），这些气体对热辐射具有一定的热辐射吸收和发射能力。在计算辐射传热量时，必须考虑这些气体介质对辐射传热的影响。

具有辐射参与性介质的封闭空间辐射换热是十分复杂的，这主要是由于气体辐射对热辐射波长具有选择性，气体介质在某些波长范围内具有热辐射的发射和吸收能力。这些波长范围成为光带，在光带之外，气体不具有热辐射发射和吸收能力。例如：二氧化碳的主要光带范围在 $2.65 \sim 2.80\mu m$、$4.15 \sim 4.45\mu m$ 和 $13.0 \sim 17.0\mu m$ 三个区段；水蒸气的主要光带范围在 $2.55 \sim 2.84\mu m$、$5.6 \sim 7.6\mu m$ 和 $12 \sim 30\mu m$ 三个区段。由于气体对热辐射具有的选择特性，因此，气体不是灰体[81]。

除了对热辐射具有选择性的特点之外，气体的辐射和吸收是在整个封闭空间中进行的，那么气体的辐射就与封闭空间的形状和尺寸有关。

由于气体辐射的复杂性，在求解封闭空间中有辐射参与性介质的辐射换热时，为了简化计算，做如下假设：

（1）认为封闭空间中充满辐射参与性气体，且其浓度、温度、压力的空间分布是均匀的，不考虑气体的散射、反射特性，认为气体为灰体，其热辐射的吸收率和穿透率之和为1：

$$A_g + D_g = 1 \tag{4.104}$$

（2）组成封闭空间的 N 个表面均为灰体，并且各个表面的温度分布是均匀的。

在上述假设条件下构成的封闭空间辐射换热问题，对于任意表面 F_k、F_i 进行热平衡分析。由表面 F_i 发射的热辐射通过炉气投射到表面 F_k 上的辐射热流为 $J_i F_i f_{i-k} D_g$。相似地，由表面 F_k 发射的热辐射通过炉气投射到表面 F_i 上的辐射热流为 $J_k F_k f_{k-i} D_g$。那么表面 F_k 对表面 F_i 的净辐射热流为：

$$Q_{i-k} = J_i F_i f_{i-k} D_g - J_k F_k f_{k-i} D_g \qquad 1 \leqslant k \leqslant N \tag{4.105}$$

由角系数的相互性：

$$F_k f_{k-i} = F_i f_{i-k} \tag{4.106}$$

气体吸收率和穿透率的性质：

$$D_g = 1 - A_g \qquad (4.107)$$

式 (4.105) 可写成如下形式：

$$Q_{i-k} = \frac{J_i - J_k}{\dfrac{1}{F_k f_{k-i}(1 - A_g)}} \qquad 1 \leqslant k \leqslant N \qquad (4.108)$$

此外，对气体与 F_k 表面的辐射换热进行分析，根据气体辐射能量平衡，气体对 F_k 表面的净辐射热流 Q_{g-k} 等于气体对 F_k 表面的自身辐射热流 $\varepsilon_g \sigma T_g^4 F_g f_{g-k}$ 减去气体吸收来自 F_k 表面的辐射热流 $J_k F_k f_{k-g} A_g$：

$$Q_{g-k} = \varepsilon_g \sigma T_g^4 F_g f_{g-k} - J_k F_k f_{k-g} A_g \qquad 1 \leqslant k \leqslant N \qquad (4.109)$$

式中，f_{g-k} 为气体对表面 F_k 的角系数；f_{k-g} 为表面 F_k 对气体的角系数，由于气体完全覆盖表面，因此 f_{k-g} 可取值为 1。

由角系数的相互性：$F_k f_{k-g} = F_g f_{g-k}$，代入式 (4.109) 得到：

$$Q_{g-k} = \frac{\varepsilon_g \sigma T_g^4 - J_k A_g}{\dfrac{1}{F_k f_{k-g}}} \qquad 1 \leqslant k \leqslant N \qquad (4.110)$$

根据式 (4.85)，表面 F_k 的净辐射热流密度为：

$$Q_k = q_k F_k = \frac{\varepsilon_k}{1 - \varepsilon_k}(\sigma T_k^4 - J_k) F_k = -Q_{g-k} - \sum_{i=1}^{N} Q_{i-k} \qquad (4.111)$$

将式 (4.108) 和式 (4.110) 代入式 (4.111) 并进行化简，得到：

$$(\varepsilon_g \sigma T_g^4 - J_k A_g) F_k f_{k-g} + \frac{\varepsilon_k}{1 - \varepsilon_k}(\sigma T_k^4 - J_k) F_k + \sum_{i=1}^{N} F_k f_{k-i}(1 - A_g)(J_i - J_k) = 0$$

$$(4.112)$$

由于 $f_{k-g} = 1$，以及 $\sum\limits_{i=1}^{N} f_{k-i} = 1$，进一步简化后得到：

$$J_k = \varepsilon_k \sigma T_k^4 + (1 - \varepsilon_k)\varepsilon_g \sigma T_g^4 + (1 - \varepsilon_k)(1 - A_g)\sum_{i=1}^{N} J_i f_{k-i} \qquad 1 \leqslant k \leqslant N$$

$$(4.113)$$

写成类似式 (4.91) 的形式：

$$\sum_{i=1}^{N} [\delta_{ki} - (1 - \varepsilon_k)(1 - A_g) f_{k-i}] J_i = \varepsilon_k \sigma T_k^4 + (1 - \varepsilon_k)\varepsilon_g \sigma T_g^4 \qquad 1 \leqslant k \leqslant N$$

$$(4.114)$$

式中

$$\delta_{ki} = \begin{cases} 1 & k = i \\ 0 & k \neq i \end{cases}$$

求解线性方程组（4.114）即可得到各个表面的有效辐射 J_k，由式（4.111）得到各个表面的净辐射热流 Q_k。

上述求解过程假定封闭空间辐射系统中各个表面的温度和气体介质的温度是已知的。如果在封闭空间中的 N 个表面中，有 M 个表面的温度是已知的（记为 T_i，$i=1\sim M$），其余 $(N-M)$ 个表面的热流量是已知的（记为 Q_i，$i=M+1\sim N$）。

对于表面温度已知的表面，仍然有式（4.114）成立，此时 $1 \leqslant k \leqslant M$。

对于热流密度已知的表面 F_k，根据式（4.111）可得到：

$$\sigma T_k^4 = \frac{Q_k}{F_k}\frac{1-\varepsilon_k}{\varepsilon_k} + J_k \qquad M+1 \leqslant k \leqslant N \qquad (4.115)$$

代入式（4.114）并化简，得到：

$$\sum_{i=1}^{N} [\delta_{ki} - (1-A_g) f_{k-i}] J_i = \frac{Q_k}{F_k} + \varepsilon_g \sigma T_g^4 \quad M+1 \leqslant k \leqslant N \quad (4.116)$$

式（4.114）（$1 \leqslant k \leqslant M$）和式（4.116）（$M+1 \leqslant k \leqslant N$）共计 N 个方程，联立求解，即可得到各个表面的有效辐射 J_k，进而根据式（4.115）和式（4.111）求解相应表面的温度和净辐射热流。

式（4.114）和式（4.116）也可写成如下统一形式：

$$\sum_{i=1}^{N} [\delta_{ki} - (1-\zeta_k\varepsilon_k)(1-A_g) f_{k-i}] J_i = \zeta_k\varepsilon_k\sigma T_k^4 + (1-\zeta_k\varepsilon_k)\varepsilon_g\sigma T_g^4 + (1-\zeta_k)\frac{Q_k}{F_k}$$

$$(4.117)$$

式中，$\zeta_k = \begin{cases} 1 & 1 \leqslant k \leqslant M \\ 0 & M+1 \leqslant k \leqslant N \end{cases}$，或者更普遍地表示成式（4.94）的形式。

4.5　蒙特卡洛法在复杂空间辐射换热模型中的应用

在通用的蒙特卡洛模型的基础上，可以对任意复杂几何结构下的辐射换热进行精确的计算。本节作为应用案例介绍蒙特卡洛法的几个应用，这些应用中辐射参数的精确计算关系到数学模型的准确性、可靠性与可扩展性。

4.5.1　堆积状态下小球辐射换热模型

对于堆积状态下的小球辐射换热，可以通过蒙特卡洛法直接计算小球之间、小球与其他壁面之间的辐射传递系数或辐射角系数。以图 4.37 所示的几何结构为例，本节计算了该系统中各个表面之间的角系数，计算结果如图 4.38 所示。蒙特卡洛法模型计算中设置射线个数为 10^6。

在实际的工程应用中，由于小球数量众多（如球团烧结过程、小球蓄热箱内等），难以针对每个小球进行辐射换热的计算，这时就需要对所有小球进行简化处理。将所有小球处理成一个假想面，通过获得这个假想面的辐射换热特性来考

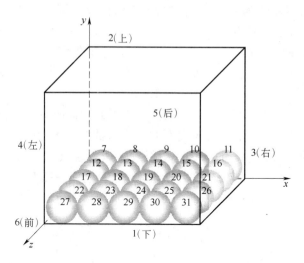

图 4.37 三维空间小球系统空间表面编号（参见书后彩图）

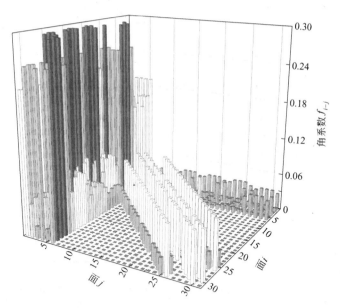

图 4.38 三维空间小球之间角系数 f_{i-j} 蒙特卡洛法计算结果（参见书后彩图）

虑小球的辐射换热过程。

通过蒙特卡洛法模型，计算简化之后的假想面的黑度系数，以此来降低工程应用中模型的复杂程度。通过蒙特卡洛法模型计算表面的黑度系数的基本原理为：如图 4.39 所示，在被测表面上方，设置一个射线发射、吸收表面，记为 A 表面，A 表面的黑度系数设置为 1，被测表面（记为 B 表面）黑度系数为 ε_B，被测表面的等效黑度系数为 ε'_B，通过蒙特卡洛法可以计算 A 表面对 B 表面的辐射传递系数 F_{AB}、A 表面对自身的辐射传递系数 F_{AA}。由于辐射传递系数 F_{AA} 代表了从 B 表面反射回去的能量份额，即 F_{AA} 为 B 表面的反射率，由于计算中设置 B 表面的透射率为 0，因此，B 表面的等效黑度系数为：

$$\varepsilon'_B = 1 - F_{AA} \tag{4.118}$$

为了验证这一方法，针对 A、B 表面都是平面的情况进行数值验证，其几何结构如图 4.39 所示。计算中取 B 表面的黑度系数为 0.1，0.2，…，0.9，A、B 表面的垂直距离为表面边长的 0.01，射线发射个数为 10^4。计算结果和误差如表 4.2 所示。由表可见，该方法可以十分准确地计算表面的黑度系数。

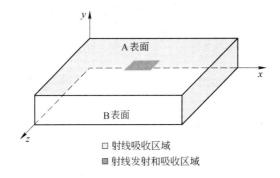

图 4.39　蒙特卡洛法计算等效黑度系数原理示意图

表 4.2　蒙特卡洛法计算等效黑度系数误差分析

ε_B	0.1	0.2	0.3	0.4	0.5	0.6	0.7	0.8	0.9
F_{AA}	0.8986	0.8004	0.7092	0.5990	0.5074	0.4097	0.3087	0.2011	0.1023
计算 ε_B	0.1014	0.1996	0.2908	0.401	0.4926	0.5903	0.6913	0.7989	0.8977
误差/%	−1.40	0.20	3.07	−0.25	1.48	1.62	1.24	0.14	0.26

为了对更加复杂的表面进行等效黑度系数的计算，建立如图 4.40 所示的 $n\times n$ 个球体系统模型，通过上述方法，计算该球体系统的等效黑度系数。

图 4.41 所示为等效黑度系数随着小球数量的变化规律，从图中可以看出，当小球数量 n 超过 150 时，计算所得的等效黑度系数的变化幅度非常小。计算中设定小球表面的黑度系数为 0.50，平铺的小球系统的等效黑度系数为 0.62，这是由于小球之间的反射作用和面积增大作用，使得整体的等效黑度系数高于单个小球的黑度系数。等效黑度系数的计算在辐射换热的工程计算中十分重要，可以大大简化辐射换热模型的复杂程度。

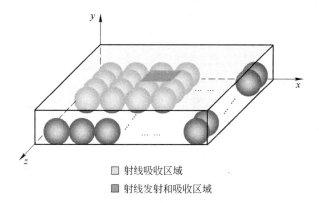

射线吸收区域

射线发射和吸收区域

图 4.40 $n \times n$ 个球体系统空间结构示意图

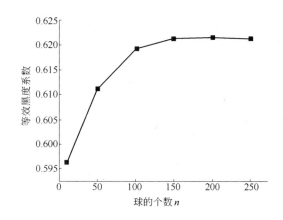

图 4.41   等效黑度系数随着小球数量的变化规律

4.5.2   小球蓄热室内球体之间辐射换热的分析

高温蓄热燃烧技术中，小球蓄热室内的换热过程包括小球与流体之间的对流换热、小球之间的接触换热以及小球与小球之间的辐射换热。本节通过所建立的蒙特卡洛法模型，计算分析小球与小球之间的辐射换热特性。取小球蓄热室内的一个单元区域来建立模型，如图 4.42 所示，图中小球的个数为 $m \times n \times l$，小球的半径相同，小球的堆积状态为规则的（也可考虑不规则的，或者随机的堆积状态，需要小球堆积模型给出小球的位置关系，然后通过蒙特卡洛法模型求解角系数或者对辐射换热进行直接求解）。

本节计算了 $5 \times 5 \times 5$ 个小球组成的几何系统中各个小球之间的角系数，计算中设置射线发射数量 $N = 10^6$，计算结果如图 4.43 所示，部分计算结果列于表 4.3 中，表中所示球体的编号如图 4.44 所示。

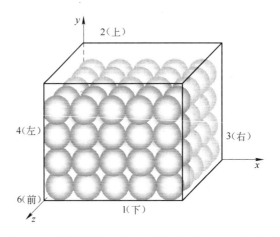

图 4.42   小球蓄热室内的一个单元区域 $m \times n \times l$ 个小球

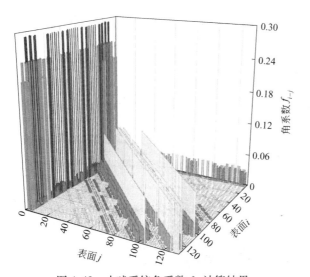

图 4.43   小球系统角系数 f_{i-j} 计算结果
（参见书后彩图）

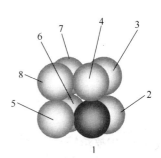

图 4.44   小球几何位置示意图
（参见书后彩图）

表 4.3   小球系统角系数部分计算结果

角系数	f_{s1-2}	f_{s1-3}	f_{s1-4}	f_{s1-5}	f_{s1-6}	f_{s1-7}	f_{s1-8}
数值	0.0759	0.0253	0.0755	0.0758	0.0253	0.0172	0.0250

在获得了小球系统的角系数之后，采用辐射网络图法可以获得小球之间的辐射换热量，通过对换热量的分析，可以获得小球系统中辐射换热特性。如图 4.45 所示为不同温度条件下，小球系统中等效辐射换热系数（将辐射换热折合为对流换热系数的数值）随着温度的变化规律。图 4.45 中的计算设置如下：每层小球

的温度假定相同，各层小球温度相差 1K，温度沿着 y 轴递增（如图 4.42 所示），设置的温度水平指的是第一层小球的温度（图 4.42 最底层小球），小球黑度系数设置为 0.8、0.5 和 0.1。

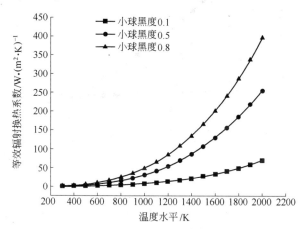

图 4.45　小球系统中等效辐射换热系数随温度水平的变化规律

从图中数据可以看出，随着小球黑度的增加，等效辐射换热系数升高，即小球系统中辐射换热能力增加。随着温度水平的升高，等效辐射换热系数迅速增加，对图中数据进行分析可以得到，等效辐射换热系数与温度水平的三次方成正比，通过参数分析，对于图 4.45 中的计算数据而言，可用如下公式对等效辐射换热系数 h_R 进行估算：

$$h_R = (a + b \cdot \varepsilon) \sigma_0 T^3 \tag{4.119}$$

式中，a、b 为系数；ε 为小球黑度系数；σ_0 为斯蒂芬-玻耳兹曼常数，5.67×10^{-8} W/$(m^2 \cdot K^4)$；T 为温度，K。

本节算例，$a = 0.04498$，$b = 1.02919$。如图 4.46 所示，此时对小球黑度为 0.8、0.5 时等效辐射换热系数的估计精度达到 95% 以上，对小球黑度为 0.1 时的预测精度较低，个别数据仅为 70%，这主要是因为此时的等效辐射换热系数的数值很低，相对误差较大。

从上述分析计算中可以得出，在多孔介质的传热计算中，当温度高于一定程度就需要考虑辐射换热的影响，例如：对于小球蓄热室内传热的计算中，小球的黑度系数比较高，约为 0.8，从图 4.45 中的计算结果可以看出，当温度高于 600K 时就需要考虑辐射换热的影响。

此外，对于球团烧结、干熄焦等热工过程而言，由于球团本身也具有较高的黑度系数，在烧结过程中，温度高达 1600K，因此，在烧结过程中，尤其在燃烧区域必须考虑辐射换热。在烧结机之后的环冷机中，初期的烧结矿温度仍然很高，此时同样需要考虑辐射换热的影响。对于此类多孔介质的辐射换热，可以通

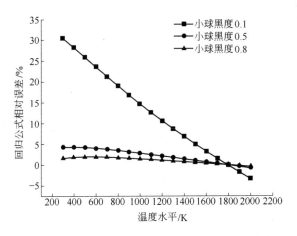

图 4.46　等效辐射换热系数 h_R 估算值的误差分布

过数值方法模拟多孔介质结构，然后对于这种结构进行辐射换热特性的计算，并最终获得其辐射换热能力。

4.5.3　辊底式辐射管炉内辐射换热模型

对于炉内辐射换热，以辊底式辐射管热处理炉为例进行分析，其结构示意图如图 4.47 所示，沿炉长方向分为 n 个区域。在本节的计算中，将该炉区沿炉长方向分为 10 个小的区域，在蒙特卡洛法计算中，综合考虑各个小区域之间的辐射换热、炉辊的遮蔽效应等。设置射线发射数量 $N = 10^6$，具体结构参数设置如下：炉膛宽 2.0m，高 2.0m，长 10.0m；板带钢厚 0.2m，宽 1.5m，长 10.0m；上、下炉膛辐射管直径 0.3m，各 10 根，沿炉长方向均布；炉辊直径 0.3m，共 11 根，沿炉长方向均布。

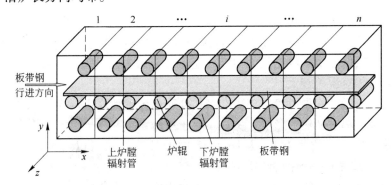

图 4.47　辊底式辐射管热处理炉结构示意图（参见书后彩图）

蒙特卡洛法计算获得的各个表面之间的角系数 f_{i-j} 如图 4.48 所示。

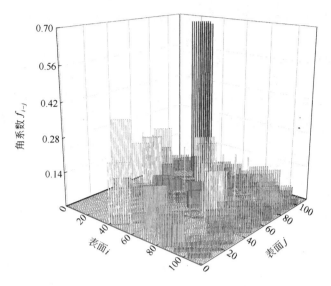

图 4.48　辊底式辐射管热处理炉内各表面间辐射角系数（参见书后彩图）

由于辊底式辐射管热处理炉内采用氮氢保护气，因此可以忽略气体辐射的影响。采用热辐射网络图法对其进行求解，求解中设置：带钢温度从入炉到出炉线性变化，变化区间 500~545K；辐射管温度均匀，上炉膛 800K，下炉膛 880K（算例 A）和 800K（算例 B）；炉衬温度均匀为 750K。在此条件下，带钢上下表面、两侧面的热流密度分布如图 4.49 所示，对比图（a）和图（b）可以发现，下炉膛辐射管温度的改变对板带钢上表面热流密度几乎没有影响，因此，在实际仿真计算中可以将上下炉膛分别进行传热计算。

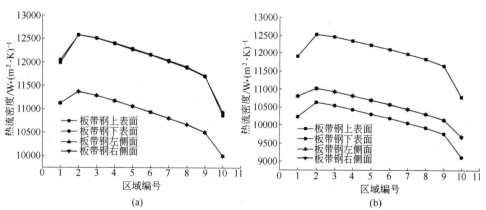

图 4.49　带钢上下表面、两侧面的热流密度分布
（a）算例 A：上炉膛辐射管温度 800K，下炉膛 880K
（b）算例 B：上炉膛辐射管温度 800K，下炉膛 800K

由图 4.49 可见，由于所建立的辊底式辐射管热处理炉是对称的，因此，带钢左右两侧面的热流密度相同。同时，由于下炉腔有炉辊的遮蔽效应，因此，即便下炉腔辐射管温度高于上炉腔，但带钢上下表面的热流密度近似相同，这也从理论上说明，为了保证带钢厚度方向温度的对称性，需要对上下炉腔的辐射管温度进行合理的设定。利用本节的数学模型，可以对预设定的辐射管温度的合理性进行理论判定。特别是在实际生产中，由于板带钢规格、行进速度等参数随时变化，因此，如何动态地协调上下炉腔辐射管的温度设定值，使得板带钢受热均匀，避免或减少板带钢的热变形，即动态辐射管温度优化，是一个十分关键的问题。本节所建立的模型，为该类问题的求解奠定了基础。

4.5.4 粗糙表面黑度系数的理论计算模型

材料的黑度系数除了受温度的影响之外，还受到表面粗糙度的影响，表面粗糙度表征了表面凹凸不平的状态，均方根高度 h 是描述表面粗糙度的主要参量，其描述了粗糙表面粗糙峰高度分布的统计值。材料表面均方根高度 h 与波长 λ 的比值定义为光学粗糙度，这是表示粗糙度影响的一个重要参数。依据光学粗糙度的范围，可将粗糙表面划分为镜反射区域（$0 < h/\lambda < 0.2$）、几何粗糙区域（$1 < h/\lambda$）、中间区域（$0.2 < h/\lambda < 1$）[82]。在几何粗糙区域，表面的凹凸不平将增加辐射的往复反射次数，如图 4.50 所示，而这种多次反射将使表面的吸收辐射能的几率增大，从而粗糙度的增大会使表面吸收率增大，也就增大了表面黑度系数。即便是在中间区域或镜反射区域，粗糙度也会产生一定的影响[72]。

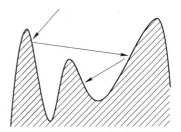

图 4.50 粗糙表面辐射的
多次反射示意图

对于不透明的固体材料，其吸收率与反射率之和等于 1，根据基尔霍夫能量守恒定律，吸收率与发射率相同，因此，发射率的求解问题可以通过反射率的研究而得到解决。这与 4.5.1 小节计算等效黑度系数的原理是一致的。

在本节的研究中，忽略粗糙表面对热辐射波的散射作用，仅考虑表面的反射、吸收作用，据此考察表面粗糙程度对辐射换热的影响。粗糙表面的轮廓曲线可以用 Weierstrass-Mandelbrot 函数（W-M 函数）来表征，其表达式为：

$$z(x) = G^{D-1} \sum_{n=n_l}^{\infty} \gamma^{-(2-D)n} \cos(2\pi\gamma^n x), \ 1 < D < 2, \ \gamma > 1 \quad (4.120)$$

式中，$z(x)$ 为随即轮廓高度；x 为轮廓位移坐标（纵向长度）；D 为轮廓分形维数，定量地度量表面轮廓在所有尺度上的不规则和复杂程度；G 为反映 $z(x)$ 大小的特征尺度系数；γ 为大于 1 的常数，对于服从正态分布的随机表面，取 $\gamma = 1.5$

较为合适；γ^n 表示随即轮廓的空间频率，即决定表面粗糙度的频谱；n_l 是与轮廓结构的最低截止频率（ω_l）相对应的序数。

本节 W-M 函数中采用的参数如下：G 的取值范围为 $0.1 \sim 10$；D 的取值范围为 $1.1 \sim 1.9$；$\gamma = 1.5$。当 $D = 1.5$ 时，G 对粗糙表面形貌的影响如图 4.51 所示。由图 4.51 可见，尺度系数仅仅影响轮廓曲线的幅度，对其形状影响不大。

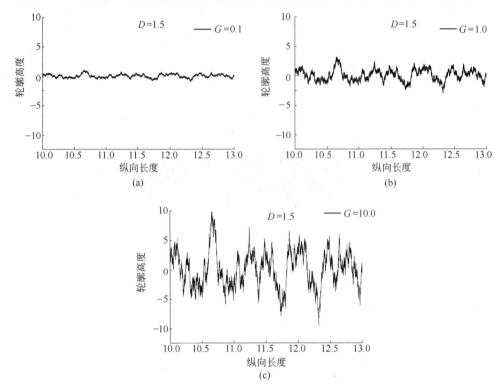

图 4.51　尺度系数对轮廓曲线的影响（$D = 1.5$）
（a）$G = 0.1$ 时的轮廓曲线；（b）$G = 1.0$ 时的轮廓曲线；（c）$G = 10.0$ 时的轮廓曲线

当 $G = 10$ 时，D 对粗糙表面形貌的影响如图 4.52 所示。由图可见，分形维数影响轮廓曲线的形状，同时对其幅度也有一定的影响。

将 W-M 分形模型生成的轮廓曲线输入到蒙特卡洛法辐射换热计算模型中，采用与 4.5.1 节类似的方法，可以获得粗糙表面的黑度系数。在本节的计算中，设置光滑表面的黑度系数为 $0.1 \sim 0.9$。如图 4.53 所示为尺度系数对粗糙表面黑度系数的影响规律。由图可见，随着尺度系数的增大，粗糙表面黑度系数呈指数形式迅速增大，在尺度系数大于一定程度之后，粗糙表面黑度系数的变化趋于平缓。

图 4.54 为分形维数对粗糙表面黑度系数的影响规律。由图可见，在尺度系数不变的条件下，随着分形维数的增加，粗糙表面的黑度系数呈现出 S 形的增大模式。

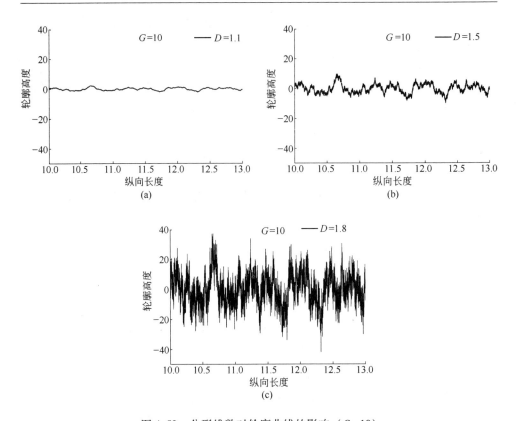

图 4.52　分形维数对轮廓曲线的影响（$G=10$）

（a）$D=1.1$ 时的轮廓曲线；（b）$D=1.5$ 时的轮廓曲线；（c）$D=1.8$ 时的轮廓曲线

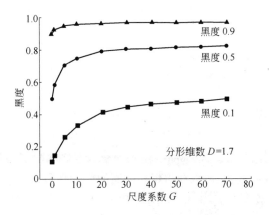

图 4.53　尺度系数对粗糙表面黑度系数的影响

对图 4.54 所示数据进行参数回归分析可得粗糙表面的黑度系数 ε_s 近似符合如下拟合公式：

$$\varepsilon_s = c_1\varepsilon + \frac{1}{c_2\varepsilon^{c_4} + c_3\exp(-c_5 D^{c_6})} \tag{4.121}$$

式中，$c_1 \sim c_6$ 为系数。对于本文的计算结果而言，其值分别为：$c_1 = 1.01256$；$c_2 = 26.55638$；$c_3 = 2.09444$；$c_4 = 5.49653$；$c_5 = -463.38790$；$c_6 = -12.44252$。

该公式的最大相对误差为 -15.86%。

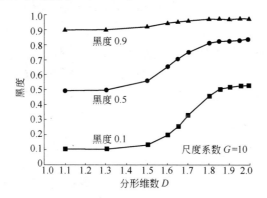

图 4.54 分形维数对粗糙表面黑度系数的影响规律

5　气体射流冲击换热

冲击射流是指射流对固体壁面或液体表面（也称之为"靶面"）等的冲击流动，即气体或液体在压差的作用下，通过圆形或窄缝形喷嘴垂直或成一定倾角喷射到传热或传质表面上，是一种极其有效的强化传热传质方法。冲击射流广泛应用于纺织品、纸张、木材等的干燥，钢铁的冷却及加热，飞机机翼的除冰，航空发动机涡轮叶片的冷却等工程领域。同时，由于其流动的复杂性，也常被作为一种理想的测试实例来评价湍流模型的性能[83]。

冲击射流按喷口形状可划分为圆形、矩形、狭缝射流以及特殊形状（三角形、椭圆形等）冲击射流；按照射流空间是否受限可划分为封闭空间冲击射流、半封闭空间冲击射流和自由空间冲击射流；按照射流流股可划分为单股、双股以及多股冲击射流。多股冲击射流存在横向扰流，因此其传输特性更为复杂。如图5.1所示，对于单股冲击射流，按照其流场特性可以划分为三个特征区域[84]：（1）自由射流区（Free Jet Region），该区域的流场特性与自由射流相同；（2）滞止区（Stagnation Flow Region），也称为冲击区（Impingement Region），该区域流线弯曲，流动方向发生剧变，具有很高的压力梯度，具有很高的十分复杂的传热传质特性；（3）壁面射流区（Wall Jet Region），该区域压力梯度迅速减小，压力恢复为静压，流场与平行壁面流动相似。

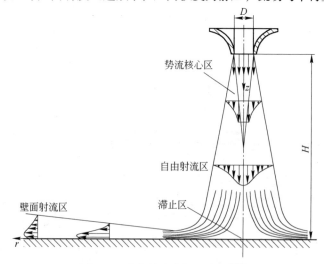

图 5.1　冲击射流流场示意图[85]

冲击射流按流动状态有层流冲击射流和湍流冲击射流之分，并以临界雷诺数来界定，Polat 等[86]认为，雷诺数小于 2500 时的单股冲击射流是层流，而 Sezai 等[87]在数值研究中，认为圆管冲击轴向和径向射流的临界雷诺数分别为 980 和 625。层流自由射流在冲击之前是否仍为层流取决于很多因素，如射流雷诺数、初始速度分布、冲击高度、是否受限等，这些因素都影响射流与外边界的混合，而射流与外边界的混合程度决定了射流的流态。由于层流冲击射流的极不稳定性，在实际应用中的冲击射流流态多是湍流，本节中所述冲击射流若无流态指定，即指湍流冲击射流。

冲击射流的研究手段分为实验研究和数值模拟研究，实验研究的结果为冲击射流的数值模拟研究提供了验证参数。在数值模拟研究中，影响冲击射流模拟准确性的因素有湍流模型、差分格式、网格划分、边界条件等。

目前，用于研究冲击射流的湍流模型主要有标准 k-ε 模型及其修正模型（如 RNG k-ε 模型、Realize RNG k-ε 模型等）、k-ω 模型、二阶矩封闭模型、低雷诺数的 q-ζ 湍流模型、V2F 模型（法向速度松弛湍流模型）等。

Craft 等[88]在 Cooper 实验研究[89]的基础上，通过数值模拟研究发现：标准低雷诺数 k-ε 模型的预测结果与实验数据偏差太大；采用各向异性的标准二阶矩封闭模型所得结果较前者改进不大；在标准二阶矩封闭模型的基础上，针对冲击射流的特点，对压力应变项作了壁面反射改进的模型，预测的速度和湍流参数分布曲线与实验值较为接近。但在计算 Nu 数时，即便采用 Yap 修正[90]，所得结果在某些情况下仍然与实验值有一定差距。

Ashforth Frost 等[91]借助于 PHOENICS 1.6.2 软件，采用标准 k-ε 模型，对半封闭的充分发展的轴对称冲击射流进行了数值研究，与实验获得的速度场、湍流度、换热系数等的比较发现：标准 k-ε 模型可以较好地预测径向速度分布的趋势，在壁面射流的下游处，k-ε 模型较好地预测了湍动能分布的趋势，但整体上湍动能的预测值高于实验值，特别是在滞止区模型预测误差更大。由于冲击射流滞止点附近的涡黏性是各向异性的，并且，离被冲击壁面和滞止点愈近各向异性也愈强烈，而在壁面射流充分发展的下游区域，涡黏性趋于各向同性。Ashforth Frost 分析认为：标准 k-ε 模型的各向同性涡黏性假设以及壁面函数的不适应性，造成了 k-ε 模型对冲击射流数值预测的失败。

E. Baydar 与 Y. Ozmen[92]测量了冲击射流被冲击板表面压力系数分布，与 k-ε 模型预测结果同样表明：对于较大的无量纲射流冲击高度 H/D（如 $H/D=2$）模型预测结果与实验值吻合较好，但对于 H/D 小于 1 时的预测结果误差明显偏大。

许坤梅等[93]针对半封闭圆形冲击射流流场的速度、湍动能、Nu 数分布，比较了标准 k-ε 模型、RNG k-ε 模型以及低雷诺数 k-ε 模型，认为三种模型都不能完全准确地预测冲击射流场的流动与传热特性，但是 RNG k-ε 模型明显优于其他两种模型。同时作者认为，采用壁面函数法数值模拟的好坏很大程度上取决于是否采用了合适的湍流模型。

陈庆光等[94]采用 C_μ 修正[95]的 RNG k-ε 模型对半封闭圆形冲击射流进行了数值模拟，与标准 k-ε 模型以及实验值的比较发现：修正的 RNG k-ε 模型的速度场、湍动能分布预测结果明显优于标准 k-ε 模型，尤其是对滞止区附近近壁面处的湍动能分布的预测精度明显提高。作者认为，这是因为对 RNG k-ε 模型 C_μ 的改进考虑了流动中各向异性的影响，同时近壁处理方法的改进有效降低了近壁区的涡黏性，进而提高了对湍动能的预测精度。对于在滞止区和近壁区平均速度和湍动能的预测依然存在误差，作者认为原因有二：一是 RNG k-ε 模型没有充分考虑流线曲率的影响，二是 RNG k-ε 模型对 ε 边界条件的处理仍然具有一定的任意性。采用 RNG k-ε 模型对半封闭狭缝湍流冲击射流的模拟结果[96]具有与此相似的结论。

徐惊雷等[97]采用 Speziale[98]的非线性 k-ε 模型和标准 k-ε 模型，对狭缝冲击射流进行了计算，结果表明：用 k-ε 模型和壁面函数法计算冲击射流时，滞止区附近的时均速度值与实验值吻合较好，但远离滞止区时，与实验值的偏差增大。而脉动速度的计算值与实验值仅仅是定性上一致，定量上差别较大。采用非线性 k-ε 模型对上述结果改进不大。作者认为首先是壁面函数法的假定在冲击射流中不适合，其次是非线性模型仍然采用了标量形式的涡黏性假设，其非线性项主要是保留二阶应变率项时引入的，因此在冲击射流中由此产生的一点改进相对于涡黏性模型和壁面函数法所产生的误差很小。今后的改进应当在近壁区或紊流模型本身进行。

陈庆光等[99]采用标准 k-ε 模型，分别应用 QUICK 和乘方两种差分格式得到了圆孔单股冲击射流的流场特性。通过对比发现：两种差分格式得到的流场平均速度分布几乎相同，而湍动能在量值上却有明显差异，与文献［91］数值模拟结果对比表明，虽然标准 k-ε 模型本身具有明显的缺陷，但差分格式对湍流冲击射流流场的数值计算结果的影响不容置疑，若要准确评价不同湍流模型对冲击射流流场的数值预测性能，需用考察差分格式带来的影响。文献［99］认为：QUICK 格式优于乘方格式，主要是因为这种格式采用了具有迎风倾向的二次插值，有效地减小了因对流项离散阶次过低而引起的假扩散，因此有较高的数值精度和较好的对流稳定性。

冲击射流换热的实验研究方面，张永恒等[100]应用萘升华传热传质比拟技术，对四喷嘴组圆形射流进行了局部传热传质实验。研究了不同喷嘴高度 H/D 和不同 Re 数对喷嘴组圆形射流局部换热特性的影响，如图 5.2 所示，获得如下结论：

（1）四喷嘴圆形空气射流局部换热系数对称分布，被冲击表面上与喷嘴对应位置上的换热系数最大；

（2）换热系数沿径向的变化与单个圆形射流的变化不同，靠近被冲击面中心一侧的换热系数下降较快；

（3）Re 数是影响圆形喷嘴组换热系数的主要因素，在给定的射流高度下，换热系数随 Re 数的增大而增大；

（4）在给定的 Re 数下，驻点周围换热系数随着射流高度的增加而减小。

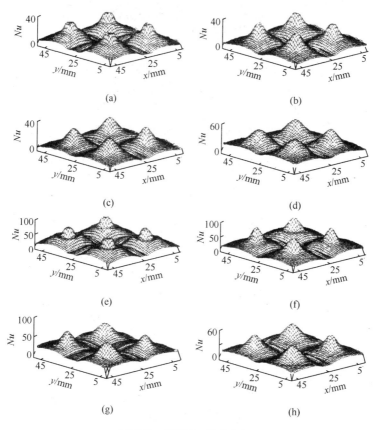

图 5.2　局部 Nu 数分布图

（a）$H/D=2$，$Re=4018$；（b）$H/D=4$，$Re=3979$；（c）$H/D=6$，$Re=4021$；（d）$H/D=8$，$Re=4000$；
（e）$H/D=2$，$Re=10009$；（f）$H/D=4$，$Re=10004$；（g）$H/D=6$，$Re=9993$；（h）$H/D=8$，$Re=9474$

多数文献采用恒热流法研究冲击射流局部换热规律，如文献［101］采用该方法获得了封闭空间单孔冲击局部换热系数的分布规律，对实验数据的分析认为：冲击 Re 数与冲击换热系数基本呈线性关系，并且在无量纲冲击高度等于 2 时换热系数达最大值。作者还认为，单孔冲击冷却的有效范围在 4 倍冲击孔直径范围内，实际应用中，冷却范围应选在 4 倍冲击孔直径范围内。

在对冲击射流换热特性实验数据的整理方面，Holger Martin[84] 总结、整理了一系列实验结果及拟合公式。对于圆形喷嘴阵列，被冲击表面上的 Nu 数为：

$$\frac{Nu}{Pr^{0.42}} = \sqrt{f} \cdot Re^{\frac{2}{3}} \cdot \left[1 + \left(\frac{H/D}{0.6/\sqrt{f}}\right)^6\right]^{-0.05} \cdot \frac{1 - 2.2\sqrt{f}}{1 + 0.2(H/D - 6)\sqrt{f}} \quad (5.1)$$

上式的适用范围：$2000 \leqslant Re \leqslant 10^5$；$0.004 \leqslant f \leqslant 0.04$；$2 \leqslant H/D \leqslant 12$。

对于狭缝喷嘴阵列，被冲击表面上 Nu 数的计算公式为：

$$\frac{Nu}{Pr^{0.42}} = \frac{2}{3} f_0^{3/4} \left(\frac{2Re \cdot f \cdot f_0}{f^2 + f_0^2}\right)^{2/3} \quad (5.2)$$

该式的适用范围为：$1500 \leqslant Re \leqslant 4 \times 10^4$；$0.008 \leqslant f \leqslant 2.5 f_0 (H/S)$；$1 \leqslant H/S \leqslant 40$。式中，$H$ 为喷孔与被冲击表面的垂直距离，m；D、S 分别为喷孔直径、狭缝喷嘴宽度，m；f 为相对喷孔面积，即喷孔面积与喷孔名誉面积的比值，如图 5.3 所示，实线表示喷孔，虚线框表示其名誉面积。对于圆形喷孔，三角孔阵，$f = \frac{\pi}{2\sqrt{3}}\left(\frac{D}{L_D}\right)^2$；对于平行狭缝喷嘴组，$f = \frac{B}{L_T}$，$f_0\left(\frac{H}{S}\right) = \left[60 + 4\left(\frac{H}{S} - 2\right)^2\right]^{-1/2}$。

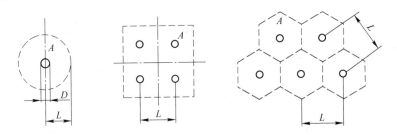

图 5.3　相对喷孔面积的计算

影响喷流加热、冷却的主要因素如下。

A　喷孔与被冲击表面的距离

对于特定的喷流装置，存在一个极限距离值 H_M，当 $H < H_M$ 时，综合换热系数随 H 增大而增大，当 $H > H_M$ 时，综合换热系数随 H 增大而迅速下降。H_M 可表示为喷孔组开孔尺寸的函数。对于圆形喷孔组有：

$$\left(\frac{H}{D}\right)_M = \frac{0.6}{f^{0.5}} \quad (5.3)$$

B　气体喷出速度

气体喷出速度与风量成正比，增大风量可提高综合换热系数，两者的关系如下：

$$h_c = 0.5 \cdot Q^{0.7} \quad (5.4)$$

通常控制气体喷出速度在 25~55m/s 之间。

C 射流角度

当射流中心线与喷射表面的夹角 φ 不小于 60°时，综合对流换热系数仍用上式计算，但其中 H 由下式代替：

$$H' = H/\sin\varphi \tag{5.5}$$

D 气体物性

换热介质不同综合换热系数也不同。提高介质中氢气的含量可以提高装置的换热能力。在连续退火炉上，为了安全起见，目前的趋势是降低氢气的含量。气体的物性随温度变化，一般温度越高综合换热系数越低。

E 短喷嘴

如果喷孔外带有收缩形的短喷嘴，上面的公式仍然适用，但需要将喷出速度、喷孔直径、相对喷孔面积等由以下相应值代替。

$$W' = W/\varepsilon; \quad D' = D \cdot \varepsilon^{1/2}; \quad f' = f \cdot \varepsilon \tag{5.6}$$

式中，ε 为喷孔面积收缩系数。

F 射流冲击换热元件空间尺寸的优化计算

对于喷流传热元件来说，在给定风机功率下，存在一个最佳的几何参数组合，使系统能够得到最大的对流换热系数。

对于排气良好，排列均匀的圆形喷孔组，存在三个独立的几何变量，即喷孔直径 D、喷孔间距 L 和喷孔到喷射表面的距离 H。

G 溢流对换热系数的影响

介质喷到固体表面后，不会立即离开表面，而是沿着固体表面流动，直至边沿，称之为溢流，如图 5.4 所示。这种溢流的发展，会对喷流换热效果产生影响。溢流将造成沿被冲击表面宽度方向换热系数分布不均，边部换热系数高于中部的情况。

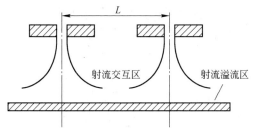

图 5.4 多束射流示意图

为了克服这种影响，可采用控制宽度方向上流量分配的方法。在循环气体射流冲击换热装置中，即可采用优化喷箱宽度方向上开孔数量分布的方法使被冲击表面获得均匀换热。也可将喷箱沿宽度分成几个部分，每部分单独控制流量，这样分区能够灵活调整宽度方向的换热能力。

用喷管代替喷箱也可解决溢流的问题，即喷孔开在一根根沿带钢宽度方向布置的钢管上，喷向被冲击表面的气体可从喷管之间的空隙立即排出，可大大减少溢流的影响。

对于气体射流冲击换热的研究，目前主要是以实验研究为主，数值模拟研究为辅。随着湍流模型的逐步改进，特别是新的计算方法的引入（Lattice Boltzmann Method 格子玻耳兹曼方法与大涡模拟的结合），对气体射流冲击换热过程的计算精度也在逐步提高。在某些情况下，数值仿真的计算精度可以达到实验关联式的精度范围，这一点使得数值仿真的应用更具有潜力，因为数值仿真可以对任意结构形式的气体射流冲击换热设备进行仿真，而实验关联式则有适用范围的问题。

5.1　气体射流冲击换热的实验方法和实验关联式

气体射流冲击换热的实验测量通常采用单孔或孔排形式的喷嘴，靶体采用平面或圆柱形的表面，通过风机或气泵提供压力，驱动气流冲击到靶体表面上，通过靶体表面上安装的测温元件测量靶体温度变化规律。

通过在靶体表面安装电阻加热带或电阻膜，可以十分方便地调节靶体表面热流密度，因此通常靶体表面的边界条件为恒定热流边界，其热流密度取为 q。此外，通常采用热导率很低或者很薄的材料作为靶体表面，这样可以减少横向热流的影响，降低实验分析的难度。为了进一步提高实验精度，采用绝热材料包裹靶体底面和周边，使得靶体传热问题简化为垂直于靶面方向的一维问题。

靶体表面的对流换热系数可表示为：

$$h = \frac{q}{T_s - T_f} \tag{5.7}$$

式中，T_s 和 T_f 分别为靶体表面温度和射流气体温度（喷嘴出口处）。

靶体表面温度的测量方式主要有接触式测量（热电偶、热电阻）、红外辐射测温仪测量和热敏液晶（Thermochromic Liquid Crystals，TLC）[102~104] 测量。当采用热电偶或热电阻进行测温时，测温元件必须固定在靶面的表面才能获得可靠的数据，并且，若要测得靶面温度分布，需要安装多个测试元件。红外辐射测温和热敏液晶测温为非接触式测温方法，对被测靶面的影响非常小，并且可以获得靶体表面上瞬态温度分布规律。

使用 TLC 材料测量靶体表面温度的缺点是，通常 TLC 材料可测量的温度范围非常窄（只有 2~4℃），这通常都比靶体表面温度变化范围小很多。那么为了解决这个问题，多数研究者采用改变靶体表面热流密度分布的方式，使得测量位置附近的温度在 TLC 材料的使用温度范围内，通过多次测量，获得靶体表面换热

Nu 数在靶体上的分布规律，这一方法的前提条件是：靶体表面的换热 Nu 数不随着靶体热流密度的改变而变化。

通过测量靶体表面的热辐射参数也可以获得靶体表面的温度分布，很多学者采用红外热像仪成功地测量了靶体表面温度。采用红外热像仪测量靶体表面温度时，需要在靶体上涂镀一层发射率已知的材料，并且红外热像仪需要采用热电偶或其他温度测量设备进行校准。随着测试设备的改进，TLC 和红外热像仪等非接触式测量设备可以测得靶体表面更加准确的温度分布。

实验数据通常可以整理为如下形式：

$$Nu = CRe^n Pr^m f(H/D) \tag{5.8}$$

式中，$f(H/D)$ 为实验回归的系数方程；C、n 和 m 为常数，通过实验数据回归得到。

对于其他参数的影响，例如：射流角度、表面粗糙度等对 Nu 的影响，也可根据实验结果，添加相应的修正系数到上述方程中。

影响气体射流冲击换热的影响很多，并且目前通过实验结果进行参数回归得到的 Nu 数的实验关联式也非常多，表 5.1 提供了部分实验关联式及其适用条件，表中大多数关联式由 N. Zuckerman 和 N. Lior 总结[105]。

表 5.1　射流冲击换热的 Nu 数实验关联式

资料来源及适用条件	Nu 数公式
有限制的微细空气射流冲击[106] 适用范围： Re_D：$1600 \sim 5600$ H/D：$1 \sim 20$ D_C/D：$3 \sim 48$	结构示意图： $D = 500\mu m$ $D_C = 48D$ 驻点处 Nu（相对误差±20%）： $$Nu_0 = a \cdot \tanh\left(\frac{1}{2}\frac{\sqrt{Re_D} \cdot H/D}{D_C/D} - b\right) + c$$ 式中，$a = 0.016Re_D^{0.7}$，$b = 0.025Re_D^{0.7}$，$c = 0.046Re_D^{0.71}$ 平均 Nu（相对误差±15%）： $$Nu_{avg} = a \cdot \tanh\left(\frac{1}{2}\frac{\sqrt{Re_D} \cdot H/D}{D_C/D} - b\right) + c$$ 式中，$a = 0.016Re_D^{0.7}$，$b = 0.025Re_D^{0.7}$，$c = 0.015Re_D^{0.73}$

资料来源及适用条件	Nu 数公式
狭缝喷嘴，空气射流冲击平板[107] 适用范围： Re：4200～12000 z/b：0.5～12 z 为射流冲击高度； b 为喷嘴宽度； x 为距驻点距离	驻点区域（$0<x/b<2.0$）： $$Nu_b = a \frac{Re^{0.5}}{(z/b)^c} \left[1 - d \frac{(x/b)^2}{(x/b)^e} \right]$$ 当 $z/b \leqslant 6$　$Nu_b = 0.3724 Re_b^{0.5694}(x/b)^{-0.2373}(z/b)^{-0.0797}$ 当 $z/b \geqslant 8$　$Nu_b = 0.4051 Re_b^{0.5903}(x/b)^{-0.4332}(z/b)^{-0.0542}$ 壁面射流区： $Nu_b = 0.0596 Re_b^{0.8} Pr^{0.333}(x/b)^{-0.2705}(z/b)^{-0.0759}$ 上述公式的相对误差为 ±15%。 公式中的系数表： 表格见下

z/b	a	c	d	e
0.5～6	0.995	0.12	0.1	0.1
8～12	0.995	0.08	0.5	0.9

资料来源及适用条件	Nu 数公式
单孔圆形射流冲击凸起表面[108] 适用范围： D_j/D：0.318～1.045 Re_j：5000～23000 δ/D：0.1～0.3 D_j 为喷嘴直径； D 为表面凸起物直径； δ 为表面凸起物高度	驻点处 Nu 数： $$Nu_0 = A_0 Re_j^{\alpha}(D_j/D)^{\beta}(\delta/D)^{\gamma}$$ 式中，$A_0 = 1.4069$；$\alpha = 0.5116$；$\beta = 0.1347$；$\gamma = 0.1388$ 平均 Nu 数（相对误差 4.78%）： $$Nu_{avg} = A_0 Re_j^{\alpha}(D_j/D)^{\beta}(\delta/D)^{\gamma}$$ 式中，$A_0 = 1.5325$；$\alpha = 0.4864$；$\beta = 0.2873$；$\gamma = 0.1335$
旋转射流冲击[109] 适用范围： Re：7000～19000 H/D：5～30 S_i：0.015～0.45 I_{avg}：9%～40%	平均 Nu 数（相对误差 12% 以内）： $$Nu_{avg} = 0.1805 \times Re^{0.6313} \cdot S_i^{-0.0407} \cdot \left(\frac{H}{D}\right)^{-0.3780} \cdot I_{avg}^{-0.1132}$$ 式中，S_i 为旋流强度；I_{avg} 为喷口处面积平均湍流强度
Herbert Martin Hofmann 等[84] 单孔圆形喷嘴 适用范围： Re：14000～230000 H/D：0.5～10 r/D：0～8	局部 Nu 数： $$Nu_{loc} = 0.055(Re^3 + 10Re^2)^{0.25} \cdot Pr^{0.42} \cdot e^{-0.025(r/D)^2}$$ 平均 Nu 数： $$Nu_{avg} = Pr^{0.42}(Re^3 + 10Re^2)^{0.25} \times 0.055 \times \frac{1 - e^{-0.025(r/D)^2}}{0.025(r/D)^2}$$
Herbert Martin Hofmann 等[85] 狭缝喷嘴 适用范围： Re：3000～210000 H/S：0.5～40 x/S：0～70	局部 Nu 数： $$Nu_{loc} = Pr^{0.42}(Re^3 + 10Re^2)^{0.25} \times 0.042 \times e^{-0.052(x/S)}$$ 平均 Nu 数： $$Nu_{avg} = Pr^{0.42}(Re^3 + 10Re^2)^{0.25} \cdot \frac{1 - e^{-0.052(x/S)}}{1.24(x/S)}$$

资料来源及适用条件	Nu 数公式
Chan 等[110] 短喷嘴 曲面靶体 适用范围： Re：5600~13200 H/B：2~10 S/B：0~13.6	局部 Nu 数： 当 H/B 为 2~8 时　　$Nu_0 = 0.514Re_B^{0.50}(H/B)^{0.124}$ 当 H/B 为 8~10 时　　$Nu_0 = 1.175Re_B^{0.54}(H/B)^{-0.401}$ 平均 Nu 数： 当 H/B 为 2~8 时： $Nu_{avg} = 0.514Re_B^{0.50}(H/B)^{0.124}[1.068 - (0.31/2)(S/B) +$ 　　$(0.079/3)(S/B)^2 - (0.01154/4)(S/B)^3 + (8.133 \times$ 　　$10^{-4}/5)(S/B)^4 - (2.141 \times 10^{-5}/6)(S/B)^5]$ 当 H/B 为 8~10 时： $Nu_{avg} = 1.175Re_B^{0.54}(H/B)^{-0.401}[1.016 - (0.393/2)(S/B) +$ 　　$(0.1/3)(S/B)^2 - (0.01323/4)(S/B)^3 + (8.503 \times$ 　　$10^{-4}/5)(S/B)^4 - (2.089 \times 10^{-5}/6)(S/B)^5]$
Florschuetz 等[111] 圆形喷嘴阵列 适用范围： Re：2500~70000 $U_{crossflow}/U_{jet}$：0~0.8 H/D：1~3 $p_x = p_{jet\_streamwise}/D$：5~15（顺排）， 5~10（叉排） $p_y = p_{jet\_spanwise}/D$：4~8 p_x/p_y：0.625~3.75 $U_{crossflow}$ 为横流速率（密度加权值）； U_{jet} 为喷嘴射流速率（密度加权值）	平均 Nu 数： $Nu_{avg} = ARe^m\{1 - B[(H/D)(U_{crossflow}/U_{jet})]^n\}Pr^{1/3}$ 顺排参数取值： $A_{inline} = 1.18(p_x^{-0.944})(p_y^{-0.642})[(H/D)^{0.169}]$ $m_{inline} = 0.612(p_x^{0.059})(p_y^{0.032})[(H/D)^{-0.022}]$ $B_{inline} = 0.437(p_x^{0.095})(p_y^{-0.219})[(H/D)^{0.275}]$ $n_{inline} = 0.092(p_x^{-0.005})(p_y^{0.599})[(H/D)^{1.04}]$ 差排参数取值： $A_{staggered} = 1.87(p_x^{-0.771})(p_y^{-0.999})[(H/D)^{-0.257}]$ $m_{staggered} = 0.571(p_x^{0.028})(p_y^{0.092})[(H/D)^{0.039}]$ $B_{staggered} = 1.03(p_x^{-0.243})(p_y^{-0.307})[(H/D)^{0.059}]$ $n_{staggered} = 0.442(p_x^{0.098})(p_y^{-0.003})[(H/D)^{0.304}]$
Goldstein 与 Seol[112] 单排方缘喷嘴 适用范围： H/D：2~6 p_{jet}/D：4~8 H/D：0~6 Re：10000~40000 喷嘴长度 $l = D$	平均 Nu 数： $$Nu_{avg} = \frac{2.9\exp[-0.09(H/D)^{1.4}]Re^{0.7}}{22.8 + (p_{jet}/D)\sqrt{H/D}}$$

资料来源及适用条件	Nu 数公式
Goldstein 与 Behbahani[113] 单孔圆形喷嘴 适用范围: r/D: 0.5~32 Re: 34000~121300 L/D: 6、12	平均 Nu 数: 当 $L/D=6$ 时,$Nu_{avg} = Re^{0.6}/[3.329 + 0.273(r_{max}/D)^{1.3}]$ 当 $L/D=12$ 时,$Nu_{avg} = Re^{0.6}/[4.577 + 0.4357(r_{max}/D)^{1.14}]$
Goldstein, Behbahani, Heppel-mann[114] 单孔圆形喷嘴 适用范围: $Re = 61000 \sim 124000$ H/D: 6~12	定壁温条件下,平均 Nu 数: $$Nu_{avg} = \frac{24 - \mid (H/D) - 7.75 \mid}{533 + 44(r/D)^{1.285}} Re^{0.76}$$ 定热流条件下,平均 Nu 数: $$Nu_{avg} = \frac{24 - \mid (H/D) - 7.75 \mid}{533 + 44(r/D)^{1.394}} Re^{0.76}$$
Gori, Bossi[115] 单狭缝喷嘴 管喷嘴 射流冲击圆管 适用范围: D/B: 1~4 Re: 4000~20000 H/B: 2~12	平均 Nu 数: 当 H/B 为 2~8 时: $Nu_{avg} = 0.0516(H/B)^{0.179}(D/B)^{0.214}Re^{0.753}Pr^{0.4}$ 当 H/B 为 8~12 时: $Nu_{avg} = 0.0803(H/B)^{-0.205}(D/B)^{0.162}Re^{0.800}Pr^{0.4}$
Huang, El-Genk[116] 单狭缝喷嘴 管喷嘴 适用范围: Re: 6000~60000 H/B: 1~12	平均 Nu 数: $Nu_{avg} = Re^{0.76}Pr^{0.42}[a + b(H/D) + c(H/D)^2]$ 式中: $a = (1 \times 10^{-4})[506 + 13.3(r_{max}/D) - 19.6(r_{max}/D)^2 +$ $\qquad 2.41(r_{max}/D)^3 - 0.0904(r_{max}/D)^4]$ $b = (1 \times 10^{-4})[32 - 24.3(r_{max}/D) + 6.53(r_{max}/D)^2 -$ $\qquad 0.694(r_{max}/D)^3 + 0.0257(r_{max}/D)^4]$ $c = (-3.85 \times 10^{-4})[1.147 + (r_{max}/D)]^{-0.0904}$
Huber, Viskanta[117] 圆形喷嘴的正方形阵列;有遮蔽板 适用范围: H/D: 0.25~6 p_{jet}/D: 4~8 Re: 3400~20500	平均 Nu 数: $Nu_{avg} = 0.285Re^{0.71}Pr^{0.33}(H/D)^{-0.123}(p_{jet}/D)^{-0.725}$

资料来源及适用条件	Nu 数公式
Lytle，Webb[118] 单狭缝喷嘴 管喷嘴 适用范围： H/D：0.1~1 Re：3600~30000	局部 Nu 数（适用范围：Re：3700~30000）： 当 $H/D \leqslant 1.0$ 时：$Nu_0 = 0.726Re^{0.53}(H/D)^{-0.191}$ 当 $H/D \leqslant 0.5$ 时：$Nu_0 = 0.663Re^{0.53}(H/D)^{-0.248}$ 当 $H/D \leqslant 0.25$ 时：$Nu_0 = 0.821Re^{0.5}(H/D)^{-0.288}$ 局部 Nu 数第二峰值出现的位置： $r_{max}/D = 0.188Re^{0.241}(H/D)^{0.224}$ 平均 Nu 数（适用范围：Re：3600~27600）： 对于 $r/D \leqslant 1$ 的区域：$Nu_{avg} = 0.424Re^{0.57}(H/D)^{-0.33}$ 对于 $r/D \leqslant 2$ 的区域：$Nu_{avg} = 0.150Re^{0.67}(H/D)^{-0.36}$
Martin[84] 单孔圆形喷嘴 适用范围： Re：2000~400000 F：0.004~0.04 r/D：2.5~7.5 H/D：2~12	平均 Nu 数： $$Nu_{avg} = Pr^{0.42}\frac{D}{r}\frac{1-1.1D/r}{1+0.1(H/D-6)D/r}F$$ 适用条件： Re：2000~30000，$F = 1.36Re^{0.574}$ Re：30000~120000，$F = 0.54Re^{0.667}$ Re：120000~400000，$F = 0.151Re^{0.775}$
Martin[84] 单狭缝喷嘴 适用范围： Re：3000~90000 f：0.01~0.125 x/S：2~25 H/S：2~10	平均 Nu 数： $$Nu_{avg} = Pr^{0.42}\frac{1.53}{(x/S)+(H/S)+1.39}Re^{|0.695-[x/S+(H/S)^{1.33}+3.06]^{-1}|}$$ S 取值为两倍的狭缝喷嘴宽度
Martin[84] 圆形喷嘴阵列 适用范围： Re：2000~100000 f：0.004~0.04 H/D：2~12	平均 Nu 数： $$Nu_{avg} = Pr^{0.42}(K)(G)(F)$$ 式中： $$K = \left[1+\left(\frac{H/D}{0.6/\sqrt{f}}\right)^6\right]^{-0.05}$$ $$G = 2\sqrt{f}\frac{1-2.2\sqrt{f}}{1+0.2[(H/D)-6]\sqrt{f}}$$ $$F = 0.5Re^{2/3}$$
Martin[84] 狭缝喷嘴阵列 适用范围： Re：1500~40000 f：0.008~2.5 H/S：1~40	平均 Nu 数： $$Nu_{avg} = Pr^{0.42}\frac{2}{3}f_0^{3/4}\left(\frac{2Re}{f/f_0+f_0/f}\right)^{2/3}$$ $$f_0 = [60+4(H/S-2)^2]^{-0.5}$$ S 取值为两倍的狭缝喷嘴宽度

资料来源及适用条件	Nu 数公式
Mohanty, Tawfek[119] 单孔圆形射流，锥形管喷嘴 适用范围： H/D：6~41 Re：4860~34500	驻点处 Nu 数： H/D：10~16.7，Re：4860~15300： $$Nu_0 = 0.15Re^{0.701}(H/D)^{-0.25}$$ H/D：20~25，Re：4860~15300： $$Nu_0 = 0.17Re^{0.701}(H/D)^{-0.182}$$ H/D：6~58，Re：6900~24900： $$Nu_0 = 0.388Re^{0.696}(H/D)^{-0.345}$$ H/D：9~41.4，Re：7240~34500： $$Nu_0 = 0.615Re^{0.67}(H/D)^{-0.38}$$
San, Lai[120] 圆形喷孔阵列，孔口形喷嘴，叉排形式 适用范围： Re：10000~30000 H/D：2~5 p_{jet}/D：4~16 喷嘴孔口深度 $l=D$	驻点处 Nu 数（适用范围：H/D：2~3.5，p_{jet}/D：6~16）： $$Nu_0 = (p_{jet}/D)\exp[\alpha_1 + \alpha_2(p_{jet}/D)]Re^{0.6}$$ $$\alpha_1 = -0.504 - 1.662(H/D) + 0.233(H/D)^2$$ $$\alpha_2 = -0.281 + 0.116(H/D) - 0.017(H/D)^2$$ 驻点处 Nu 数（适用范围：H/D：3.5~6，p_{jet}/D：4~8）： $$Nu_0 = (p_{jet}/D)\exp[\alpha_1 + \alpha_2(p_{jet}/D)]Re^{0.4}$$ $$\alpha_1 = -2.627 + 0.546(H/D) - 0.049(H/D)^2$$ $$\alpha_2 = 0.132 - 0.093(H/D) + 0.008(H/D)^2$$ 驻点处 Nu 数（适用范围：H/D：3.5~6，p_{jet}/D：8~16）： $$Nu_0 = (p_{jet}/D)\exp[\alpha_1 + \alpha_2(p_{jet}/D)]Re^{0.5}$$ $$\alpha_1 = -4.752 + 1.007(H/D) - 0.103(H/D)^2$$ $$\alpha_2 = 0.229 - 0.132(H/D) + 0.013(H/D)^2$$
Tawfek[121] 单个圆形喷嘴，锥形管喷嘴 适用范围： Re：3400~4100 r/D：2~30 H/D：6~58	平均 Nu 数： $$Nu_{avg} = 0.453Pr^{1/3}Re^{0.691}(H/D)^{-0.22}(r/D)^{-0.38}$$
Wen, Jang[122] 适用范围： Re：750~27000 H/D：3~16 r/D：0~7.14	平均 Nu 数： $$Nu_{avg} = 0.442Re^{0.696}Pr^{1/3}(H/D)^{-0.20}(r/D)^{-0.41}$$

5.2　气体射流冲击换热数值仿真

气体射流冲击换热技术广泛应用于带钢连续热处理中的快速冷却工艺段。在工程应用中，气体射流冲击换热过程的仿真和优化是十分复杂的。迄今为止尚未见有能够对射流冲击换热过程进行准确预测的湍流模型，在工程应用中仍以实验为主，数值仿真为辅的研究方式。本节对射流冲击换热过程的数值仿真模型进行讨论，并将其部分结果应用于带钢连续热处理快速冷却过程的仿真模型中。

射流冲击是一种非常简单而又复杂的流动现象，其简单之处在于它的边界条件（入口和出口边界）非常简单明确，而其复杂之处在于目前尚未有任何湍流模型可以准确描述射流冲击的流动和换热特性。因此，射流冲击现象成为验证各种湍流模型的理想对象，针对射流冲击现象的实验也层出不穷。

N. Zuckerman 和 N. Lior[105]总结分析了常用的 CFD 湍流模型对气体射流冲击换热模拟的适应性，并给出了定性的评价，如表 5.2 所示。虽然有大量的研究采用 k-ε 湍流模型计算射流过程的传热传质问题，但是鲜有成功的案例，或仅仅获得部分成功。对雷诺时均数值模拟方法的检验表明，即便采用高分辨率的网格划分，k-ε、k-ω、RSM、ASM 等湍流模型也难以得到准确的计算结果。从计算精确度和计算时间总和考虑，v^2-f 模型和 SST 模型比较适用于射流流动、传热的仿真。

表 5.2 湍流模型对射流问题的适应性对比

湍流模型	计算量（计算时间）	换热系数计算精度	准确预测二次峰值的能力
k-ε	★★★★ 计算量小	★ 计算精度差，Nu 误差在 15%~60%	★ 预测能力差
k-ω	★★★★ 计算量较小	★★ 计算精度较差，Nu 误差在 10%~30%。	★★ 预测能力一般，二次峰值的位置和数量级可能计算错误
Realizable k-ε 和其他版本的 k-ε 模型	★★★★ 计算量小	★★ 计算精度较差，Nu 误差在 15%~30%	★★ 预测能力一般，二次峰值的位置和数量级可能计算错误
代数应力模型 （Algebraic stress model）	★★★★ 计算量小	★★ 计算精度较差，Nu 误差在 10%~30%	★ 计算准确性差
雷诺应力模型 （Reynolds stress model, full SMC）	★★ 计算量相对较大	★ 计算精度很差，Nu 误差在 25%~100%	★★ 计算精度差，二次峰值的位置和数量级可能计算错误
剪应力输运模型 （SST），混合方法	★★★ 计算量较为适中	★★★ 计算精度较好，驻点 Nu 数误差为 20%~40%	★★ 计算精度一般

湍流模型	计算量（计算时间）	换热系数计算精度	准确预测二次峰值的能力
v^2f	★★★ 计算量适中	★★★★ 计算精度非常高，Nu 精度 2%～30%	★★★★ 计算精度非常高
DNS/LES 时变模型	★ 计算量非常高（DNS 仅对低 Re 数适用）	★★★★ 计算精度非常高	★★★★ 计算精度非常高

　　射流冲击现象的复杂性体现在涡黏性系数的各向异性上，尤其是在射流冲击点附近，这种特性更加强烈，远离射流冲击点时，涡黏性系数趋于各向同性。虽然 RNG k-ε 湍流模型仍然采用了线性涡黏性假设，但在 ε 输运方程中增加了修正项，其计算结果明显优于 k-ε 湍流模型，虽然 N. Zuckerman 和 N. Lior 总结认为 k-ε 湍流模型不太适合对射流冲击过程进行仿真，但是其对 Nu 数的仿真精度也可以达到 15%～30%，从传热的角度而言，RNG k-ε 湍流模型还是有一定的适用性的。本节的重点在于对 RNG k-ε 湍流模型三种不同的修正形式进行对比分析研究，以期获得能够较为准确描述射流冲击现象的湍流模型，进而对孔排射流冲击换热进行仿真计算，获得其换热特性，为工程应用奠定坚实的理论基础。

5.2.1　RNG k-ε 湍流模型计算单孔射流冲击换热

　　20 世纪 80 年代中期，Yakhot 和 Orszag[123] 在总结前人工作的基础上，首先较为系统地利用重整化粒子群法分析了湍流场，从理论上导出了 RNG k-ε 湍流模型[124]。

　　对于不可压缩流，在直角坐标系下，雷诺时均 N-S 方程和连续性方程为：

$$\frac{\partial u_i}{\partial t} + u_j \frac{\partial u_i}{\partial x_j} = -\frac{\partial P}{\partial x_i} + \frac{\partial}{\partial x_j}\left[(\nu + \nu_T)\left(\frac{\partial u_i}{\partial x_j} + \frac{\partial u_j}{\partial x_i}\right)\right] \tag{5.9}$$

$$\frac{\partial u_i}{\partial x_i} = 0 \tag{5.10}$$

式中，u_i 为时均速度，m/s；P 为时均压力，Pa；ν、ν_T 分别为分子黏性系数和涡黏性系数，对高 Re 数湍流，涡黏性系数可取为 $\nu_T = C_\mu k^2/\varepsilon$。

　　RNG k-ε 模型的 k 方程和 ε 方程如下：

$$\frac{\partial k}{\partial t} + \frac{\partial}{\partial x_i}(ku_i) = \frac{\partial}{\partial x_j}\left(\alpha_k \nu_T \frac{\partial k}{\partial x_j}\right) + G_k - \varepsilon \tag{5.11}$$

$$\frac{\partial \varepsilon}{\partial t} + \frac{\partial}{\partial x_i}(\varepsilon u_i) = \frac{\partial}{\partial x_j}\left(\alpha_\varepsilon \nu_T \frac{\partial \varepsilon}{\partial x_j}\right) + C_{1\varepsilon}\frac{\varepsilon}{k}G_k - C_{2\varepsilon}\frac{\varepsilon^2}{k} + R_\varepsilon \tag{5.12}$$

式中，G_k 为湍动能产生项；R_ε 为附加源项；α_k、α_ε 分别为 k 方程和 ε 方程的湍流普朗特数；$C_{1\varepsilon}$、$C_{2\varepsilon}$ 为模型常量，分别为 1.42 和 1.68。

据文献报导，对于 RNG k-ε 湍流模型有三种不同的形式，这三种形式的模型系数基本相同，所不同的是附加源项 R_ε 的修正形式。

文献 [94] 采用的修正（本文称之为 Chen 修正形式）为：

$$R_{\varepsilon 1} = -\frac{\eta(1-\eta/\eta_0)}{1+\beta\eta^3} \cdot \frac{\varepsilon}{k} G_k \tag{5.13}$$

文献 [125，126] 采用的修正（本文称之为 Fluent 修正形式）为：

$$R_{\varepsilon 2} = -\frac{C_\mu \eta^3(1-\eta/\eta_0)}{1+\beta\eta^3} \cdot \frac{\varepsilon^2}{k} \tag{5.14}$$

文献 [127] 采用的修正（本文称之为 Gothic 修正形式）为：

$$R_{\varepsilon 3} = -\frac{C_\mu \eta(1-\eta/\eta_0)}{1+\beta\eta^3} \cdot \frac{\varepsilon^2}{k} \tag{5.15}$$

式中，$\eta = Sk/\varepsilon$；$S = (2D_{ij}D_{ij})^{1/2}$；$D_{ij} = (\partial u_i/\partial x_j + \partial u_j/\partial x_i)/2$，$C_\mu$、$\eta_0$、$\beta$ 为模型常量，分别为 0.085、4.38 和 0.012。

陈庆光等[94,96,99]对 $R_{\varepsilon 1}$ 修正形式进行了详细的研究，认为该模型对冲击射流的模拟要优于标准 k-ε 湍流模型。

本节对上述三种修正模型采用相同的模型常数进行研究，如表 5.3 所示。

表 5.3 RNG k-ε 湍流模型常数

C_μ	σ_k	σ_ε	$C_{1\varepsilon}$	$C_{2\varepsilon}$	η_0	β
0.085	0.719	0.719	1.42	1.68	4.38	0.012

本节首先就 $R_{\varepsilon 1}$、$R_{\varepsilon 2}$、$R_{\varepsilon 3}$ 修正形式对单孔冲击射流的仿真精度进行对比研究，然后以精度较高的修正形式研究孔排冲击射流的换热特性。模型网格划分以及求解算法借助于 Fluent 6.2.16 商业通用软件。

图 5.5 所示为单孔冲击射流数学模型的计算区域示意图。模型计算时，取射流冲击高度 $H = 2D$，$D = 10\text{mm}$，$Re = 20000$。

5.2.2 假设条件及边界条件设置

模型计算中作如下假设：

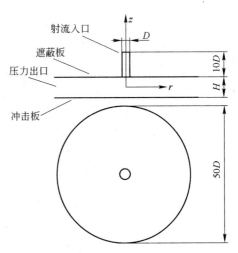

图 5.5 单孔冲击射流模型示意图

（1）喷射介质为空气，环境流体为静止的空气；

（2）冲击平面为光滑的平板；

（3）喷射介质空气为不可压缩常物性介质；

（4）从喷嘴流出的射流流速均匀。

边界条件的设置：

（1）入口条件：射流入口为均匀速度边界，并以该速度确定射流的 Re 数为：

$$Re = \frac{V_{in}D}{\nu_{air}}$$

（5.16）

湍流强度 I 为：

$$I = 0.16Re^{-0.125}$$

（5.17）

（2）出口边界：为了与文献［91，92］的实验条件相符合，设定出口边界条件为压力出口，出口处表压力为零。

（3）固体壁面：为无滑移边界，采用标准壁面函数计算近壁流场。

5.2.3　流场特征参数验证与分析

图 5.6 所示为冲击射流轴向无量纲速度（定义如式（5.18）所示，z 轴方向轴心速度 u'_3）随无量纲轴向距离 z/D 的变化趋势。图 5.7 系列图为径向无量纲速度 u'_1 随无量纲轴向距离 h/D 的变化趋势，图中"Exp."为源自文献［91］的实验数据。可见，三种 RNG 修正模型的计算结果基本相同，与文献［91］采用标准 $k\text{-}\varepsilon$ 湍流模型的计算结果比较而言，三种 RNG 模型对速度场的计算精度并无实质性的改进，这可能是因为 RNG $k\text{-}\varepsilon$ 湍流模型与标准 $k\text{-}\varepsilon$ 采用了同样的涡黏性假设，对 ε 方程的修正提高了 k 和 ε 的预测精度，但对速度场影响却不大。

$$u'_i = \frac{u_i}{V_{in}}, \quad i = 1, 2, 3$$

（5.18）

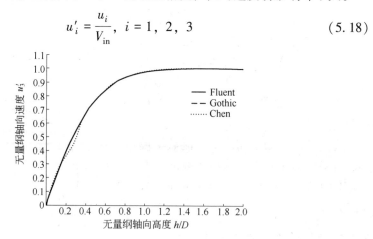

图 5.6　单孔冲击射流轴心速度的变化趋势

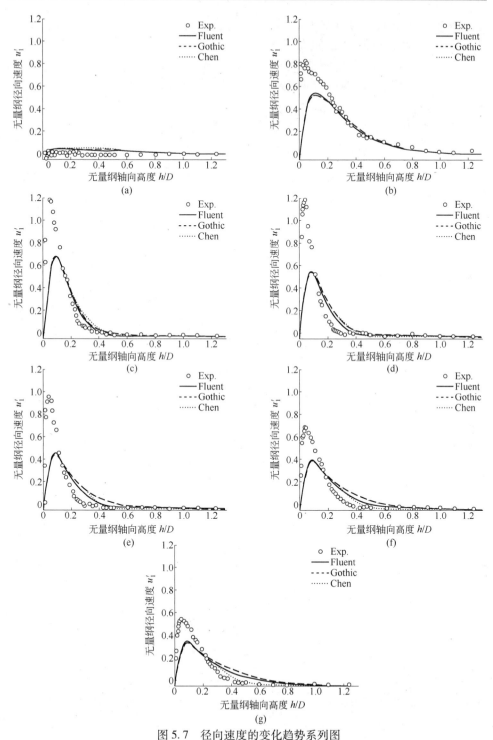

图 5.7　径向速度的变化趋势系列图

(a) $r/D=0$；(b) $r/D=0.5$；(c) $r/D=1$；(d) $r/D=1.5$；(e) $r/D=2$；(f) $r/D=2.5$；(g) $r/D=3$

被冲击壁面上压力系数 C'_p（如式（5.19）所示）的分布如图5.8所示，图中"Exp."为源自文献［92］的实验数据。从图中可见，三种 RNG 模型均能对冲击壁面的压力特性进行较为精确的预测，与文献［92］采用标准 k-ε 湍流模型的计算结果基本相同。

$$C'_p = 2\frac{p}{\rho V_{in}^2} \qquad (5.19)$$

式中，p 为相对静压，Pa；ρ 为流体的密度，kg/m^3。

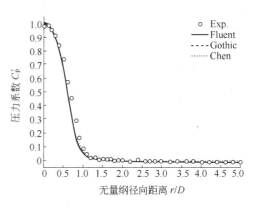

图 5.8　被冲击壁面上压力系数分布

图5.9系列图为湍动能系数 k' 的分布，图中"Exp."为源自文献［91］的实验数据。从图中可以看出，三种 RNG 修正模型对湍动能的计算结果总体规律基本相同。与实验值的比较可以看出，越是接近壁面，越是接近冲击点，湍动能的预测结果越差。

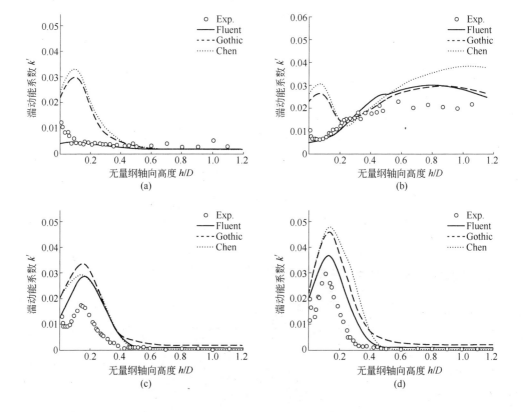

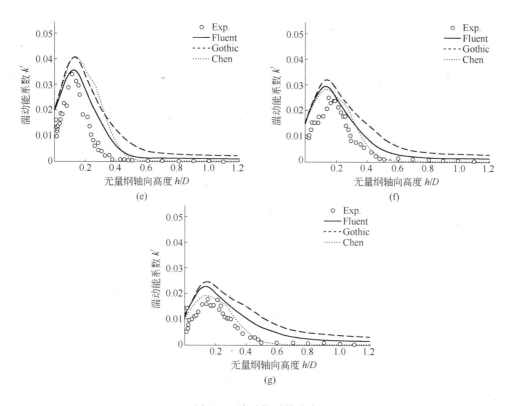

图 5.9 湍动能系数分布

（a）$r/D=0$；（b）$r/D=0.5$；（c）$r/D=1$；（d）$r/D=1.5$；
（e）$r/D=2$；（f）$r/D=2.5$；（g）$r/D=3$

在远离射流冲击点的区域（$r/D \geqslant 1$）中，无论从规律上还是数量级上，三种 RNG 修正模型对湍动能的预测结果均非常接近，与实验值的差别也较小。在射流冲击点内（$r/D<1$），Gothic 和 Chen 修正形式的预测结果相近，但在近壁区的计算值与实验值的差别较大，Fluent 修正形式的预测结果与实验值最为吻合，但是，近壁区的湍动能分布趋势的预测上，不如其他两种模型。

5.2.4 换热特性验证与分析

在高速气体射流冲击换热的研究过程中，无论是实验研究还是数值仿真计算，被冲击壁面上的 Nu 数均采用式（5.20）的定义形式：

$$Nu = \frac{\alpha_{\text{wall}}D}{\lambda_{\text{in}}} \tag{5.20}$$

$$\alpha_{\text{wall}} = \frac{q_{\text{wall}}}{T_{\text{wall}} - T_{\text{in}}} \tag{5.21}$$

式中，α_{wall} 为被冲击壁面上的对流换热系数，W/(m² · K)；D 为特征尺寸，对圆形喷孔而言即为喷孔直径，对狭缝喷孔为喷孔宽度，m；λ_{in} 为气体的热导率，定性温度取 T_{in}，W/(m · K)；q_{wall} 为被冲击壁面上当地热流密度，W/m²；T_{wall} 为被冲击壁面当地温度，K；T_{in} 为喷孔处气体温度，K。

图 5.10 所示为被冲击壁面上 Nu 数的分布，图中"Exp."源自文献 [91] 的实验数据。由图可见，Gothic 和 Chen 修正模型与实验数据最为吻合，并预测出了冲击区内（$r/D < 1$）的 Nu 数峰值点，Fluent 修正模型在该区域的预测结果较差。在冲击区外（$r/D \geqslant 1$）Fluent 和 Gothic 修正模型预测的 Nu 分布规律与实验值较为吻合，但数值上不及 Chen 修正模型的精确。然而，三种修正模型均没有预测出 Nu 的第二个峰值点。

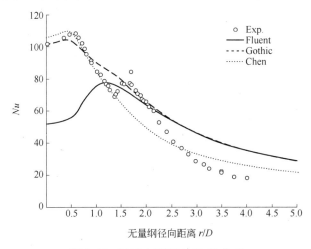

图 5.10　被冲击壁面上 Nu 数分布

射流冲击换热现象中，被冲击板上 Nu 数峰值出现的位置和个数主要受到无量纲冲击高度 H/D 以及 Re 数的影响[84]。从上述数值和实验研究结果来看，Nu 数第一个峰值点出现在 r/D 约为 0.5 的位置，如图 5.8 所示，该位置的压力仍为正压，而压力梯度则接近极大值，如图 5.11 所示，此时径向速度急剧上升（见图 5.7(b) 和（c）），当 r/D 在 1~1.5 时，径向速度达到极大值（见图 5.7(c) 和（d）），而压力梯度则降到 0 附近。

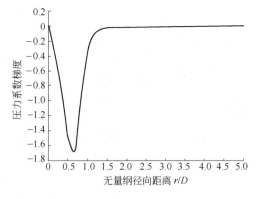

图 5.11　压力系数梯度的分布

本文认为，Nu 数第一峰值点的出现主要是由于该处极大的压力梯度，以及急剧上升的径向速度，强化了该处流体的输运能力，从而出现了 Nu 数的峰值。该结论与文献［128］对射流工质为变压器油和 R113 的数值研究结果基本一致，而文献［128］则认为径向速度的极大值出现在 $r/D = 0.5 \sim 1$ 之间，本节的数值研究和相关文献的实验数据表明，径向速度极大值出现在 $r/D = 1 \sim 1.5$ 之间，这可能是由于气体工质和液体工质的物性差别造成的。

Nu 数第二个峰值点出现则是由工质在被冲击板上，从层流向湍流的转变导致的［118,129,130］，从压力系数分布曲线看，正负压力系数的转变点位于 $r/D = 1.5 \sim 2$ 之间，这与文献［92］的实验研究结果一致。

综合上面的数值计算结果和实验数据，Fluent、Gothic、Chen 三种 RNG 修正模型均能够对单孔射流冲击的流场结构（速度分布、湍动能分布、压力分布）给出较为精确的结果，其中，Fluent 模型预测的湍动能系数数值上最为精确，而 Gothic、Chen 模型预测的 Nu 数分布趋势与实验数据最为吻合；三种 RNG 修正模型对单孔射流冲击的流场结构的预测，最大误差出现在射流冲击点附近（$r/D < 1$），虽然与标准 k-ε 湍流模型计算结果［91,92］相比精度有了显著提高，但是表明上述三种 RNG 修正模型仍然不能完全描述射流冲击这种流动现象；Nu 数第一峰值出现在压力梯度达到极大值的位置，而 Nu 数第二峰值出现在正负压力转变点附近，随着 H/D 的增大，第二峰值点逐渐消失。

在能够较为准确地预测射流冲击的流场结构的基础上，从换热研究的角度而言，更倾向于采用 Gothic 和 Chen 模型对单孔和孔排射流冲击换热展开研究，进一步的数值计算表明：在相同网格和相同射流冲击参数条件下，Gothic 模型比 Chen 模型的收敛特性更好。因此，本章下面的数值计算全部采用 Gohtic 模型。

5.2.5 不同射流结构下单孔射流压力系数的分布规律

图 5.12 所示为孔径 $D = 25$，无量纲射流冲击高度 $H/D = 0.2 \sim 2$，射流雷诺数 $Re = 30000$、40000、50000，被冲击壁面上的压力系数分布。图中"Exp."为文献［92］的实验数据，"Num."为本节的数值计算结果。从图中可以看出，随着 H/D 的降低，在射流冲击点附近（$r/D < 0.5$），压力系数的计算值与实测值的偏差较大，在射流冲击点之外（$r/D > 0.5$）压力系数的计算值与实测值吻合得非常好。

对比图 5.12(a)~(d)，随着无量纲射流冲击高度的减小，压力系数的负极大值迅速增加，且极大值的位置逐渐靠近射流冲击点，推断压力系数的负极大值的大小决定了 Nu 数第二峰值是否出现及其大小。图 5.13 所示为模型在 $Re = 30000$，$H/D = 0.6$ 时，计算获得的不同射流喷口直径 D 下的压力系数分布。综合图 5.12、图 5.13，在本节数值研究的范围内，实验和数值计算结果都揭示了冲

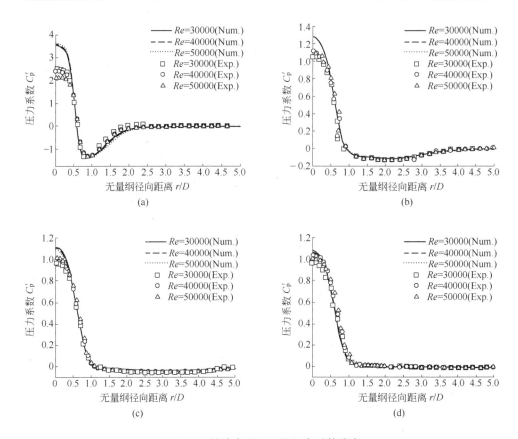

图 5.12　被冲击壁面上的压力系数分布

（a）$H/D=0.2$；（b）$H/D=0.6$；（c）$H/D=1$；（d）$H/D=2$

击板上压力系数分布不受 Re、D 变化的影响，即压力系数的分布独立于 Re 数和射流喷口直径 D。

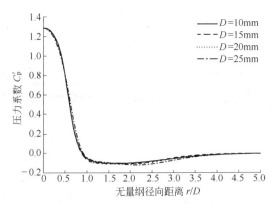

图 5.13　$Re=30000$，$H/D=0.6$ 时径向压力系数分布

如图 5.14 所示为被冲击壁面上负压开始位置与无量纲射流冲击高度的关系，对图中数据进行拟合可获得如下回归公式，其相关系数为 0.997：

$$P_{r/D} = a\frac{H}{D} + b, \ (a \approx 0.6043, \ b \approx 0.5261) \tag{5.22}$$

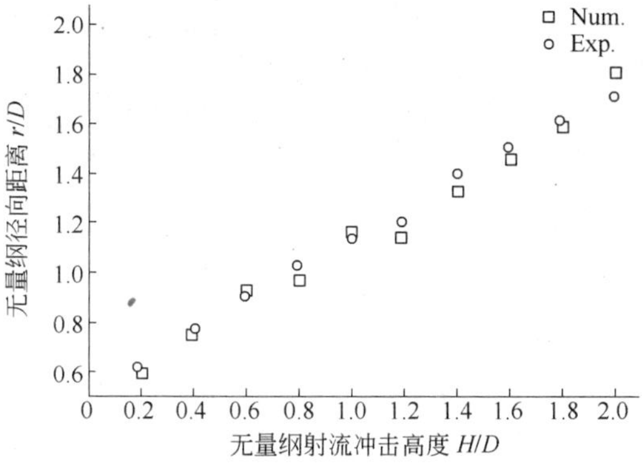

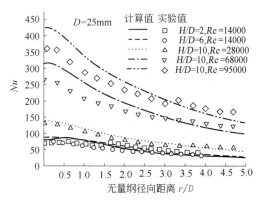

图 5.14 负压开始位置与无量纲射流冲击高度的关系

从 5.2.4 小节的结论来看，压力梯度的极大值的位置和负压开始位置决定了 Nu 数第一、第二峰值点的位置，因此被冲击壁面上压力特性对传热参数的分布起着至关重要的作用。

5.2.6 不同射流结构下单孔射流 Nu 数的分布规律

本节采用 Gothic 修正模型对单孔射流冲击换热场进行计算。如图 5.15 所示为本节计算的单孔射流冲击 Nu 数与文献 [85] 的实验数据对比，图中计算值与实验值最大相对误差为 22%（当 $H/D=10$，$Re=68000$ 时），最大绝对误差为 64.7（当 $H/D=10$，$Re=95000$ 时）。由图可见，湍流模型预测的 Nu 数在射流冲击区

图 5.15 单孔射流冲击 Nu 数与实验数据[85] 的对比

内（$r/D<1$）误差较大，远离射流冲击区相对误差和绝对误差均减小。文献［85］的实验关联式与实测值的误差在20%以内，由此可见，本章采用的湍流模型能够获得与实验关联式相当的计算精度，由于湍流模型能够对各种不同结构、使用条件下的射流冲击装置进行仿真，因而更便于应用。

　　由5.2.4节可知，被冲击壁面上压力特性与传热参数（本文指 Nu 数）之间具有某种关系，因此，射流冲击的几何参数对 Nu 数、压力特性具有近似的影响规律。如图5.16（a）所示为相同 Re 数、无量纲射流冲击高度 H/D，不同喷口直径 D 下的径向 Nu 数分布；图5.16（b）～（d）为相同 Re 数、喷孔直径 D，不同 H/D 下的径向 Nu 数分布；图5.17为相同喷孔直径 D、H/D，不同 Re 数下的径向 Nu 数分布。

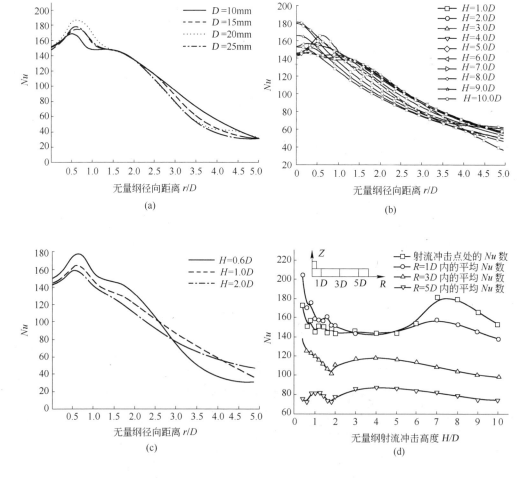

图 5.16　径向 Nu 数分布

（a）$Re=30000$，$H/D=0.6$；（b）$Re=30000$，$D=25\text{mm}$；

（c）$Re=100000$，$D=25\text{mm}$；（d）$Re=30000$，$D=25\text{mm}$

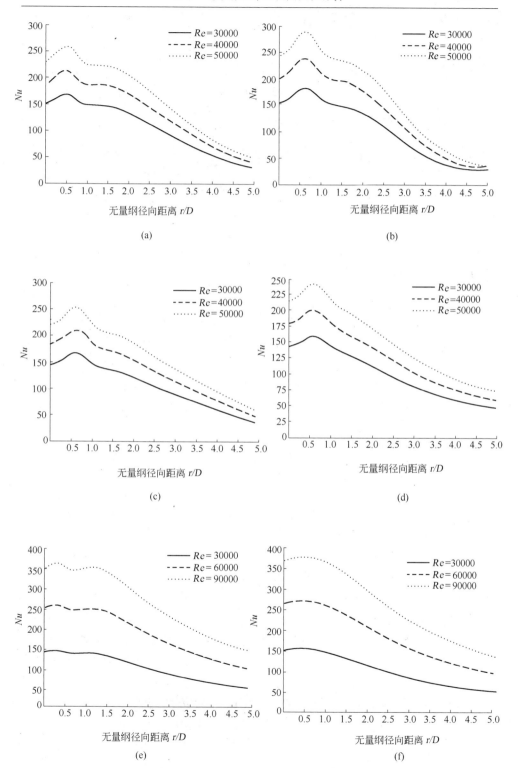

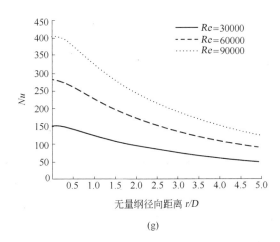

(g)

图 5.17　径向 Nu 数分布

(a) $D=10\text{mm}$，$H/D=0.6$；(b) $D=25\text{mm}$，$H/D=0.6$；(c) $D=25\text{mm}$，$H/D=1.0$；

(d) $D=25\text{mm}$，$H/D=2.0$；(e) $D=25\text{mm}$，$H/D=4.0$；

(f) $D=25\text{mm}$，$H/D=6.0$；(g) $D=25\text{mm}$，$H/D=10.0$

对比图 5.16 与图 5.17 的计算结果，喷孔直径 D、无量纲冲击高度 H/D、Re 数对 Nu 数分布规律具有不同程度的影响。根据图 5.16 (a)，D 对 Nu 的分布规律和数值大小均无明显影响；根据图 5.16 (b)、(c)，H/D 对 Nu 数的分布规律（拐点、第二峰值点的出现）具有明显影响，对平均 Nu 数也具有比较复杂的影响，若以平均换热量最大为标准，根据图 5.16 (d) 可见，当 H/D 在 3~5 之间时，可在较大面积范围内获得较高的换热系数；根据图 5.17，Re 数仅影响 Nu 数的大小，对其分布规律影响不大，随着 Re 数的增大，Nu 数迅速增大，在射流冲击点附近（$r/D<1$）两者具有如下关系：

$$Nu \propto Re^{0.85} \tag{5.23}$$

式中，$Re=20000 \sim 100000$，$H/D=0.4 \sim 10$。

　　以喷孔直径 $D=25\text{mm}$，射流冲击高度 $H/D=0.4$、1、4、6、10 的单孔射流为例，其冲击点处 Nu 数，以及 1D、2D、3D、4D、5D 内的平均 Nu 数，随射流 Re 数的变化趋势如图 5.18 所示。对图中数据进一步分析表明，在射流冲击点处（0D）Nu 数以及 1D、2D、3D、4D、5D 内的平均 Nu 数与 Re 数的关系近似符合式 (5.23)。

　　由上述仿真结果的分析可知，被冲击壁面上的 Nu 数近似独立于喷孔直径 D，对于特定的射流冲击换热装置而言，由于 H/D 为定值，冷却介质相对固定（即 Pr 数恒定），因此，在实际工程应用中，Nu 数仅为 Re 的函数。

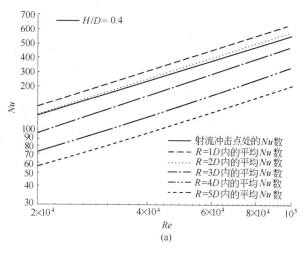

(a)

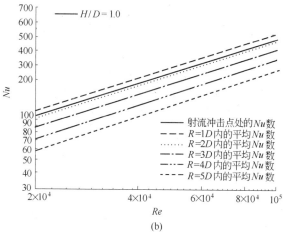

(b)

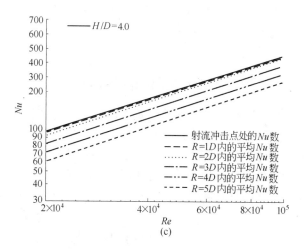

(c)

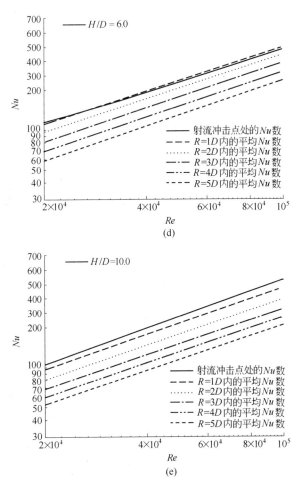

图 5.18　单孔射流 Nu 数与 Re 数的关系

（a）$H/D=0.4$ 时平均 Nu 数随 Re 数的变化规律；（b）$H/D=1.0$ 时平均 Nu 数随 Re 数的变化规律；
（c）$H/D=4.0$ 时平均 Nu 数随 Re 数的变化规律；（d）$H/D=6.0$ 时平均 Nu 数随 Re 数的变化规律；
（e）$H/D=10.0$ 时平均 Nu 数随 Re 数的变化规律

5.3　孔排射流冲击流动与换热过程数值模拟

在实际工程应用中，射流冲击换热装置通常是孔排形式，如表 2.8 所示为几种典型的冲击射流换热装置。当流体通过该装置时，形成多个射流流股，可以提高被冲击壁面上的整体换热强度。与单孔射流不同，孔排射流各个流股之间相互影响，其流场结构比较复杂，被冲击壁面上的 Nu 数分布规律，主要受到孔排的结构、射流 Re 数、流体介质的影响，综合而言，孔排结构影响 Nu 数的分布规律（如峰值分布、均匀性），射流 Re 数和流体介质影响 Nu 的数值大小。

本节针对表 2.8 所示的 A 型射流冲击换热装置进行数值模拟研究，以期获得

在特定孔排结构下 Nu 数与 Re 的关系，以及提高被冲击壁面上 Nu 数均匀性的方法和途径。

如图 5.19 所示，为本节所建立的孔排射流冲击换热装置的几何结构。设定模型的边界条件如下：

（1）射流喷孔分布在气流支管上，在数值模拟过程中，设定气流支管为均匀速度入口边界条件；

（2）整个模型的出口条件设定为压力出口条件；

（3）设定壁面为无滑移边界条件；

（4）设定图 5.19（a）中的辅助面为对称面；

（5）流体为不可压流；

（6）设定被冲击面为等热流边界，其余壁面为等温绝热壁面。

对于如图 5.19 所示的孔排射流冲击换热，采用 5.2.1 节所述的 Gothic 修正模型，差分格式为 QUICK 格式，采用 SIMPLE 算法求解压力耦合方程，近壁条件采用标准壁面函数法处理。模型中采用六面体单元对计算区域进行网格划分，并在被冲击板处进行了网格加密，网格数量约为 200 万。

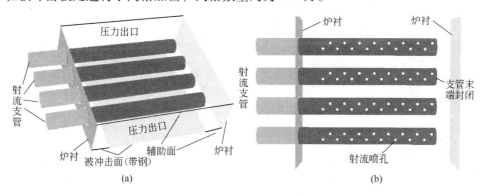

(a)　　　　　　　　　　　　　(b)

图 5.19　孔排射流冲击换热装置（参见书后彩图）

（a）装置示意图；（b）射流支管开孔示意图

5.3.1　换热特性分析

以 $Re=200000$（气流支管入口 Re 数）的工况为例，被冲击面上的 Nu 数分布如图 5.20 所示。图中 Nu 数的峰值处即为各流股射流的冲击点。由图可见，各流股冲击点处的 Nu 数峰值并不相同，总体上呈左低右高，中间低两侧高的分布规律。这一方面是由于射流支管上不同位置的喷孔出流速度不同造成的，另一方面，是由于各股射流之间存在相互卷吸作用造成的。

从整体上而言，Nu 数沿被冲击面（带钢）宽度方向的分布也是不均匀的，在射流支管的入口侧 Nu 数较低，而在射流支管的末端，Nu 数较高。进一步的数

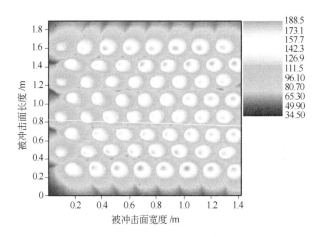

图 5.20　$Re = 200000$ 时被冲击面上 Nu 数分布（参见书后彩图）

值仿真表明，对于该类型的射流装置，Nu 数均具有这种不均匀的分布形式。如图 5.21（a）所示，为不同 Re 数下的沿被冲击面宽度方向的平均 Nu 数（面积平均值，即沿带钢宽度方向，将带钢划分为 0.07m 宽的窄条，计算每个带钢窄条上的面积平均 Nu 数）分布，图 5.21（b）为均一化 Nu 数（Nu_H）分布。

由图 5.21（a）、（b）可见，沿被冲击板宽度方向，Nu 数呈逐步升高的趋势。从均一化 Nu 数（Nu_H）可见，其最大值较平均 Nu 数高 5%，最小值较平均 Nu 数低近 30%。因此，对于如图 5.19 所示的射流冲击装置，在其冷却范围内，换热 Nu 数并不均匀。在工程应用中，沿带钢运行方向，通常采用多个射流冲击装置交替布置，以弥补其单体设备冷却不均匀的缺点。

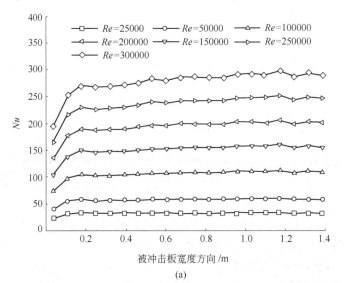

(a)

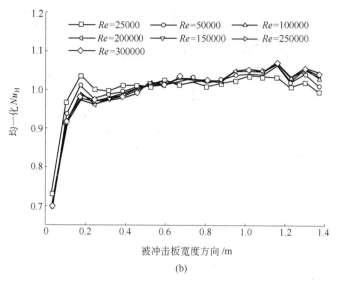

(b)

图 5.21 Nu 数分布

（a）沿被冲击面宽度方向的平均 Nu 数分布；（b）沿被冲击面宽度方向的均一化 Nu 数分布

　　射流支管入口 Re 数对被冲击板上平均 Nu 数的影响规律如图 5.22 所示，对图中仿真数据进行参数拟合，引入 Nu 数与 Pr 数的关系[84,85,131]，可得 Re 数与 Nu 数符合如下关系：

$$Nu = 0.0048Pr^{0.42}Re^{0.88} \tag{5.24}$$

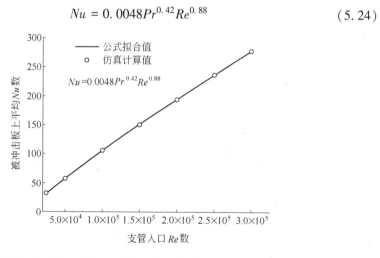

图 5.22 被冲击板上平均 Nu 数与支管入口 Re 的关系

　　至此，本文获得了特定气体射流冲击装置的换热特性，为射流冲击换热过程的简化提供了理论基础。本文进一步将其应用到第 7 章、第 8 章所建立的炉内带钢传热过程数学模型中。

5.3.2　流场特性分析

在 $Re=10^5$ 工况下，孔排射流喷孔截面上的等速线分布如图 5.23 所示。由图可见，射流喷孔喷出的气体，其流速并不是垂直于喷孔截面，而是向着支管内的流动方向偏转了一个角度。在射流支管末端，该偏转角逐渐消失。偏转角度的出现增加了射流出口与冲击点的距离，加上卷吸作用，进一步降低了射流速度，减小了局部换热能力。

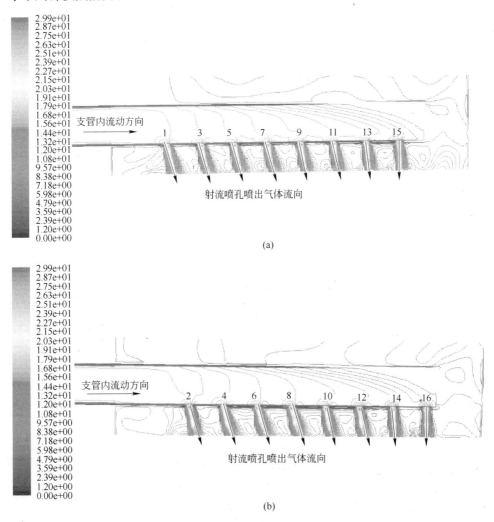

图 5.23　孔排射流喷孔截面上的等速线分布（$Re=10^5$）（参见书后彩图）
（a）奇数喷孔；（b）偶数喷孔

从射流喷孔的出流速率来看，越接近支管末端出流速率越大，由于射流喷孔

的孔径均相同，因此，在支管末端处的喷孔气体流量就相对较大，结果造成了被
冲击板上 Nu 数左低右高的分布规律。如图 5.24 所示，为 $Re = 10^5$ 时，沿支管内
流动方向上各喷孔流量分布，可见越接近支管末端，喷孔的射流速度越高，流量
越大。由于 Nu 数受 Re 数的影响最大，因此就会形成如图 5.21 所示的 Nu 数分布
规律。

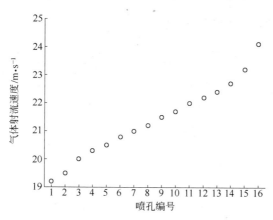

图 5.24   沿支管内流动方向上各喷孔射流速度分布（$Re = 10^5$）

6　粗糙表面间接触换热

接触热阻是确定相互接触的固体介质之间温度分布的重要参数，广泛存在于科学研究和工程实践中，如冶金、机械系统、微电子、核反应堆、热能开发和利用等。接触热阻是由于两接触面微观上的凹凸不平使得接触不完全而产生的热阻，如图6.1所示。固体接触界面间的换热方式可分为如下三种：接触固体间的热传导、通过间隙介质的热传导和间隙界面的辐射换热。接触热阻的大小与接触表面的材料、连接方式、表面状况、所处温度、接触压力大小以及在该状态下的材料热物性和力学性质等多种因素有关。为确定介质间的接触热阻，通常应在模拟接触部件的实际工作状态下由试验测定。值得指出的是，在众多接触换热理论研究和实验研究的文献中，大多是研究中低温（小于300K）状态的界面接触换热，其研究重点多为接触固体间的热传导[146,132~135]，也有作者考虑了间隙介质的影响[136]，而对于间隙界面的辐射鲜有研究[140]，或者忽略[137,144]。然而在冶金、热处理过程中，如钢锭的模内冷却、热轧过程中轧辊与钢坯的换热、板带钢的辊冷过程等，材料大部分处于高温状态，接触界面间的辐射换热不容忽略。

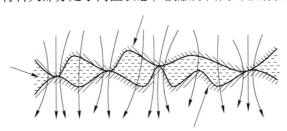

图6.1　接触面上传热示意图

很多实际的接触问题处于高温、高压、真空状态，很难进行试验研究，而建立理论模型，通过数值模拟的途径去解决该问题就显得尤其重要。在带钢连续热处理立式炉中，带钢与转向辊、冷却辊之间的换热过程即属于接触换热，对该类型换热过程的仿真关系到带钢温度的控制，以及转向辊、冷却辊的维护。因此对接触换热过程的数值模拟分析是十分必要的。

在接触换热过程的实验研究中，从研究侧重点可以划分为研究轴向接触热阻、径向接触热阻、周期性接触热阻、瞬态接触热阻等多个方面。在早期的实验研究中，Cetinkale、Fishenden（1951），Williams（1966），Mikic、Rohsenow（1966），Fletcher 等（1969），O'Callaghan、Probert（1972）均以图 6.2 所示装置进行了轴向接触热阻的研究，主要考察接触压力、接触面状态、接触材料对接触热阻的影响。试验在中低温（小于 300K）下进行，且采用真空装置，因此可以忽略气体介质、辐射换热的影响。

而径向接触热阻的主要研究对象是套筒式的接触传热过程，如图 6.3 所示，Cohe 等（1960），Williams、Madhusudana（1970），Hsu、Tam（1979），Madhusudana、Litvak（1990）分别进行了这方面的研究。在径向接触热阻的研究中，由于材料温度不均匀将产生热应力，进而使得接触压力受到传热过程控制，因此不需要有施加接触载荷的装置。

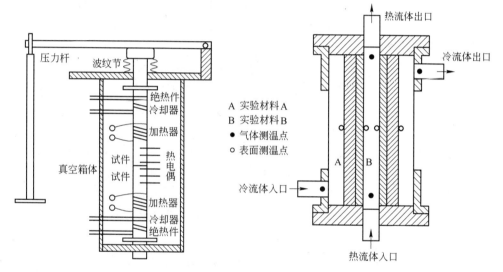

图 6.2 轴向接触传热实验装置示意图[137]　　图 6.3 径向接触传热实验装置示意图[137]

无论是哪种接触热阻实验研究方向，实验装置的设计、实验数据的处理都是围绕如何准确测量热流密度而展开的[137]，如文献［138，139］对稳态接触传热实验方法的改进，文献［140］提出了改进的瞬态接触传热实验方法。

上述理论或实验研究中，都是针对中低温（小于 300K）下的接触过程展开的。对于中高温（大于 400K，小于 900K）下的接触传热理论或实验研究中，朱德才[141]针对铝合金、不锈钢、铜合金等材料进行了实验研究，作者获得了两个重要结论：（1）固体界面间的接触换热系数（接触热阻的倒数，本文称之为接触热导）与界面载荷近似成正比关系；（2）固体界面间的接触换热系数与接触面温度不是简单的正比关系。从文献［141］发表的实验结果来看，结论（2）所述现象在温度高于 600K 时愈加明显。对于这种现象，作者没有给出具体的理论解释。本文认为，这一方面是温度影响了接触材料的机械性能（如硬度、弹性模量）和导热性能，另一方面是高温情况下辐射的影响也愈来愈大。

无论是哪种实验目的、何种实验装置，综合接触热阻 R_{sum} 均可表示为：

$$R_{sum} = \frac{Q_{sum}}{A \cdot |\Delta T|} \qquad (6.1)$$

式中，Q_{sum} 为接触面上的热流量，W；A 为接触面积，m^2；ΔT 为两接触面的温度差，K。

式（6.1）定义的综合接触热阻，综合考虑了固体接触传热、间隙介质导热、间隙辐射传热的影响。在实验研究中，通过真空装置可以将间隙介质导热的影响剔除，而通过低温装置可以将辐射传热的影响忽略。

目前表面接触的理论模型主要有统计接触模型和分形接触模型两大类，其中以 G-W 统计接触模型[142] 和 M-B 分形接触模型[143] 最为经典。M. Leung，C. K. Hsieh，D. Y. Goswami[144] 建立了基于统计接触力学模型的统计接触传热模型。A. Majumdar 和 C. L. Tien[145] 应用分形接触力学模型建立了分形接触传热模型。近年来，又出现以蒙特卡洛法为基础的统计接触模型[146,147]，以及 M-B 分形模型的改进算法[148~150]。上述接触传热理论模型预测值都与实验值相吻合。

从统计接触模型和分形接触模型的发展历程可以看出，这两大类模型在对接触表面形貌的认识之初就分道扬镳，但是最终都获得了相同或相近的接触力学规律和接触导热规律，如表 6.1 所示。诚然，若要获得接触导热规律，首先必须获得接触载荷与真实接触面积、接触点分布的关系，然后才能计算各个接触点的接触热阻，根据接触点热阻的并联、串联关系，才能最终获得宏观表面间的接触热阻。

表 6.1　基于统计理论和分形理论的接触传热模型对比

主要函数关系	统计理论	分形理论
表面形貌描述	统计学参数：表面粗糙度、粗糙峰斜率、粗糙峰密度、粗糙峰高度分布函数等	以分形维数、尺度系数描述表面形貌，以微凸点面积大小分布函数描述微凸点分布
真实接触面积与接触载荷关系	以 Hertz 弹性接触理论为基础，对表面接触状态进行完全弹性、塑性或弹塑性假设，基于各自的表面形貌描述理论，通过积分方法获得真实接触面积—接触载荷关系	
单点接触热阻	单点接触热阻 R 之间为并联关系，且不相互影响。	单点接触热阻分为：收缩热阻 R_1 和导热热阻 R_2，为串联关系，单点接触热阻之间为并联关系，且不相互影响

续表 6.1

主要函数关系	统计理论	分形理论
接触总热阻 R_Σ	$R_\Sigma = \sum R$	$R_\Sigma = \cfrac{1}{R_1} + \cfrac{1}{R_2 + \cfrac{1}{\cfrac{1}{R_1} + \cfrac{1}{R_2 + \cdots}}}$
共同规律	$R_\Sigma \propto \lambda_\Sigma^{-1} F^{-a}$, λ_Σ 为等效导热系数, F 为接触载荷, $a > 0$	

表 6.1 给出了统计接触传热模型和分形接触传热模型的计算步骤,同时也可看出两种方法的区别和联系——对表面形貌的不同描述方法,相同的力学、传热学理论基础。

Greenwood 和 Williamson 提出的基于统计分析的 G-W 接触模型中,采用了五个基本假设:(1)粗糙表面是随机的;(2)粗糙峰顶端是球形;(3)所有的粗糙峰顶端的直径相同,但高度是随机的;(4)粗糙峰之间的距离足够大,它们之间没有相互作用;(5)没有大的变形。G-W 模型的研究结果表明:真实接触面积、接触微凸体数和载荷均与表面轮廓高度的概率密度函数有关。基于上述假设,对于高斯表面,若仅发生弹性变形,则真实接触面积和接触点数目都与载荷成线性关系;若发生塑性变形,真实接触面积同样与载荷成线性关系,但与接触点的分布无关。

然而,Greenwood 和 Williamson 指出,表面形貌参数受到仪器分辨率的影响,即:传统的统计学参数不是表面形貌的特征参数,只能反映与仪器分辨率及采样长度有关的粗糙度信息,而不能反映表面粗糙度的全部信息。表面形貌的分形理论研究也获得了相同的结论,同时指出,粗糙表面的分形特性与尺度无关,可以提供存在于分形面上所有尺度范围的全部粗糙度信息。因此比较而言,基于分形理论的接触传热模型有望给出确定性和唯一性的计算结果。

本章以 G-W 统计接触模型为基础,获得接触状态下的接触热导,在此基础上,对高温情况下的接触面间的换热进行理论分析计算,主要目的是考察辐射换热在高温接触传热中的变化规律,同时也为建立冶金、热处理等存在高温接触现象的热过程模型提供理论依据。

6.1 接触换热的统计模型

6.1.1 假设条件

假设条件包括:

(1)热流垂直通过两个粗糙表面的接触面,两表面粗糙峰高度 z 的概率密度函数服从高斯分布;

（2）表面粗糙峰为圆锥体，粗糙峰均匀分布在接触面上，变形相互独立；

（3）两粗糙表面接触时，等效为随机峰表面与刚性平面的接触，接触变形为塑性变形；

（4）将接触的粗糙峰等效为圆柱，辐射计算时，非接触的粗糙峰表面积折合为平壁；

（5）忽略间隙介质的导热，不考虑气体对辐射的影响。

6.1.2　单峰接触模型

图 6.4（a）所示为两个粗糙接触面单个随机峰的理想接触状态，为了简化计算，可以认为两个粗糙峰分别与一刚性平面接触（见图 6.4b），并最终简化为图 6.4（c）所示的几何模型。对于图 6.4（c）所示的单峰简化模型，其热导的计算分为两项：导热热导 h_{cf} 和辐射热导 h_{rf}。

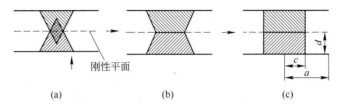

图 6.4　单个随机峰接触的简化几何模型

接触导热热导可用单点接触热导式（6.2）[151] 进行计算。

$$h_{cf} = \frac{4ck}{2g(\zeta)} \tag{6.2}$$

$$g(\zeta) \approx 1 - 1.409183\zeta + 0.338010\zeta^3 + 0.067902\zeta^5 \tag{6.3}$$

式中，$\zeta = c/a$，$\zeta \in (0, 1)$；$k = 2k_1 \cdot k_2/(k_1 + k_2)$，$k_1$、$k_2$ 为接触材料的热导率[152]，$W/(m \cdot K)$。

辐射热导可用两个粗糙接触平面间的辐射热流进行计算，如下式：

$$h_{rf} = \frac{Q_{rf}}{|T_1 - T_2| \cdot A_{mf}} \tag{6.4}$$

$$A_{mf} = A_m/n \tag{6.5}$$

式中，T_1、T_2 为两粗糙平面的界面温度，K；Q_{rf} 为辐射热流，W；A_m 为名义单位接触面积，m^2；A_{mf} 为峰点名义面积，m^2；n 为发生接触的粗糙峰总数。

6.1.3　接触统计模型

根据假设条件，粗糙表面的形貌由表面粗糙度标准差 σ（μm），粗糙峰等效斜率 m 和单位面积粗糙峰的数目 η 三个参数决定。

根据假设粗糙峰的高度 z 服从高斯分布[144,152]，其概率密度系数为：

$$\varphi(z) = \frac{1}{\sqrt{2\pi}\,\sigma}\mathrm{e}^{\frac{-(z-\mu)^2}{2\sigma^2}} \tag{6.6}$$

式中，$\mu = 4\sigma$，为粗糙峰平均高度[144]，μm。

在压力的作用下，若粗糙表面与刚性表面的距离为 d，则高度大于 d 的粗糙峰将与刚性平面发生接触，其概率如式（6.7）所示，此时峰顶与刚性平面的距离为 $\delta' = z - d$。

$$P_c(z > d) = \int_d^{+\infty} \varphi(z)\mathrm{d}z \tag{6.7}$$

则发生接触的粗糙峰总数 n 为：

$$n = \eta \cdot A_m \cdot P_c(z > d) \tag{6.8}$$

根据文献［153］，表面粗糙峰密度 η 可表示为：

$$\eta = [m/(7.308\sigma)]^2 \tag{6.9}$$

总的接触面积 A_c 和接触载荷的期望值 F 分别为：

$$A_c = \frac{\pi\eta A_m}{4m^2}\int_d^{+\infty}(z-d)^2\varphi(z)\mathrm{d}z \tag{6.10}$$

$$F = \frac{\pi\eta A_m H}{4m^2}\int_d^{+\infty}(z-d)^2\varphi(z)\mathrm{d}z = HA_c \tag{6.11}$$

式中，$m = \sqrt{m_1^2 + m_2^2}$[147]；$H = \min(H_1, H_2)$，H_1、H_2 为接触材料的维氏硬度，Pa。

根据上述接触面积的计算，同理可获得没有发生接触的粗糙峰的总面积的期望值 A_s 为：

$$A_s = \frac{\pi\eta A_m(\sqrt{1+m^2}-1)}{m}\int_{-\infty}^d z^2\varphi(z)\mathrm{d}z \tag{6.12}$$

由此可得图 6.4 中的参数 a、c 分别为：$a = \sqrt{A_m/(n\pi)}$；$c = \sqrt{A_c/(n\pi)}$。

6.1.4　接触间隙内的辐射模型

如图 6.5 所示为单接触点辐射传热简化模型示意图。其中：面 A_3 为假想面；$c' = c$；$b' = \sqrt{A_s/(n\pi)+a^2}$；$d' = 2d$；$A_1 = A_2 = \pi(b'^2 - c'^2)$；$A_3 = 2\pi b'd'$；$A_4 = 2\pi c'd'$。

图 6.5 各面 A_i 之间的辐射角系数 f_{ij}[73,154]（i、$j = 1, 2, 3, 4$）为：

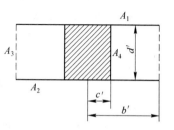

图 6.5　单接触点辐射传热
简化模型示意图

$$f_{34} = \frac{1}{C_1} - \frac{1}{\pi C_1} \left\{ \arccos\left(\frac{C_4}{C_3}\right) - \frac{1}{2C_2}\left[\arccos\left(\frac{C_4}{C_1 C_3}\right)\sqrt{(C_3 + 2)^2 - (2C_1)^2} + \right. \right.$$

$$\left. \left. C_4 \arcsin\left(\frac{1}{C_1}\right) - \frac{\pi C_3}{2} \right] \right\}$$

$$(6.13)$$

$$f_{33} = 1 - \frac{1}{C_1} + \frac{2}{\pi C_1}\arctan\left(\frac{2\sqrt{C_1^2 - 1}}{C_2}\right) -$$

$$\frac{C_2}{2\pi C_1}\left\{ \frac{\sqrt{4C_1^2 + C_2^2}}{C_2}\arcsin\left[\frac{4(C_1^2 - 1) + (C_2^2/C_1^2)(C_1^2 - 2)}{C_2^2 + 4(C_1^2 - 1)}\right] - \right.$$

$$\left. \arcsin\left(\frac{C_1^2 - 2}{C_1^2}\right) + \frac{\pi}{2}\left(\frac{\sqrt{4C_1^2 + C_2^2}}{C_2} - 1\right) \right\}$$

$$(6.14)$$

式中，$C_1 = \dfrac{b'}{c'}$；$C_2 = \dfrac{d'}{c'}$；$C_3 = C_1^2 + C_2^2 - 1$；$C_4 = C_1^2 - C_2^2 + 1$。

对任意自变量 ξ 满足：$-\dfrac{\pi}{2} \leqslant \arcsin\xi \leqslant \dfrac{\pi}{2}$；$0 \leqslant \arccos\xi \leqslant \pi$。

$$f_{31} = f_{32} = \frac{1 - f_{34} - f_{33}}{2} \tag{6.15}$$

$$f_{41} = f_{42} = \frac{1}{2}(1 - f_{43}) \tag{6.16}$$

$$f_{12} = f_{21} = 1 - \frac{A_4}{2A_1}\left[1 - \frac{A_3}{A_4}(f_{33} + 2f_{34} - 1) \right] \tag{6.17}$$

其他角系数可通过角系数之间的关系求出如下：$f_{11} = f_{22} = f_{44} = 0$；$f_{23} = \dfrac{A_3}{A_2}f_{32}$；

$f_{24} = \dfrac{A_4}{A_2}f_{42}$；$f_{14} = \dfrac{A_4}{A_1}f_{41}$；$f_{13} = \dfrac{A_3}{A_1}f_{31}$；$f_{43} = \dfrac{A_3}{A_4}f_{34}$。

辐射网络图 6.6 中各参数为：

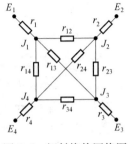

$$E_i = \sigma_0 T_i^4 \tag{6.18}$$

$$r_i = (1 - \varepsilon_i)/(\varepsilon_i A_i) \tag{6.19}$$

$$r_{ij} = 1/(f_{ij}A_i) \tag{6.20}$$

式中，T_i 为各表面的温度，K；σ_0 为斯蒂芬-玻耳兹曼常数，$\sigma_0 = 5.67 \times 10^{-8}$ W/($m^2 \cdot K^4$)；A_3 面为重辐射面[155]，为便于计算设其灰度 $\varepsilon_3 = 0$；本文计算时取 A_4 面的平均温度为 $T_4 = 2/(T_1^{-1} + T_2^{-1})$。

图 6.6　辐射换热网络图

综上，对于上述封闭空间各表面间的辐射换热节点方程可表示为[155]：

$$J_i = \varepsilon_i E_i + (1 - \varepsilon_i) \sum_{j=1}^{4} J_j f_{ij} \qquad (6.21)$$

解上述方程组，可获得表面 A_i 的净辐射热流 $Q_i(\mathrm{W})$：

$$Q_i = (E_i - J_i)/r_i, \quad (i = 1, 2, 4) \qquad (6.22)$$

在单点接触辐射模型中，粗糙表面间的净辐射热交换量 $Q_{\mathrm{rf}}(\mathrm{W})$ 为：

$$Q_{\mathrm{rf}} = \min(|Q_1|, |Q_2|) \qquad (6.23)$$

由式（6.4）可得单个粗糙峰的辐射热导 h_{rf}。

由于辐射热导和导热热导为并联关系，因此，接触面上总的热导 h 可表示为：

$$h = h_{\mathrm{rf}} + n h_{\mathrm{cf}} \qquad (6.24)$$

6.1.5 接触换热模型验证及其分析

在忽略辐射换热的情况下，统计模型计算结果如图 6.7 所示，图中 F'、h' 分别为无量纲接触载荷和热导，如式（6.25）、式（6.26）所示。实验数据（Hegazy）与计算数据（Leung）均来源于文献［144］。由图可见，本文所建的接触导热数学模型与 Hegazy 在 1985 年所做实验数据吻合得非常好，而 Leung 所建模型的计算结果与另外两组实验（Mikic 和 Rohsenow 1966 年、Henry 1964 年所作试验）较为吻合。

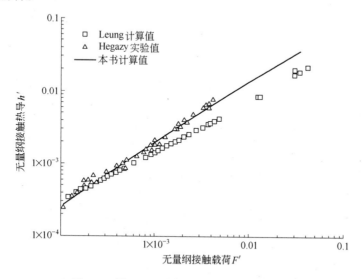

图 6.7　模型预测导热热导与参考值的对比

$$F' = F/H \qquad (6.25)$$

$$h' = \frac{h\sigma}{mk} \qquad (6.26)$$

考虑辐射换热的影响，对于表面温差为 5K，黑度均为 0.8，不同温度水平下的无量纲热导如图 6.8 所示。可以看出，温度在 300K 以下时，辐射对接触界面换热的影响非常微小，基本可以忽略[156]；当温度上升为 500K 时，辐射换热对低载荷接触换热的影响开始增强，随着温度的升高，这种影响逐步增大，达到 1000K 时，辐射的影响已不可忽视。同时，随着表面温差的进一步增大，辐射换热的影响将迅速上升。

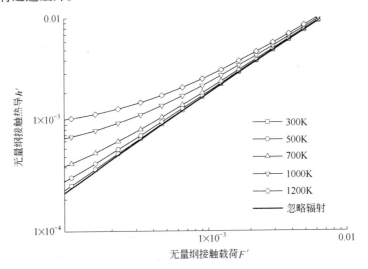

图 6.8   考虑辐射的接触热导变化规律

如图 6.9 所示为不同无量纲载荷、不同温差下，辐射热导与导热热导比值 $h'_{r/c}$（热导比，如式（6.27）所示）的变化曲线。由图可见，接触载荷、接触界面温度水平、温差对热导比 $h'_{r/c}$ 具有较大的影响，若以热导比 $h'_{r/c}$ 等于 1 作为是否考虑接触界面间辐射换热的标准，对于如图 6.9 所示的三种工况，无量纲载荷为 2.226×10^{-4}，温差为 5K 时，$h'_{r/c}$ 等于 1 所对应的接触界面温度水平为 600K；无量纲载荷为 1.24×10^{-3}，温差为 10K 时，$h'_{r/c}$ 等于 1 所对应的接触界面温度水平为 800K；无量纲载荷为 4.91×10^{-3}，温差为 25K 时，$h'_{r/c}$ 等于 1 所对应的接触界面温度水平为 850K。影响接触界面间辐射换热的因素复杂，如辐射热导受到载荷、接触界面温度水平、温差，以及接触界面黑度、粗糙度等参数的影响，而接触界面间辐射换热和接触导热的比例关系还受到接触副（相互接触的两个物体称为接触副）热导率的影响，因此，是否考虑接触界面间辐射换热需要根据具体问题进行确定。

$$h'_{r/c} = h_{rf}/(n h_{cf}) \tag{6.27}$$

如图 6.10 所示为温度水平为 1000K、接触表面温差为 5K 时，无量纲辐射热导（如式（6.28）所示）随接触载荷的变化规律。

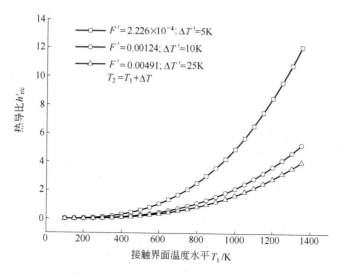

图 6.9 载荷一定时热导比随温度的变化

$$h'_r = \frac{h_{rf}\sigma}{mk} \tag{6.28}$$

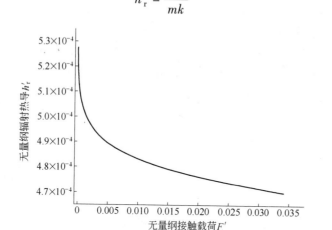

图 6.10 辐射热导随接触载荷的变化

由图可见，当接触载荷从 0 开始增加时，无量纲辐射热导 h'_r 迅速减小，随着载荷的增加，减小幅度趋于平缓。这一变化趋势主要是由于非接触面积 A_s（即没有发生接触的粗糙峰面积）在载荷刚开始增加时迅速减小，如图 6.11 所示，而随着载荷的进一步增加，非接触面积的变化越来越微小，同时两接触表面在载荷的作用下越来越接近，弥补了由于非接触面积减小带来的损失，使得辐射热导具有如图 6.10 所示的变化规律。对比图 6.10 和图 6.11 可以发现两者变化规律非常相似。

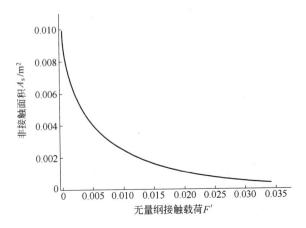

图 6.11　非接触面积随接触载荷的变化

6.1.6　等效辐射系数的定义与分析

　　前述式（6.4）定义的辐射热导 h_{rf} 虽然其单位与导热热导相同，但是在实际应用中却不便于计算，原因在于：从辐射热导 h_{rf} 的定义式中可以看出，在固定温度 T_1 时，辐射热导受到 T_2 的影响，如图 6.12 所示，图中辐射热导经过了无量纲化（即 h_r'）。随着 $\Delta T = T_2 - T_1$ 的增大，h_r' 逐步增大。从图 6.9 可以看出，在相同载荷、温差的情况下，无量纲辐射热导随着温度水平的升高而增大。即在载荷、接触副表面参数（统称为几何、物性参数）一定的情况下，辐射热导不是定值。

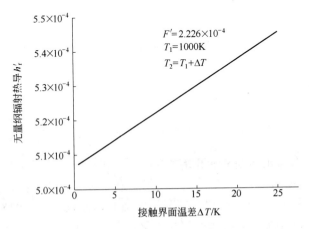

图 6.12　辐射热导随温差的变化

　　由于辐射热流与四次方温差成正比，因此本书定义等效辐射系数 φ_r 为：

$$\varphi_r = \frac{Q_{rf}}{|T_1^4 - T_2^4| \cdot A_{mf} \cdot \sigma_0} \qquad (6.29)$$

为了检验等效辐射系数的有效性，本节对表6.2中的四种接触工况进行了计算，两接触面取相同参数。

表6.2 接触工况参数

工况	参数 σ /μm	m	k /W·(m·K)$^{-1}$	H /GPa	ε
A	5.92	0.0998	17.3	2.28	0.85
B	9.86	0.1650	75.1	2.17	0.85
C	5.92	0.0998	17.3	2.28	0.80
D	9.86	0.1650	75.1	2.17	0.80

如图6.13所示为接触工况A，在无量纲接触载荷 $F' = 2.226 \times 10^{-4}$ 时，温度从500～1500K的等效辐射系数随接触界面温差变化的趋势。图6.13中所有温度水平下的 φ_r 的算术平均值 $\overline{\varphi}_r \approx 0.72243$，该工况下平均值 $\overline{\varphi}_r$ 与不同温度下 φ_r 的相对偏差 δ（如式（6.30）所示）随接触面温度水平和温差的变化如图6.14所示，由图可见，所有温度下的 δ 均在 10^{-5} 数量级。由式（6.30）可知，参数 δ 表示使用 $\overline{\varphi}_r$ 计算接触传热中的辐射换热量，与前述辐射模型计算值的相对误差。

$$\delta = (\overline{\varphi}_r - \varphi_r)/\varphi_r \qquad (6.30)$$

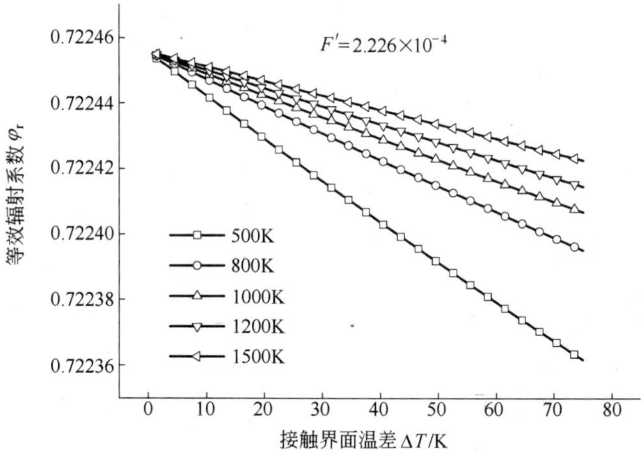

图6.13 等效辐射系数随温差的变化

在不同无量纲载荷下，对表6.2中四种接触工况的偏差 δ 进行计算，发现 δ 随无量纲载荷的增大而有所增大，如 $F' \leq 4.911 \times 10^{-3}$ 时，δ 的最大值在 10^{-4} 数量

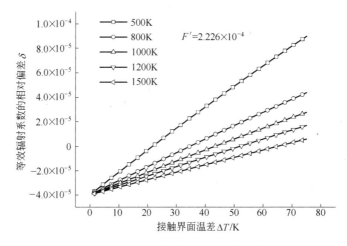

图 6.14　相对偏差 δ 随温度的变化

级；而当 $F'=0.014583$ 时，δ 的最大值为 10^{-3} 数量级。这一方面说明了载荷对接触界面间的辐射换热具有比较复杂的影响，另一方面说明使用 $\overline{\varphi}_r$ 或者某一温度水平下的 φ_r 来表示同种接触工况下接触界面间辐射换热强度是相对合理的。

　　由于等效辐射系数仅仅与接触界面特性和接触载荷有关，与接触面的温度水平和温差近似无关，因此较辐射热导 h'_r 更具通用性，能够简化界面接触换热的计算。等效辐射系数随无量纲载荷的变化如图 6.15 所示，等效辐射系数随着无量纲载荷的增大有所减小，与图 6.11 非接触面积随无量纲载荷的变化趋势相同。

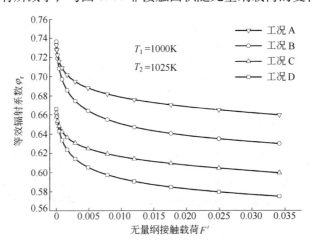

图 6.15　等效辐射系数随载荷的变化

　　由图 6.15 可见，在接触面几何、力学参数相同的情况下，接触面黑度的增加有助于增强辐射换热；接触面几何参数对等效辐射系数的影响随着载荷的增大而逐步显现出来。理论计算表明，接触面几何参数中粗糙峰等效斜率 m 对等效辐射系数起着主导作用，且 m 越小等效辐射系数越大。这一现象是由于随着 m 的减小，相同无量纲载荷情况下，非接触面积逐步增大，进而使得辐射换热量增大，即等效辐射系数增大。

数值仿真计算结果表明：使用等效辐射系数作为接触界面的辐射换热强度参数是相对合理的，且界面的温度水平和温差对该参数的影响非常小，可以忽略。因此，等效辐射系数仅仅与接触载荷和接触面的黑度、几何特性有关，这一点与热导的原始定义最为接近，即：热导仅仅为几何、物性参数的函数，当物性参数与温度无关时，热导也应与温度无关。

6.2 影响接触热导的因素

影响接触热导的因素主要有接触界面的温度、接触副的热物性、接触副的力学性能、接触压力以及载荷加载步骤等。

6.2.1 温度对接触热导的影响

粗糙表面间的接触热导不仅仅与接触载荷、间隙介质等外在因素有关，还与接触界面的温度有关，而温度对接触热导的影响主要体现在如下几个方面：

（1）温度影响接触副的导热系数。通常，物质的导热系数随温度具有一定的变化规律，从式（6.2）可见，接触热导与接触副的等效导热系数成正比，因此接触副的导热系数越大，接触热阻也越大。

（2）温度影响接触副的力学性能。对于大部分的金属材料而言，随着温度的升高，其塑性增加，硬度下降，因此，在相同载荷下，温度越高，接触副之间的接触面积越大，接触热导越大。

（3）温度影响接触间隙之间的辐射传热。根据本文的计算分析，以及文献报导，在常温和低温情况下，辐射换热在接触换热中所占的比例非常小，完全可以忽略，但是在高温条件下（大于400K）辐射的影响是值得考虑的。

（4）温度影响接触副的表面形貌。文献［157］对接触副（多晶体固体）加热前后的表面微观情况进行了比较，发现加热之后，表面轮廓算术平均偏差以及表面微观不平度十点高度均有下降，作者所测得的一系列实验数据表明，随着温度的升高接触热导逐渐升高。

6.1节建立了粗糙表面间的接触传热模型，并讨论了接触间隙中辐射对接触换热的影响，提出了等效辐射系数的概念，下文将从接触副导热系数、力学性能（硬度）两个方面讨论温度对接触热导（纯导热）的影响规律。

6.2.2 接触副导热系数与接触热阻的关系

由无量纲接触热导式（6.26）可知，接触热导 h 与接触副的等效导热系数 k

成正比，如下式所示：

$$h = \frac{h'm}{\sigma} k = \frac{h'm}{\sigma} \cdot \frac{2k_1 k_2}{k_1 + k_2} \qquad (6.31)$$

当 $h'm/\sigma$ 为定值时，接触副的等效导热系数 k 越大，接触热导越大。

6.2.3　接触副硬度与接触热导的关系

根据图 6.7 中数值计算结果，经过参数拟合，无量纲接触载荷 F' 和无量纲热导 h' 存在如下关系：

$$h' = c_1 \cdot F'^{c_2 \cdot F'^{c_3}} \qquad (6.32)$$

式中，$c_1 = 0.421521$，$c_2 = 0.684041$，$c_3 = -0.018443$。

对上式进一步分析，在图 6.7 所示的范围内，$c_2 F'^{c_3}$ 在 $0.72 \sim 0.81$ 之间。

根据无量纲接触载荷、无量纲热导的定义式（6.25）、式（6.26），有下式成立：

$$h = c_1 \frac{mk}{\sigma} \left(\frac{F}{H} \right)^{c_2 \cdot (F/H)^{c_3}} \qquad (6.33)$$

由于 $c_2 F'^{c_3} > 0$，因此，接触热导与接触副硬度的 $c_2 F'^{c_3}$ 次方成反比，而接触热导与接触载荷的 $c_2 F'^{c_3}$ 次方成正比，根据图 6.7 指数 $c_2 F'^{c_3}$ 的取值在 $0.72 \sim 0.81$ 之间。

6.2.4　接触热阻影响因素的综合分析

由式（6.33）可知，接触热导主要与接触载荷、接触副硬度、接触副等效导热系数相关。而后两个参数与接触副的温度相关，通常，温度对等效导热系数的影响较小。然而，温度对接触副硬度的影响则较为复杂，相关资料较少，因此很难定量分析接触副硬度对接触热导的影响。对于金属材料而言，随着温度升高，材料的塑性增加，硬度下降。因此，接触热导随着温度的升高而增大，其变化规律受到硬度-温度关系的约束。

如表 6.3 为工业碳钢的化学成分，表 6.4 为二次硬化钢的化学成分和热处理工艺，图 6.16 为工业碳钢的维氏硬度、温度关系，图 6.17 为二次硬化钢的维氏硬度、温度关系[158]。

表 6.3　工业碳钢的化学成分

钢　种	质量分数/%				
	C	Si	Mn	P	S
45	0.45	0.21	0.62	0.012	0.040
T12	1.22	0.21	0.25	0.010	0.017

表 6.4 二次硬化钢的化学成分和热处理工艺

钢种	质量分数/%							淬火温度/K	回火温度/K	回火次数
	C	Cr	W	Mo	V	Co	N			
M42	1.07	3.80	1.79	9.11	1.23	7.98	—	1473	803	3
M2	0.84	3.52	6.70	4.84	1.99	—	—	1503	833	3

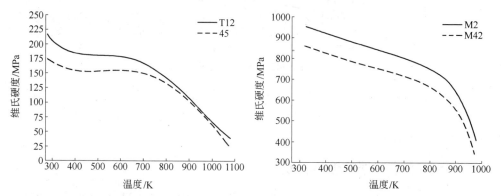

图 6.16 工业碳钢的维氏硬度、温度关系　　图 6.17 二次硬化钢的维氏硬度、温度关系

当粗糙度为 5.92，粗糙峰等效斜率为 0.0998，热导率为 42W/(m·K) 时，如图 6.18 为 T12 钢的接触热导与温度的关系，图 6.19 为 45 钢的接触热导与温度的关系，图 6.20 为 M2 和 M42 钢的接触热导与温度的关系。

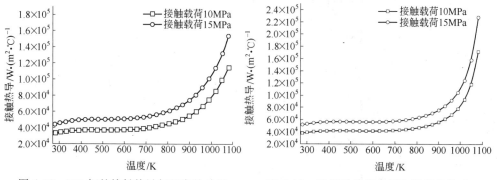

图 6.18 T12 钢的接触热导与温度的关系　　图 6.19 45 钢的接触热导与温度的关系

由图 6.18~图 6.20 可以得出：

（1）随着温度的升高，材料的硬度下降，在相同的接触载荷下，接触热导迅速升高；

（2）相同的温度下，接触载荷越高，接触热导越大，且随着温度的升高，接触载荷对接触热导的影响逐步增大；

（3）相同的温度和接触载荷时，接触材料的硬度越小，接触热导越大。

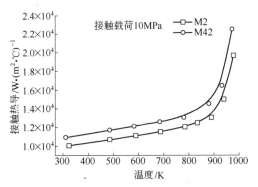

图 6.20   M2 和 M42 钢的接触热导与温度的关系

另一方面，根据 6.1 节的仿真分析，在高温条件下，接触间隙的辐射换热不容忽略，随着温度的升高，辐射传热的影响将迅速增大，在较低接触载荷的情况下，甚至占据主导地位。

6.3   带钢辊冷过程的仿真分析

如图 6.21 为带钢连续热处理过程中的辊冷（RQ）工艺设备示意图。图中

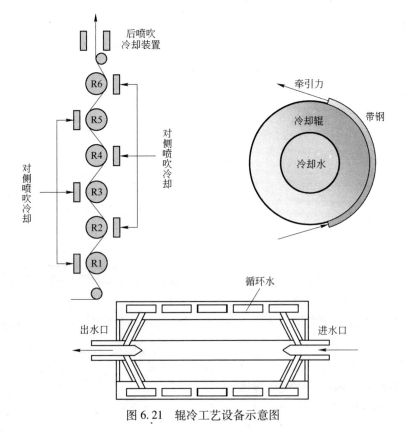

图 6.21   辊冷工艺设备示意图

R1~R6 为水冷辊，辊子中空，内部通冷却水。为了平衡带钢两侧面的温差，提高带钢宽度方向的温度均匀性和冷却速度，在每个冷却辊的背侧加装了喷吹冷却系统，而后喷吹冷却装置则是为了更精确地控制带钢出炉温度。同时，为了保证带钢与水冷辊紧密接触，增强带钢与冷却辊之间的传热效率，带钢在 RQ 工艺段的张力设定为：23.5~48MPa，是其他炉段带钢张力的三倍左右。

RQ 段的传热过程是非常复杂的，包括热传导、对流换热、辐射换热和接触传热。本节针对带钢连续热处理过程中的辊冷工艺进行仿真分析，主要目标是研究辊冷换热的特点，以及辐射传热的影响。

6.3.1　带钢与冷却辊接触换热模型

根据 RQ 工艺的特点，在建立数学模型时作如下假设条件：

（1）RQ 工艺中，水冷辊内的冷却水流量非常大，入辊水和出辊水温度差不超过 3K，因此设定辊内壁边界条件为定壁温；

（2）带钢与水冷辊的传热主要发生在水冷辊的径向、周向上，因此，忽略带钢宽度、水冷辊长度方向上的传热；

（3）RQ 工艺中，为了保证带钢的表面质量，带钢速度与水冷辊外壁面的线速度必须一致，因此，在计算接触热阻时，忽略带钢与水冷辊之间的切向作用力；

（4）由于带钢很薄（小于 3mm），忽略带钢厚度方向的温差。

为了便于传热模型的求解，分别对带钢传热和水冷辊建立传热模型，即将接触换热过程解耦。

带钢传热模型为整体一维（沿带钢长度方向）非稳态模型，其控制方程由式（3.1）简化而来：

$$\frac{\partial T_s}{\partial \tau} = \frac{1}{\rho_s \cdot c_s} \frac{\partial}{\partial z}\left(\lambda_s \frac{\partial T_s}{\partial z}\right) - V_s \cdot \frac{\partial T_s}{\partial z} \tag{6.34}$$

水冷辊传热模型为二维非稳态导热模型，其控制方程为：

$$\frac{\partial T_R}{\partial \tau} = \frac{1}{\rho_R \cdot c_R}\left[\frac{1}{r}\frac{\partial}{\partial r}\left(\lambda_R r \frac{\partial T_R}{\partial r}\right) + \frac{1}{r^2}\frac{\partial}{\partial \varphi}\left(\lambda_R \frac{\partial T_R}{\partial \varphi}\right)\right] \tag{6.35}$$

带钢表面、水冷辊外壁面边界条件同式（3.2）。水冷辊内壁面边界条件为：

$$T_R = T_w \tag{6.36}$$

带钢与水冷辊表面间的热流密度 q_{s-R} 可表示为：

$$q_{s-R} = h_{sR}(T_s - T_{Rsur}) + \varphi_{sR}(T_s^4 - T_{Rsur}^4)\sigma_0 \tag{6.37}$$

式中，T_s 为带钢温度，K；ρ_s、c_s、λ_s 分别为带钢的密度，kg/m³、比热容，J/（kg·K）、热导率，W/（m·K）；T_R 为水冷辊温度，K；T_{Rsur} 为水冷辊外表面温度，K；ρ_R、c_R、λ_R 分别为水冷辊的密度，kg/m³、比热容，J/（kg·K）、热导率，W/（m·K）；V_s 为带钢速度，m/s；r、φ 分别为径向、周向坐标；T_w 为水冷

辊内水温，K；q_{s-R} 为带钢对水冷辊的热流密度，W/m²；h_{sR} 为带钢与水冷辊接触区域的接触导热热导，W/（m²·K）；φ_{sR} 为带钢与水冷辊接触区域的等效辐射系数；σ_0 为斯蒂芬-玻耳兹曼常数，W/（m²·K⁴）。

对带钢传热控制方程进行全隐式差分，采用内节点法进行区域离散化，如图6.22（b）所示。对水冷辊传热控制方程进行交替方向隐式差分，采用外节点法进行区域离散化，如图6.22（c）所示。具体差分方程本节不再赘述。获得的差分方程可采用"追赶法"进行求解。

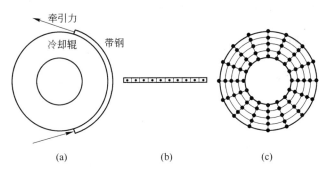

图6.22　辊冷过程示意图（a）、带钢（b）和冷却辊（c）区域离散化示意图

6.3.2　数值仿真分析

为了考察接触传热的效率，在本小节的数值仿真模型中忽略带钢、冷却辊对外部环境的传热，且仅对单辊传热过程进行仿真。数值仿真采用的参数如表6.5所示。

表6.5　辊冷仿真模型参数

带钢参数	取　值	炉辊参数	取　值
线速度/m·min⁻¹	201	外半径/mm	900
厚度/mm	1.214	内半径/mm	800
硬度/MPa	22.8	硬度/MPa	228
粗糙度	5.92	粗糙度	5.92
等效斜率	0.0998	等效斜率	0.0998
热导率（平均）/W·(m·K)⁻¹	42	热导率（平均）/W·(m·K)⁻¹	61
黑度	0.2	黑度	0.5
张力/kN	20	冷却水温度/K	313
初始带温/K	870	接触区域/(°)	0~120

如图6.23为冷却辊外壁面温度分布随仿真时间的变化趋势，由图可见，当仿真时间超过60min，辊面温度分布已基本稳定，可以认为系统达到了稳定状

态。下面的分析采用的是仿真时间为 60min 的计算结果。

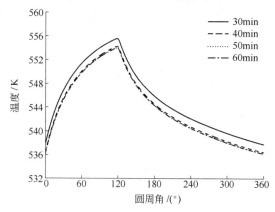

图 6.23 冷却辊外壁面温度分布随仿真时间的变化趋势

如图 6.24（a）所示，为带钢温度变化曲线（附：接触区域辊面温度分布），图 6.24（b）为冷却辊不同半径处的周向温度分布。在接触区域内，带钢温度逐步下降，辊面温度逐步上升。接触区域之外，辊面温度逐渐下降。辊面温度变化范围小于 20K。从该图也可以看出，无论是考虑还是忽略接触界面间辐射，带钢温度几乎没有区别（小于 0.5K），而考虑接触界面间辐射换热时，冷却辊辊面温度则升高了 1K。由此可见，在辊冷过程中，接触界面间辐射的影响可以忽略。究其原因，主要是在辊冷段带钢采用了很高的张力，强化了带钢与冷却辊直接的接触换热。在表 6.5 所示的算例中，带钢与冷却辊之间的无量纲载荷为 9.75×10^{-4}，导热热导为 $1356.3W/(m^2 \cdot K)$，等效辐射系数为 0.1654，以带钢和冷却辊外壁面接触部分平均温度为准（带钢平均温度 828K，冷却辊外壁面平均温度 548K），换算为辐射热导为 $12.7W/(m^2 \cdot K)$。辐射热导仅为导热热导的 1%，因此接触界面间的辐射换热对带钢、冷却辊温度分布的影响非常小。

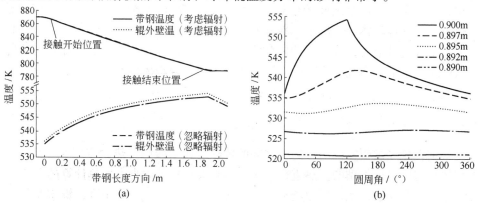

图 6.24 带钢和辊外壁面温度分布（a）和冷却辊不同半径处的周向温度分布（b）

由图 6.24（b）可见，在带钢与冷却辊接触部分，冷却辊表面温度较高，而非接触部分，由于辊内冷却水的作用，辊面温度迅速下降。随着半径的减小，周向温度的这种变化迅速减弱，在半径为 890mm 处，冷却辊周向温度的变化已经非常细微（温度变化幅度小于 0.5K），因此冷却辊外壁面的热影响深度是有限的，但是外壁面附近的温度梯度最大，最大值为 4.3K/mm。

如图 6.25（a）为冷却辊的径向温度分布随圆周角的变化，可见冷却辊内部温度分布基本相同，仅在辊面附近温度有所变化。图 6.25（b）为辊面附近温度分布的放大图，该图进一步表明，冷却辊辊面热影响深度仅为 10mm（外半径的 1/90）左右。这主要是由于冷却辊高速旋转（35.5r/min），冷却辊外表面处于周期性边界条件下所致。

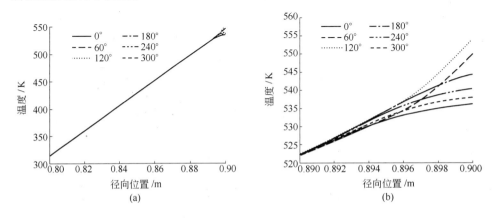

图 6.25　冷却辊的径向温度分布随圆周角的变化（a）和
冷却辊的径向温度分布随圆周角的变化（b）

由上述数值仿真分析可见，冷却辊辊体温度分布较为稳定，辊面温度变化范围也比较小（为 18K），在简化计算时，可将带钢、冷却辊、冷却水之间的传热简化为：带钢与冷却水之间的传热，而传热的热阻（忽略接触界面）为接触导热热阻、冷却辊辊体导热热阻、冷却水与冷却辊内壁对流热阻三项之和。同时，由于冷却水流量很大，进出冷却辊的水温差小于 3K，因此可忽略冷却水与冷却辊内壁对流热阻，系统总热阻即为接触热阻、冷却辊辊体导热热阻之和，这是本书第 7 章接触换热边界条件简化的依据。

6.4　立式炉辊室内的传热仿真分析

带钢在立式炉辊室内与导向辊之间的传热也属于接触传热，应用 6.3 节建立的传热模型可对该类型的换热进行分析。如表 6.6 所示为辊室传热计算的参数。

根据综合辐射系数，辊室与带钢之间的热流密度 $q_{Hs}(W/m^2)$、辊室与转向辊之间的热流密度 $q_{HR}(W/m^2)$ 可表示为：

$$q_{Hs} = \varepsilon_{Hs} \cdot \sigma_0 [T_H^4 - T_s^4] + \alpha_s(T_H - T_s) \qquad (6.38)$$

$$q_{HR} = \varepsilon_{HR} \cdot \sigma_0 [T_H^4 - T_R^4] + \alpha_R(T_H - T_R) \qquad (6.39)$$

式中，T_H 为辊室温度，K；T_R 为转向辊表面温度，K。

表 6.6 辊室传热仿真模型参数

带钢参数	取 值	转向辊参数	取 值	辊室参数	取 值
线速度/m·min^{-1}	545	外半径/mm	325	辊室温度 T_H/K	943
厚度/mm	0.231	接触区域/(°)	0~180	辊室对带钢的综合辐射系数 ε_{Hs}	0.4
硬度/MPa	12.8	硬度/MPa	228		
粗糙度	5.92	粗糙度	5.92	辊室对转向辊的综合辐射系数 ε_{HR}	0.3
等效斜率	0.0998	等效斜率	0.0998		
平均热导率/W·(m·K)$^{-1}$	42	平均热导率/W·(m·K)$^{-1}$	28		
黑度	0.2	黑度	0.5		
张力/N	680	—	—	带钢表面对流换热系数/W·(m·K)$^{-1}$	12
初始带温/K	983	—	—	转向辊表面对流换热系数/W·(m·K)$^{-1}$	15

在上述计算条件下，对辊室内的传热进行仿真，如图 6.26 所示为转向辊表面（及其附近）温度沿周向的分布，图 6.27 为带钢温度分布。

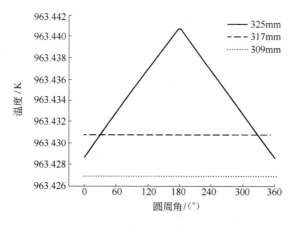

图 6.26 转向辊不同半径处的周向温度分布（考虑接触界面间辐射）

由图 6.26 可见，转向辊外壁面（半径为 325mm）温度分布与辊冷过程中冷却辊外壁面温度分布类似，在带钢与转向辊接触期间，转向辊表面温度升高，而

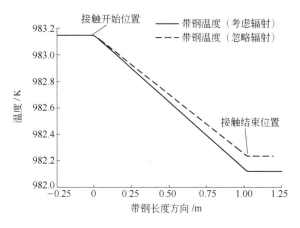

图 6.27　带钢温度分布

非接触期间，转向辊与辊室之间的换热，导致其温度降低。同时，由于转向辊没有冷却（实心辊）系统，因此转向辊内部不同半径处的温差非常小（<0.1K）。带钢、转向辊辊面接触部分的平均温度分别为：982K、963K，相差约19K。根据表 6.6 所设参数，考虑接触界面间辐射换热的影响，带钢与转向辊接触界面间的等效辐射系数为 0.1676，换算为辐射热导为 35.0W/（m² · K），而导热热导为 46.3W/（m² · K）。此时，辐射热导与导热热导相当。

　　带钢在辊室中，一方面对辊室放热，另一方面对转向辊传热，其综合结果使得带钢经过辊室之后温度下降 1.2K，相对于带钢在辐射管加热区的温升（单个行程温升大于 50K）而言，该温降可以忽略。因此在立式炉内带钢传热过程数学模型中，可不再考虑转向辊和辊室对带钢温度的影响。

6.5　接触传热在带钢连续热处理炉上的最新应用

　　如图 6.28 所示为 SMS（西马克）公司最新的带钢连续热处理节能设备工作原理示意图[159]。从图中可以看出，热带钢和冷带钢在导向辊的作用下沿着相反

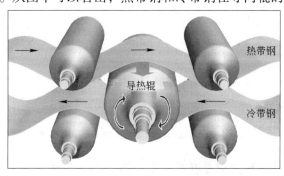

图 6.28　带钢热量回收装置（来源于 SMS（西马克）公司宣传资料）（参见书后彩图）

的方向运行，在热带钢与冷带钢之间有一导热辊。在热带钢一侧，带钢将热量通过接触传热传递给导热辊，随着导热辊的旋转，在冷带钢一侧，带钢将导热辊上的热量吸收。由于炉辊和带钢的运行是连续的，因此，该装置可以实现将热带钢的能量连续地传递给冷带钢，实现热带钢的冷却和冷带钢的加热，进而实现带钢显热的回收。

由于带钢与导热辊之间的传热是接触传热，因此，在导热辊两侧增加了四个调整带钢与导热辊之间接触角度和接触压力的炉辊，可以调节带钢与导热辊之间的接触面积和接触换热系数，进而增强或降低冷热带钢之间的换热量。

此外，由于热带钢的温度通常很高，例如在带钢连续热处理炉的加热段出口（或者冷却段入口），带钢温度可达到800℃，且在图6.28所示的装置中，冷热带钢是平行放置的，相互之间的角系数比较大，因此冷热带钢之间存在比较高的辐射换热能力。因此，在对如图6.28所示的装置进行数值仿真计算（或者能量回收效率评估）时，需要综合考虑接触换热和辐射换热的影响。

7 连续热处理立式炉炉内热过程数学模型及验证

本章及第8章论述热处理炉内热过程模型设计案例，并相应给出模型验证方法和数据。这些应用案例包括带钢连续热处理立式炉、不锈钢连续热处理卧式炉等两大炉型。

本章将要建立的立式炉内带钢传热过程数学模型与前述各模型的关系如图7.1所示，立式炉内带钢传热过程数学模型的建立，需要分别建立辐射换热模型，获得气体射流冲击换热特性和接触换热特性，在此基础上进一步进行合理简化。

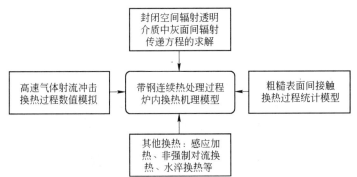

图 7.1　立式炉内热过程模型的各主要数学模型间的关系

7.1　带钢传热过程物理模型

如图7.2所示为带钢在炉内运行示意图，由于带钢往复运行，因此相邻行程带钢之间必然存在换热，且相互影响。本章在建立带钢热过程数学模型时，忽略带钢长度方向的传热影响，以图中虚线所示的带钢横截面为研究对象，综合考虑带钢与炉内设备（辐射管、冷却设备等）以及相邻行程带钢之间的换热。

如图7.3所示为带钢热过程数学模型的计算区域和边界条件示意图，由于在立式炉中带钢厚度通常小于3mm，宽度通常大于800mm，相关的二维导热模型计算表明，带钢厚度方向温差不超过1K，而现场实验表明，带钢宽度方向存在较大温差（大于10K）[160]。因此，在建立带钢热过程数学模型将考虑这一特性，忽略带钢厚度方向的温度差别，建立带钢宽度方向一维热过程模型。

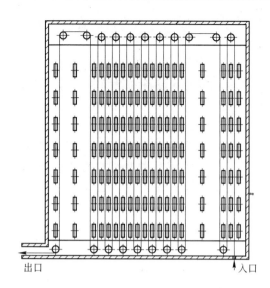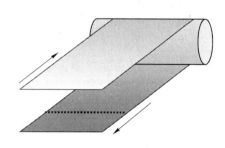

图 7.2 炉内带钢运行示意图

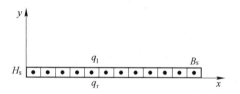

图 7.3 计算区域网格划分示意图

7.2 带钢传热过程数学模型

在带钢连续热处理炉内，影响带钢与炉内设备换热的因素很多，如辐射管加热段中辐射管温度的分布，冲击射流换热过程中的气流分布，带钢与炉辊之间接触力（正应力、切应力）分布等。在建立带钢传热过程数学模型时，必须根据各种换热过程的特点，抓住影响换热的主要因素，忽略次要因素，这样既兼顾了热处理过程的物理特性，又降低了计算复杂度。

7.2.1 假设条件

为了便于模型建立，且不失带钢连续热处理过程中各种换热方式的本质，根据其工艺特点，作如下假设：

（1）忽略带钢厚度、长度方向的导热，由于带钢很薄，忽略带钢侧边的热流；

（2）在辐射管加热段内，辐射管在带钢运行方向上呈现交错布置，因此忽略辐射管温度分布对带钢宽度方向上温度分布的影响，认为辐射管温度分布均匀；

（3）高速气体射流冲击换热过程中，由于冷却装置沿带钢长度方向交替布置，忽略沿带钢宽度方向的换热不均匀性，且认为冷却设备的表面温度与冷却气体的温度相同（计算带钢与冷却设备的辐射换热）；

（4）辊冷过程中，认为冷却辊辊体为半无限厚物体；

（5）在计算相邻行程带钢之间的换热时，以各自的平均温度为准；

（6）带钢表面非强制对流换热系数仅仅是炉内保护气热物性与带速的函数，保护气定性温度取为炉温，特征尺度由炉内几何尺寸确定；

（7）炉内设备表面、带钢、炉衬均为灰体，且黑度为定值；

（8）炉衬为定热流密度的表面，其热流密度根据炉外壁面温度，按自然对流和辐射换热确定；

（9）忽略带钢在炉辊室内的换热。

7.2.2　控制方程

根据上述假设条件，描述炉内带钢传热的控制方程可写为式（7.1）的形式，其计算区域网格划分如图 7.3 所示。

$$\rho_s \cdot C_{ps} \frac{\partial T(x, \tau)}{\partial \tau} = \frac{\partial}{\partial x}\left[\lambda_s \frac{\partial T(x, \tau)}{\partial x}\right] + q_v \tag{7.1}$$

式中，x 为带钢宽度方向坐标，m；τ 为时间坐标，s；ρ_s 为带钢密度，kg/m³；C_{ps} 为带钢比热，kJ/(kg·K)；λ_s 为带钢热导率，W/(m·K)；q_v 为内热源（由感应加热引起），W/m³。

如图 7.3 所示，带钢上下两侧热流密度 $q_r(x)$、$q_1(x)$ 为带钢宽度、炉温等参数的函数，均可进一步细分为辐射、对流和接触换热三个组成部分，如式（7.2）、式（7.3）所示。

$$q_r(x) = q_{rRd}(x) + q_{rCv}(x) + q_{rCt}(x) \tag{7.2}$$

$$q_1(x) = q_{1Rd}(x) + q_{1Cv}(x) + q_{1Ct}(x) \tag{7.3}$$

因此，分别获得辐射热流密度和对流换热热流密度即可得到总的热流密度，进而求解带钢温度分布。

7.3　带钢传热模型边界条件的确定

带钢在热处理过程中经历辐射、对流、接触、沸腾、电磁感应等多种换热方式，每一种换热方式下的边界条件的处理不尽相同，下面分别予以论述。

7.3.1　辐射换热边界条件

由于任何物体都具有发射和吸收热辐射能量的性质，任何换热过程中都有辐射换热的因素存在。所不同的是，辐射换热是否处于换热的主导地位。在带钢连续热处理炉内，辐射管加热段是以辐射换热为主的工艺段，对辐射换热边界条件的处理也以该炉段为例展开讨论，其他工艺段中辐射换热的处理与此类似。

如图 7.4 所示，虚线框内为辐射管加热炉段辐射换热计算单元，该单元由左右两侧带钢、炉衬、假想面构成封闭空间，与单元中所包含若干辐射管共同构成一个封闭的辐射换热系统，如图 7.5 所示为模型计算时所采用的简化辐射换热系统，其简化要点是：将 U 型辐射管、W 型辐射管，按照辐射管外表面积相等的原则，分别等效为两根 I 型辐射管和四根 I 型辐射管。图 7.5 所示的 I 型辐射管即为两根 W 型辐射管的简化形式，图中的假想面在计算时其黑度设置为 0。

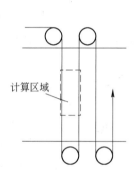

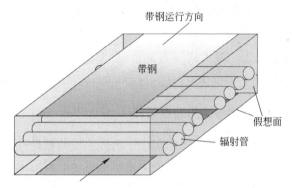

图 7.4　辐射换热计算单元示意图　　　　图 7.5　封闭的辐射换热系统

在应用蒙特卡洛法求解辐射换热系统的参数时，可将其各个表面进一步划分，以便获得更加详细的辐射热流分布。以图 7.5 所示的辐射系统为例，为了获得带钢宽度方向的辐射热流密度分布，将两侧带钢沿其宽度方向各自均匀划分为 10 个单元面，其他表面不再进行划分，这样共有 36 个单元面构成该辐射换热系统：带钢单元面（2×10 个）、辐射管单元面（8 个）、假想面（6 个）、炉衬单元面（2 个）。

通过基于蒙特卡洛法的多个灰面间辐射换热通用算法，可获得各表面间的辐射传递系数或者角系数，鉴于角系数更具有通用性，建议计算各表面间的角系数。计算时设置能束数为 $5×10^5$，根据蒙特卡洛法误差的统计分析可得，置信水平为 0.95 时，平均相对误差为 0.518%，平均绝对误差为 $1.44×10^{-4}$。

获得各表面间的角系数后，根据辐射换热热流密度的计算方法，可得沿带钢宽度方向上的热流密度分布，即式（7.2）、式（7.3）中的辐射热流项。值得注意的是，基于文献［161］的结论，在计算炉内带钢辐射传热时需要考虑相邻带钢之间的相互影响。

7.3.2　射流冲击换热边界条件

对于射流冲击换热过程，无论通过计算流体动力学的方法进行仿真计算，还是通过实验测量，均能够获得平均的 Nu 数或局部 Nu 数分布。对于本书涉及的特定射流冲击换热结构而言，Nu 数与 Re、Pr 数之间的关系可采用第 5 章 CFD 数值仿真获得的计算结果，具体为：

$$Nu = c_1 Pr^{c_2} Re^{c_3} \tag{7.4}$$

式中，$c_1 = 0.0048$、$c_2 = 0.42$、$c_3 = 0.88$ 为与射流冲击换热结构有关的常数。

冲击射流的换热系数 h_{Cv} 为：

$$h_{Cv} = \frac{Nu \cdot \lambda_g}{D} \tag{7.5}$$

式中，λ_g 为射流气体的热导率，W/(m·K)；D 为射流喷孔的直径，m。

射流冲击过程的换热量可表示为：

$$q_{Cv} = h_{Cv}(T_g - T_s) \tag{7.6}$$

式中，q_{Cv} 即为式（7.2）、式（7.3）中的对流热流项；T_g 为喷孔处气体温度，K；T_s 为带钢表面温度，K。

7.3.3　接触换热边界条件

相互接触的固体间产生的传热现象就是接触换热。带钢辊冷技术就是依靠带钢与冷却辊的接触换热而使带钢迅速冷却的工艺，其过程如图 7.6 所示。

带钢在牵引力的作用下一方面对炉辊产生正压力，使得带钢与炉辊紧密接触，另一方面产生摩擦力，使得冷却辊随牵引力的方向旋转。带钢与冷却辊通过接触进行热交换，带温降低，冷却辊温度升高。在冷却辊内部通有冷却水，对冷却辊进行冷却。在稳定工况下，冷却辊上任意一点的温度呈周期性变化，变化周期与冷却辊的旋转周期相同。

在建立辊冷过程数学模型时，特做如下几点假设：

（1）炉辊内部沿周向的热传导可以忽略；

（2）忽略带钢内部沿带长方向的热传导，并忽略带钢厚度方向的温差；

（3）认为带钢和炉辊之间没有相对滑动，并忽略带钢与炉辊间切向力对接触换热特征参数的影响。

基于上述假设条件，取冷却辊上的一个微元扇形（如图 7.6 中虚线包括的面积，取微元扇形角度为 dθ）作为辊冷过程的几何模型，如图 7.7 所示为辊冷过程几何模型示意图。

由于冷却辊与带钢接触处的温度是周期性变化的，不能作为确定接触热流 q_{Ct} 的定性温度，将冷却辊内壁温度 T_0 作为确定接触热流的定性温度，因此有：

$$q_{Ct} = h_{Ct}(T_0 - T_s) \tag{7.7}$$

$$h_{Ct}^{-1} = h^{-1} + \frac{1}{2\pi\lambda_R}\ln\frac{r_n}{r_0} \tag{7.8}$$

式中，q_{Ct}即为式（7.2）、式（7.3）中的接触换热热流项；h为接触界面间的综合热导，$W/(m^2 \cdot K)$，详见第6章式（6.24）；λ_R为炉辊热导率，$W/(m \cdot K)$；r_0、r_n分别为炉辊内、外半径，m。

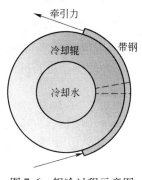

图 7.6 辊冷过程示意图

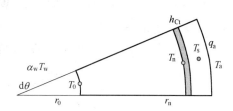

图 7.7 辊冷过程模型计算示意图

7.3.4 其他换热边界条件

在带钢连续热处理热过程中，除了辐射、射流冲击、接触换热，还有电磁感应加热、水淬冷却、非强制对流换热等传热方式。电磁感应加热主要是对带钢进行补热；水淬冷却主要是将带钢冷却至卷曲温度；所谓非强制对流换热主要存在于带钢运行过程中与炉内气体间的对流换热。对这三种换热方式进行简化处理。

A 电磁感应加热

电磁感应加热的有效加热功率可通过感应器视在功率P_I（W）和感应器功率因数η_I之积获得，并可进一步计算出带钢内热源q_v：

$$q_v = \frac{P_I \eta_I}{B_s \cdot H_s \cdot L_s} \tag{7.9}$$

式中，q_v即为式（7.1）中的内热源项，W/m^3；B_s、H_s分别为带钢宽度和厚度，m；L_s为感应器的作用长度（沿带钢长度方向），m。

B 水淬冷却

水淬冷却的换热系数采用喷水冷却经验公式进行计算，则带钢表面热流密度q_{Cv}可表示为：

$$q_{Cv} = \alpha \cdot (T_w - T_s) \tag{7.10}$$

式中，T_w为水温，K。

C 非强制对流换热

本节采用圆管内紊流充分发展区的对流换热公式计算炉内带钢的非强制对流换热系数，Sleicher 和 Rouse[162]推荐使用式（7.11）所示的经验公式。特征尺寸L_f取为炉宽B_f、带钢行程间距H_f的函数，如式（7.14）所示。

$$Nu = 5 + 0.015Re^a Pr^b \tag{7.11}$$

$$Nu = \alpha \cdot L_f / \lambda_g \tag{7.12}$$

$$Re = V_s \cdot L_f / \nu_g \tag{7.13}$$

$$L_f = \frac{4B_f H_f}{2(B_f + H_f)} \tag{7.14}$$

式中，$a = 0.88 - 0.24/(4 + Pr)$；$b = 0.333 + 0.5\exp(-0.6Pr)$；$\alpha$ 为对流换热系数，$W/(m^2 \cdot K)$；λ_g 为炉气热导率，$W/(m \cdot K)$；V_s 为带钢速度，m/s；ν_g 为炉气动力黏度，m^2/s。

带钢表面因非强制对流产生的热流密度 q_{Cv} 可表示为：

$$q_{Cv} = \alpha \cdot (T_f - T_s) \tag{7.15}$$

式中，T_f 为炉温，K。

　　D　炉衬定热流边界条件的计算

炉衬定热流边界条件按照自然对流和大空间辐射换热的方式进行计算。其中自然对流换热，按照均匀壁温边界条件的大空间自然对流来进行计算，即：认为炉外壁温度均匀，为 T_w。环境温度为 T_∞，那么炉子外壁面（竖壁面）的平均自然对流换热 Nu 数为：

$$Nu = C \cdot (Gr \cdot Pr)^n \tag{7.16}$$

式中，流体的定性温度取为边界层的算术平均温度 $T_m = (T_w + T_\infty)/2$。对于不同的流动状态，式中的 C 和 n 取值有所不同。当流动为层流时（$1.43 \times 10^4 < Gr < 3 \times 10^9$）：$C = 0.59$，$n = 0.25$；当流动为过渡流时（$3 \times 10^9 < Gr < 2 \times 10^{10}$）：$C = 0.0292$，$n = 0.39$；当流动为湍流时（$Gr > 2 \times 10^{10}$）：$C = 0.11$，$n = 1/3$。

炉外衬的辐射换热，考虑到退火炉通常设置在厂房中，而且，厂房尺寸相对较大，因此，炉外衬的辐射换热按照大空间内的小物体的辐射散热来计算，此时，炉外衬的辐射热流密度为：

$$q_w = \varepsilon_w \sigma_0 [(T_w)^4 - (T_\infty)^4] \tag{7.17}$$

式中，ε_w 为炉外衬的发射率；σ_0 为斯蒂芬-玻耳兹曼常数，$5.67 \times 10^{-8} W/(m^2 \cdot K^4)$；$T_\infty$ 为厂房温度，可近似取成环境温度，K。

7.4　数值求解方法及计算流程框图

　　应用带温单元温度跟踪模型（详见 7.2 节）对立式炉内带钢传热过程进行数值仿真，而该模型本身不具备变工况仿真的功能，这就需要对该模型的计算方法进行特殊处理，以满足全炉带温的适时获取。

　　以某一炉段为例对变工况下的带温计算方法进行讨论。在该炉段中的带钢上选取 n 个等间距的带温节点，第 1、n 点选取在进出口处，其他各点均匀分布在炉内带钢上，如图 7.8 所示。

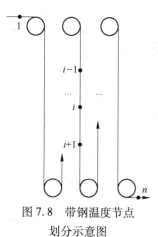

图 7.8 带钢温度节点
划分示意图

模型计算的基本思路是：在一个时间步长内，对相邻带温节点间的带钢分别按照带钢单元温度跟踪模型计算其温度，每一段带钢的初始温度为上一段带钢的上一时刻温度，这样经过（$n-1$）次循环就可以获得在一个时间步长内的整个炉区带温整体分布。

如图 7.8 所示，以带温节点 $i-1$、i、$i+1$ 为例作一简化推导，即忽略带钢宽度方向的温度差别，而在实际计算时考虑了带钢宽度方向的温度分布。下游节点 i 处的带钢温度 T_i 受到两个因素的影响：$i-1$ 节点处上一时刻带钢温度 T_{i-1}，带钢从 $i-1$ 节点运动到 i 节点过程中的平均热流密度为 $q_{i-1,i}$。假设 $i-1$、i 节点之间的距离为 $\Delta S_{i-1,i}$，带钢在 $i-1$、i 节点处厚度分别为 $H_{s,i-1}$、$H_{s,i}$，那么经过时间步长 $\Delta\tau=\Delta S_{i-1,i}/v_s$ 后，i、$i+1$ 节点的温度可表示为：

$$T'_i = T_{i-1} + \frac{q_{i-1,i}}{\rho_s C_{ps} H_{s,i-1}} \cdot \frac{\Delta S_{i-1,i}}{v_s} \tag{7.18}$$

$$T'_{i+1} = T_i + \frac{q_{i,i+1}}{\rho_s C_{ps} H_{s,i}} \cdot \frac{\Delta S_{i,i+1}}{v_s} \tag{7.19}$$

式中，v_s 为带钢速度，m/s；T'_i、T'_{i+1} 分别表示 i、$i+1$ 节点本时刻的温度，K。

按照上述计算方法，经过 $n-1$ 次计算即可获得所有 T'_i 的值，这就是本时刻全炉带钢温度分布，再以该 T'_i 为基础，按照同样的方法计算下一时刻全炉带钢温度。如此往复循环即可获得任意时刻全炉带钢温度分布。

如图 7.9 为按照上述计算方法编制的程序计算流程总图，本章所述所有换热边界条件均是在"热流密度计算"环节完成后，再根据带钢表面热流密度，进行"全炉带温计算"，而"热平衡计算"则以带

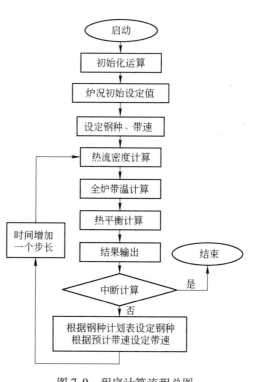

图 7.9 程序计算流程总图

钢行程为单元进行计算。

7.5　立式炉内带钢传热过程的数值模拟及实验验证

基于上述数学模型，建立立式炉内带钢传热过程数值仿真系统。数值仿真系统（数学模型）的验证离不开具体的实验对象，本书的实验验证是在国内某公司的带钢连续退火机组上进行的。该机组是从新日铁公司引进，于1997年建成投产，年产量44.58万吨，产品规格为(0.18~0.55)×(730~1230)（厚度×宽度，mm），机组包括加热、均热、缓冷、快冷、再加热段、过时效、二冷、水淬等8个炉段共110个带钢行程，工艺区带钢最高速度880m/min，是我国最先进的带钢连续退火机组之一。

在带钢连续热处理现场，由于设备、生产工艺的要求，无法获得全炉带钢的温度分布，也很难获得带钢宽度方向的温度分布。而各炉段出口处带钢的温度则是可以实时获得的。因此，实验验证部分只能以各炉段出口带钢温度作为验证比较的标准。

7.5.1　辐射管加热段内温度实测及其特性分析

带钢在连续热处理炉内经历加热、冷却等过程。在冷却段内，入炉冷却介质的温度、流量可以现场实时获取，因此根据7.3节的内容，可以直接进行带钢冷却的计算。然而，在辐射管加热段中，主要依靠辐射管壁进行辐射传热，而现场能够实时测量的仅为炉温，因此需要在炉温、辐射管壁温之间建立一种函数关系，依靠这种函数关系，再根据实测的炉温即可获得辐射管壁温，进而计算带钢的加热过程。

为了准确获得辐射管加热段内炉温、辐射管管壁温度的关系，特对该机组的辐射管加热炉进行了实测分析，现场温度测点如图7.10所示，其中，辐射管管壁温度是将热电偶焊接在管壁上测得的。由于带钢高速运行，无法采用接触式测温，且炉内充满为辐射透明介质（氮氢保护气），因此，出炉带钢温度采用辐射高温计测量。

现场实测数据由温度记录仪自动采集，频率为每分钟一次。实验从冷态启动，开始的6个小时内，炉温一直处于波动状态；在接下来的100分钟内，炉温、辐射管壁温相对稳定；实验进行到700min时由于断带造成了机组紧急停炉。如图7.11所示为现场实测炉温曲线，对图中数据分析表明，各炉区炉温稳定，最大差值在10K以内。紧急停炉、煤气切断后，各炉区的炉温下降规律也基本相同。

如图7.12和图7.13为现场实验获得的辐射管壁温和炉温曲线图，由图可见，在稳定工况下（625~700min），辐射管壁温度与炉温差值较为稳定，为

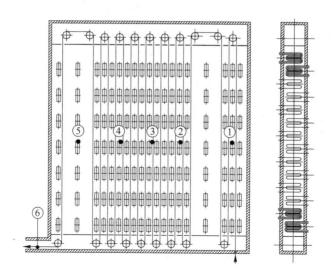

图 7.10 辐射管加热段温度测点示意图

①，②，④—炉温测点；③，⑤—炉温+辐射管管壁温度测点；⑥—出炉带钢温度测点（辐射高温计）

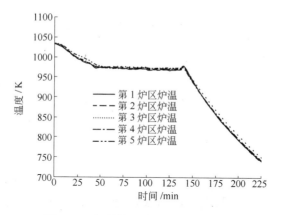

图 7.11 辐射管加热段内各炉区炉温

$50K\pm10K$。变工况时则近似满足上述关系，如图 7.12、图 7.13 炉温下降之时。

从图 7.12 和图 7.13 也可以看出，辐射管壁温比炉温的波动幅度要大，且总是提前一段时间 $\Delta\tau_f$，本文称之为炉温惯性时间。对第 3 炉区的炉温、辐射管壁温分别取温度变化率（K/min），如第 2 章图 2.10 所示。对其峰值进行分析，炉温惯性时间为 9~12min。对于该实验炉，带钢在炉内驻留时间为 0.4~0.7min。因此炉温惯性时间远大于带钢在炉内驻留时间，这种特性对稳定工况的仿真并无影响，然而对于变工况仿真、优化控制却是至关重要的。

对图 7.12 和图 7.13 的数据进行分析，可以获得辐射管加热段炉温 T_{HF}、辐

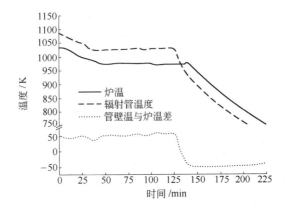

图 7.12　第 3 炉区辐射管壁温和炉温实测曲线

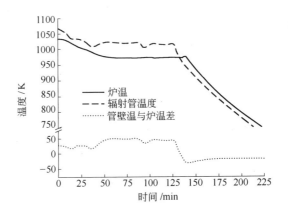

图 7.13　第 5 炉区辐射管壁温和炉温实测曲线

射管壁温 T_T 随燃料量阶跃变化 ΔB 的飞升曲线 ΔT_{HF} 和 ΔT_T，分别表示为：

$$\Delta T_{HF} = f_{HF}(\Delta B, \ \Delta \tau - \Delta \tau_f) \tag{7.20}$$

$$\Delta T_T = f_T(\Delta B, \ \Delta \tau) \tag{7.21}$$

应用上述方程可以获得炉温、辐射管壁温的变化规律，并可进一步对其进行控制策略的开发，这也是带钢连续热处理过程参数优化的基础条件。

7.5.2　基于炉膛温度的辐射管加热段的实验验证

为了验证本章所建立的数学模型的正确性，首先对稳定工况下的带钢温度进行数值验证。由于现场实测条件的局限性，目前只能对出口处带钢温度进行验证，炉内带钢长度和宽度方向的温度分布则无法验证。

数值计算时，根据 7.5.1 节的结论，设定辐射管壁面温度高于炉温 50K，炉温一直处于小幅震荡，计算中取平均值；设定辐射管壁面黑度为 0.9，炉内衬黑度 0.85；将带钢沿其宽度方向划分为 10 份，并以此获得带钢宽度方向温度分布；炉内带钢沿长度方向划分为 50 个节点，以此获得全炉带钢温度分布。

表 7.1 为现场实验工况。图 7.14 为数学模型计算结果与实验值的比较。

表 7.1 稳定工况实验列表

工况编号	带钢相关参数			炉子相关参数	
	厚度/mm	速度/m·min^{-1}	黑 度	炉温/K	辐射管壁温/K
工况 a	0.203	653	0.130	998	1048
工况 b	0.237	582	0.235	1045	1095
工况 c	0.237	593	0.235	1043	1093
工况 d	0.237	583	0.235	1043	1093
工况 e	0.237	583	0.235	1035	1085

对图 7.14 进行分析，带钢实测平均温度与数值仿真结果之间的最大绝对误差仅为 4K，最大相对误差小于 0.6%。每时刻带钢的温度均处于上下波动状态，这从现场的实验条件可以获得部分解释：根据现场的生产计划，入炉带钢（同一钢种）成分（碳、硅、氧、氮）小幅度频繁变化，使得带钢表面的黑度随之波动，在以辐射加热为主的炉内换热而言，这直接影响到带钢出炉温度。

如图 7.15 所示为工况 a、b 下，带钢沿炉长的温度分布。该辐射管加热段共有 18 个带钢行程，每个行程展开长度约 19m。对于工况 a 和工况 b，带钢在炉内每行程平均升温幅度分别为 34K 和 41K，单行程最高升温幅度分别为 41K 和 89K。

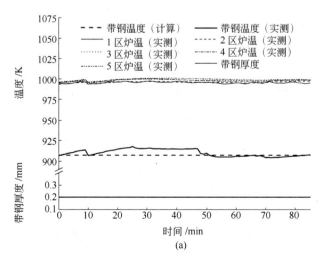

(a)

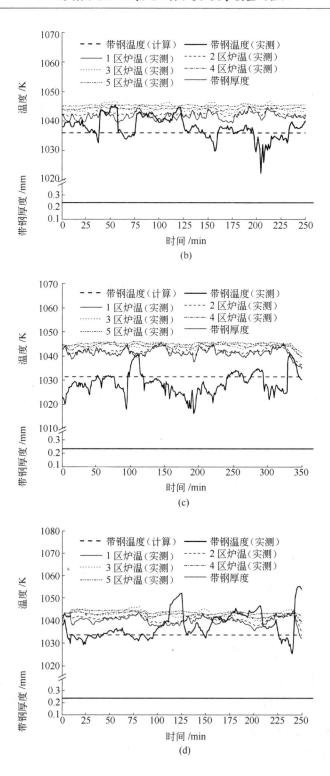

(b)

(c)

(d)

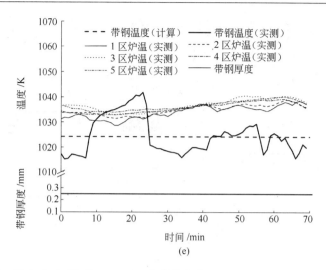

(e)

图 7.14 工况 a 的实验（平均值 910.3K）与数值仿真（907.4K）结果（a）、工况 b 的实验
（平均值 1037.7K）与数值仿真（1036.1K）结果（b）、工况 c 的实验（平均值 1028.8K）
与数值仿真（1031.6K）结果（c）、工况 d 的实验（平均值 1037.6K）与数值仿真（1033.6K）
结果（d）和工况 e 的实验（平均值 1024.5K）与数值仿真（1024.2K）结果（e）

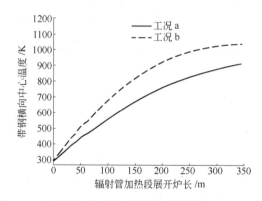

图 7.15 辐射管加热段带温沿炉长的分布（工况 a、b）

由于稳定工况不足以表现炉内的动态特性，为了考察本章所建数学模型的动态特性，需要对变工况进行实验验证。所谓变工况是指带钢规格、钢种、带速、炉温制度等，一个或多个发生变化时的炉内传热过程，由此也可以认为稳定工况是变工况的特殊情况。变工况的特点是炉温、带温的相互耦合，任何一个炉况参数的变化都会导致带温、炉温的双重响应。

根据本章建立的炉内带钢传热过程数学模型，可以获得不同工况下的出炉带温响应曲线。以辐射管加热炉为例，采用 7.5.2 节表 7.1 工况 b 的炉温设置、带钢钢种设置，可获得出炉带温对各操作参数的响应曲线，如图 7.16（a）为出炉带温对带钢运行速度的响应曲线，图 7.16（b）为出炉带温对带钢厚度的响应曲线, 图 7.16 (c) 为出炉带温对带钢速度、带钢厚度的联合响应曲线。以上仿真计算过程中炉温、带钢钢种均保持不变。

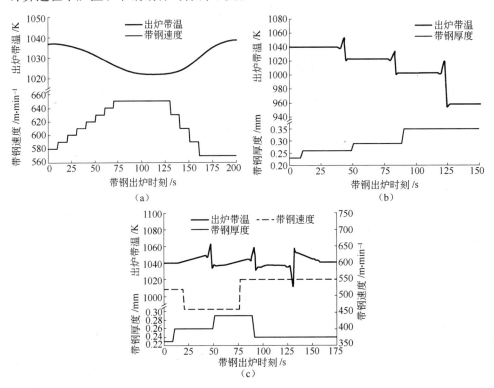

图 7.16　出炉带温对带钢运行速度的响应曲线 (a)、出炉带温对带钢厚度的响应曲线 (b) 和出炉带温对带钢速度和厚度的联合响应曲线 (c)

对比图 7.16 (a)、(b) 可见, 出炉带温对带钢速度的响应是非常快的, 一旦带速变化, 出炉带温能够立即响应。但是, 当带速稳定后, 出炉带温仍需要一段时间才能够稳定, 这个稳定过程的最小时间为带钢在炉时间, 在实际生产中, 通常炉膛温度也会发生变化, 该时间会更长。

然而, 出炉带温对带钢厚度的响应就比较缓慢, 不同规格的带钢头尾焊接在一起形成焊缝, 只有当焊缝出炉后才能够检测到后续带钢的温度, 因此, 出炉带温对带钢厚度的最小响应时间为带钢在炉时间。图 7.16 (b) 中出炉带温的波动时刻即为焊缝出炉时刻, 出炉带温波动的原因是: 炉内带钢传热模型考虑了相邻行程带钢之间的影响, 在求解辐射换热时, 造成的辐射换热热流的数值振荡。

图 7.16 (c) 中显示了带钢速度和厚度联合变化时的出炉带温变化规律。为了保证出炉带温在设定值附近, 需要对带钢速度和炉温制度的调整时间及调整幅度进行优化, 这便是变工况下带温优化的核心。

为了验证本章所建立的炉内带钢传热过程数学模型的正确可靠性，在该机组上进行了变工况实验，该工况是表 7.1 中工况（a）与工况（d）的过渡过程。测试过程中主要参数的时间序列如表 7.2 所示。由表可见，变工况总时间为82 min，完成了从钢种 A 到钢种 C 的切换过程，但是若要变工况之后的炉温、带温达到稳定状态，则通常还需要两小时以上。变工况期间，带钢钢种、厚度、物性参数，以及带钢速度、炉膛温度等均处于变化状态。因此，该种工况下带钢温度的预测十分复杂。

表 7.2 变工况下主要参数的时间序列

时间 /min	钢种	厚度 /mm	黑度	调质度	速度 /m·min^{-1}	说 明
0	钢种 A	0.203	0.130	T-4CA	653	稳定工况 A
97	钢种 B	0.243	0.160	T-5CA	545	变工况时段由于过渡卷物性参数不明，因此模型计算时采用钢种 B 的物性参数。带速切换均在2min 内完成。
113	钢种 B	0.231	0.160	T-5CA	545	
125	钢种 B	0.231	0.160	T-5CA	555	
132	钢种 B	0.231	0.160	T-5CA	534	
135	过渡卷	0.243	—	—	534	
143	过渡卷	0.243	—	—	552	
145	钢种 C	0.237	0.235	T-3CA	552	
164	钢种 C	0.237	0.235	T-3CA	535	
170	钢种 C	0.237	0.235	T-3CA	573	
179	钢种 C	0.237	0.235	T-3CA	583	稳定工况 B

注：与上一时刻相比，有变化的参数以灰色标记。

将变工况下的参数导入本章所建立的数值仿真系统中，获得如图 7.17 所示的带钢预测温度。由于全炉 5 个测点（如图 7.10 所示）实测炉温差别小于 10 K，模型计算时炉膛温度取 5 个测点的算术平均温度。由图可见，本章所建数学模型可以很好地预测变工况下带钢温度的变化趋势。

模型计算带钢温度与实测带钢温度的相对误差、绝对误差如图 7.18 所示。由图可见，除了钢种切换时计算误差较大之外，其他时刻的相对误差均控制在±2%以内，绝对误差控制在±15K 以内。

图 7.19 为相对误差的计数统计图。其中 90%以上的相对误差落在±2%之间，说明本章所建立数学模型能够在绝大多数情况下准确地计算带钢温度。

7.5.3 基于辐射管管壁温度的辐射管加热炉段实验验证

上述 7.5.2 节为根据炉温反推辐射管管壁温度的方法对辐射管加热炉段炉内传热进行的验证，为了说明该方法的有效性，采用相同工况（表 7.2）下的炉温

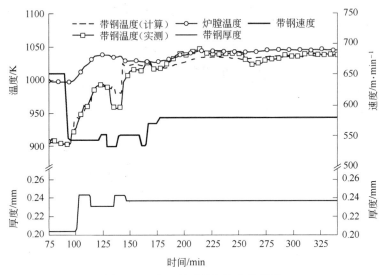

图 7.17　变工况时带钢温度的预测

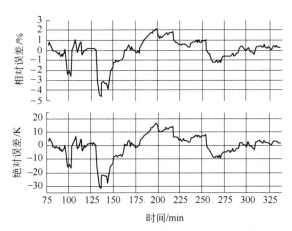

图 7.18　带钢温度的模型计算值与实测值的误差

和辐射管管壁温度实测值，对数值仿真系统进行再次验证。

　　如图 7.20 为辐射管加热段非稳态工况时带钢温度的计算值和实测值的对比。本次验证由于只获取了第二测点、第五测点的辐射管管壁温度，在数值仿真系统中将该炉段划分为两个炉温区，并分别采用第二、第五测点的辐射管管壁温度和炉温实测值，如图 7.20 所示。

　　数值仿真系统计算带钢温度与实测带钢温度的相对误差、绝对误差如图 7.21 所示。由图可见，除了钢种切换时计算误差较大之外，其他时刻的相对误差均控制在 1.5% 以内，绝对误差控制在 ±10 K 以内。相对于根据炉温-辐射管管壁温度之间的关系进行的验证，精度有了一定的提高。数值仿真系统计算的最大误差仍

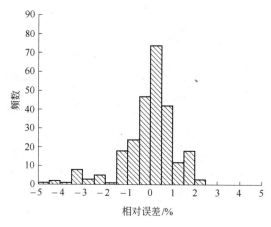

图 7.19　相对误差数据的计数统计图

出现在 140min 前后，这主要是由过渡卷带钢的物性参数不明造成的。图 7.22 为相对误差的计数统计图。其中 90% 以上的相对误差落在 ±1.5% 之间，说明本章所建立的数学模型能够在绝大多数情况下准确地计算带钢温度。数学仿真系统是正确可靠的。

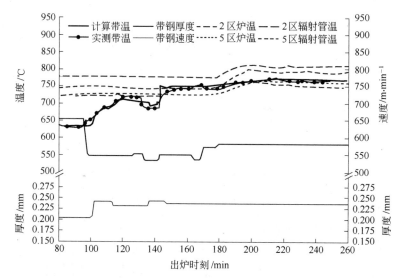

图 7.20　HF 段非稳态工况时带钢温度的计算值和实测值的对比

通过上述 7.5.2 节（根据炉温-辐射管管壁温度关系的验证）、7.5.3 节（根据实测炉温、实测辐射管管壁温度的验证）对数值仿真系统的验证，可以得出如下两个结论：

（1）根据炉温-辐射管管壁温度关系来计算辐射管加热炉内的传热过程是合理的，在该关系的基础上，本章所建立的数学模型能够对辐射管加热炉内的传热

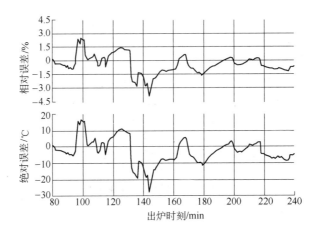

图 7.21　带钢温度的模型计算值与实测值的误差

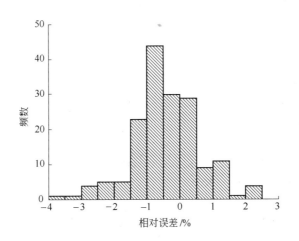

图 7.22　相对误差的计数统计图

过程进行较为准确的描述，在现场条件受限的情况下，值得推广。

　　(2) 采用实测炉温、实测辐射管管壁温度进行的验证，其结果好于前者，这说明：随着实验测量数据的增加，对现场实际的描述也更加精细，进入到数学模型中的信息也越来越全面，其仿真计算结果就更为精确。因此，在现场条件允许的前提下，增加模型的有效输入参数能够提高其计算精度。

7.5.4　电阻加热段内的数值模拟及实验验证

　　电阻加热段与辐射管加热段在结构和工艺上有所不同，在热处理工序中的功能也不同。如图 7.23 (a) 所示，电阻加热段中电阻丝布置在炉衬上，依靠电阻丝提供热量对带钢加热。在热处理过程中，电阻加热段通常只起到保温的作用，对于某些特殊的工艺，如倾斜过时效工序，电阻加热段中还有冷却装置，如图 7.23（b）所示。

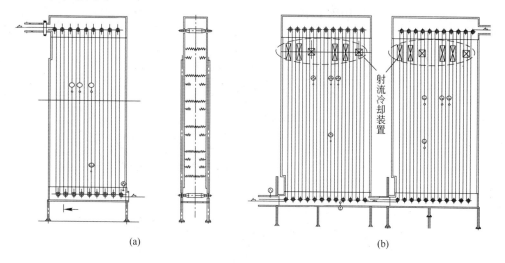

(a)   (b)

图 7.23 电阻加热段的结构示意图

在辐射管加热段非稳态验证的基础上，此时可直接对电阻加热段（见图 7.23）进行非稳态实验验证。验证的炉段分别是 1OA（Over Aging，过时效，图 7.23（a））和 2OA（倾斜过时效，图 7.23（b）），验证工况参数详见表 7.2。

如图 7.24 为 1OA 炉段非稳态工况下带钢温度预测值与实验值的对比。由图 7.24 可见，仿真系统计算结果与实测数据的变化趋势吻合较好，对带速、带钢厚度、钢种的切换均有较好的响应。

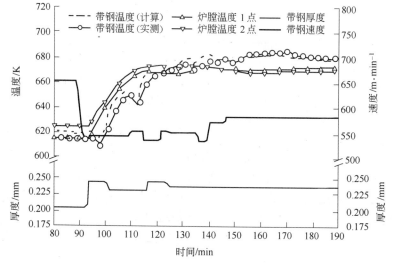

图 7.24 1OA 炉段变工况时带钢温度的预测

如图 7.25 为带钢温度的模型计算值与实测值的误差分布，图 7.26 为相对误差的频数统计。由图可见，在变工况过程中，仿真系统计算的相对误差基本在±2%之内，绝对误差在±10 K 以内。

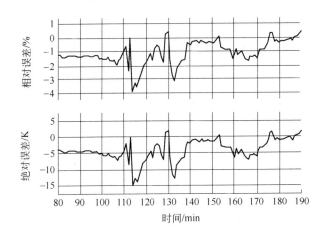

图 7.25　带钢温度的模型计算值与实测值的误差

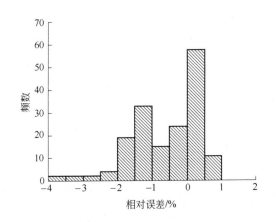

图 7.26　相对误差的频数统计

20A 炉段（倾斜时效段）处于 10A 炉段（过时效段）之后，因此 10A 的出炉温度即为 20A 的入炉温度。对于该炉段的验证同样直接采用非稳态验证的方法。非稳态验证的工况参数如表 7.2 所示，将其输入数值仿真系统中，经计算可获得如图 7.27 所示的计算结果。图中"20A1 炉温"表示 20A 第一炉段的炉膛温度，"20A2 炉温"表示 20A 第二炉段的炉膛温度。

如图 7.28 为带钢温度的模型计算值与实测值的误差分布，图 7.29 为相对误差的频数统计。

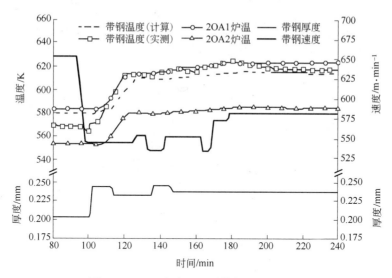

图 7.27 2OA 段变工况时带钢温度的预测

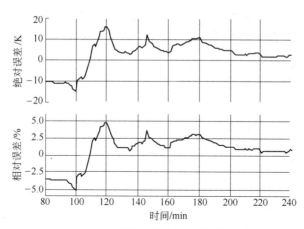

图 7.28 带钢温度的模型计算值与实测值的误差分布

由误差分析图可见，2OA 段的仿真系统计算值与实测值之间的误差稍大，但是相对误差也基本控制在±5%之内。之所以产生如此大的误差，主要是因为在该机组的 2OA 炉段中，在个别行程具有射流冷却装置，如图 7.23 所示。然而，目前的实验数据中并没有该射流冷却装置的数据，使得模型所需参数短缺，由此造成误差较大的现象。

7.5.5 快速冷却段和感应加热段的数值模拟及实验验证

由于带钢连续热处理机组现场的测试条件的限制，在本章的例子中，未能获得变工况下感应加热段、快速冷却段的主要工艺参数，因此无法对这两个炉段进

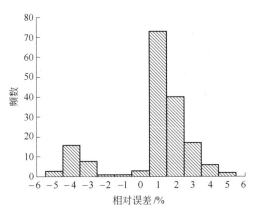

图 7.29　相对误差的频数统计

行变工况验证，仅能通过稳定工况的实测数据，对本章所建模型进行验证。

稳定工况下，快速冷却段的实测参数如表 7.3 所示。仿真计算获得的 1C 炉段带钢温度分布如图 7.30 所示。

表 7.3　快速冷却段的实测参数

项　　目	取　值	项　　目	取　值
钢　　种	钢种 C	带钢厚度/mm	0.237
带钢速度/m·min^{-1}	583	带钢宽度/mm	1063
入炉带钢温度/K	995	喷射气体速度/m·s^{-1}	80
出炉带钢温度/K	454	射流气体温度/K	333

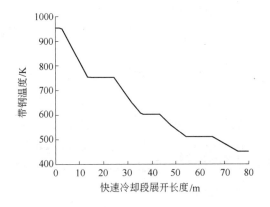

图 7.30　快速冷却段带钢温度分布（出炉温度 451 K）

稳定工况下，感应加热段的实测参数如表 7.4 所示，实验中，感应器的总功率为 2247 kW，感应加热效率 0.67。计算结果如图 7.31 所示。

表7.4 感应加热段的实验验证参数

钢种	宽度/mm	厚度/mm	速度/m·min⁻¹	入炉带温/K	出炉带温/K
钢种C	1063	0.236	579	524	699

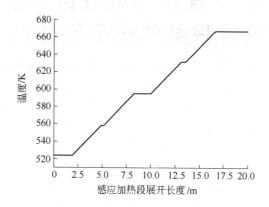

图7.31 感应加热段带钢温度分布（出炉温度667K）

从上述感应加热段、快速冷却段的验证结果表明：本章所建数学模型是合理的，能够准确地预测带钢出炉温度。

8 不锈钢连续热处理卧式炉炉内热过程数学模型及验证

本章以国内某钢厂的热轧不锈钢退火酸洗机组、冷轧不锈钢退火酸洗机组为案例，介绍不锈钢卧式连续退火炉数学模型的建立方法和模型验证。由于热轧不锈钢退火炉和冷轧不锈钢退火炉具有基本类似的传热过程，因此，在物理模型和数学模型的论述过程中以热轧不锈钢退火炉为主，热轧不锈钢退火炉和冷轧不锈钢退火炉数学模型的建立方法并无本质不同，需要特别注意的是由于带钢表面黑度、加热和冷却装置造成的传热特性上的区别。

8.1 物理模型与数学模型

不锈钢卧式连续退火炉的炉型结构如图 8.1 所示。

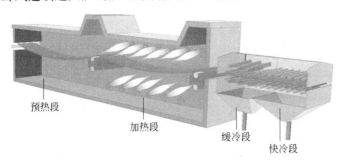

图 8.1 卧式连续退火炉结构示意简图

通常，在卧式连续退火炉内主要有预热段、加热段、缓冷段和快冷段四个工艺段。根据热处理工艺的要求，每一工艺段内通常又分为若干个控制区域，根据需要采用的热处理方式的不同，各控制段的组合方式也不一样。例如在缓冷和快冷段中，通常在缓冷段中采用气体喷射冷却，而在快冷段中采用水雾冷却或者水喷射冷却。在这三种冷却方式中，气体喷射冷却的冷却速率最低，但可控制性能最好，而水喷射冷却则正好相反，水雾冷却介于两者之间。因此，可以根据需要采用不同的冷却方式组合，如：气体喷射+水雾冷却，气体喷射+水喷射等。

8.1.1 控制方程及其离散化

带钢在连续热处理炉内依次经过预热段、明火加热段、喷气冷却段、水雾/

水冷段等工艺过程，最终完成各种规格带钢不同的热处理工艺。在此期间带钢表面受到了高温炉气、炉墙的辐射传热以及高温炉气、高速流动的冷却气体、冷却水的强制对流换热，带钢内部以热传导的方式传递热量[163~166]。

由于炉内传热十分复杂，为了简化计算，特作如下假设条件：

（1）各炉段分区温度独立，忽略炉段间的辐射换热；

（2）每一控制区域内炉温视为均匀分布；

（3）忽略带钢沿炉长方向的导热，不考虑带钢相变热；

（4）各控制段内炉顶以及侧墙温度为定值，且黑度恒定；

（5）带钢表面没有氧化铁皮；

（6）忽略炉辊对带钢温度的影响。

此外，由于炉内带钢长度相对带钢宽度和厚度来说很大，沿长度方向温度梯度较小，通常忽略长度方向的导热。本章所涉及的实例中带钢厚度在 1~10mm，而带钢的宽度在 900~1600mm，两者相差百倍以上，带钢在厚度方向上的导热相对宽度方向可以忽略。为了全面研究带钢在炉内的热过程，需要建立带钢内部传热的一维宽度方向传热过程模型，其物理模型示意图见图8.2。

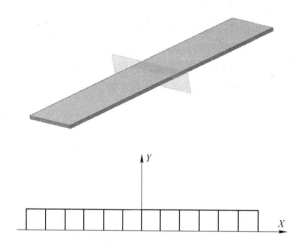

图8.2 带钢在炉内传热过程的物理模型示意图

根据上述假设条件，描述炉内带钢传热的控制方程可写为式（8.1）的形式，其计算区域网格划分如图8.2所示。

$$\rho \cdot C_p \frac{\partial T(x, \tau)}{\partial \tau} = \frac{\partial}{\partial x}\left[k \frac{\partial T(x, \tau)}{\partial x}\right] \tag{8.1}$$

式中，x 为带钢宽度方向坐标，m；τ 为时间坐标，s；ρ 为带钢密度，kg/m³；C_p 为带钢比热容，kJ/(kg·K)；k 为带钢热导率，W/(m·K)。

定解条件如下：

A　几何条件

带钢尺寸：宽度 W，坐标 $x = W$，带钢厚度为 H。

B　物性条件

采用变物性参数，密度、比热、导热系数均随温度变化。

C　初始条件

$$\tau = 0, \quad T(x, y, 0) = T_0(x, y) \tag{8.2}$$

D　边界条件

主要是计算出带钢在各个炉段不同换热条件下的边界热流，如图 8.3 所示，带钢上下两侧热流密度 $q_u(x)$、$q_d(x)$ 为带钢宽度、炉温等参数的函数，均可进一步细分为辐射和对流两部分，如式（8.3）、式（8.4）所示。

$$q_u(x) = q_{uRd}(x) + q_{uCv}(x) \tag{8.3}$$

$$q_d(x) = q_{dRd}(x) + q_{dCv}(x) \tag{8.4}$$

因此，分别获得辐射热流密度和对流换热热流密度即可得到总的热流密度，进而将控制方程离散化，可求解带钢温度分布。

控制方程离散化过程中，忽略带钢侧断面的热流密度影响，仅考虑带钢宽度方向表面的热流密度，根据热平衡法，带钢第 $i(1 < i < n)$ 微元体积（如图 8.3 所示）的热平衡方程可写为：

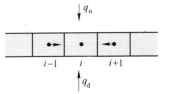

图 8.3　带钢微元体积示意图

$$k \cdot H \cdot \frac{T_{i-1} - T_i}{\Delta x} + k \cdot H \cdot \frac{T_{i+1} - T_i}{\Delta x} + F_i \cdot q_i = \rho \cdot C_p \cdot \Delta x \cdot H \cdot \frac{\partial T}{\partial t} \tag{8.5}$$

进一步整理得到离散化方程：

$$k_{i-1,\,i} \cdot H \cdot \frac{T_{i-1}^{k+1} - T_i^{k+1}}{\Delta x} + k_{i,\,i+1} \cdot H \cdot \frac{T_{i+1}^{k+1} - T_i^{k+1}}{\Delta x} + F_i \cdot q_i$$

$$= \rho \cdot C_p \cdot \Delta x \cdot H \cdot \frac{T_i^{k+1} - T_i^{k}}{\Delta \tau} \tag{8.6}$$

式中，Δx 为空间步长，m；$\Delta \tau$ 为时间步长，s；$k_{i,i+1}$ 为 i，$i+1$ 单元的平均热导率，$W/(m \cdot K)$。

同样方法可以获得 $i = 1$ 时的离散方程为：

$$k_{1,\,2} \cdot H \cdot \frac{T_2^{k+1} - T_1^{k+1}}{\Delta x} + F_1 \cdot q_1 = \rho \cdot C_p \cdot \Delta x \cdot H \cdot \frac{T_1^{k+1} - T_1^{k}}{\Delta \tau} \tag{8.7}$$

当 $i = n$ 时：

$$k_{n-1,\,n} \cdot H \cdot \frac{T_{n-1}^{k+1} - T_n^{k+1}}{\Delta x} + F_n \cdot q_n = \rho \cdot C_p \cdot \Delta x \cdot H \cdot \frac{T_n^{k+1} - T_n^{k}}{\Delta \tau} \tag{8.8}$$

上述 n 个方程组成三对角方程组，可采用追赶法（TDMA）方法求解。

8.1.2 外掠平板对流换热模型

预热段烟气流速较高，对流换热在烟气与带钢间传热占较大比重。对于对流换热系数的确定通常采用准则方程推导得出。根据来流流体的流动特性的不同，可以分为外掠平板层流换热、外掠平板紊流换热和外掠平板层流与紊流复合换热，与此对应的准数方程分别如下[34, 35]：

外掠平板层流换热：

$$Nu = 0.332\ Re^{\frac{1}{2}}\ Pr^{\frac{1}{3}} \qquad (Re < 5 \times 10^5,\ Pr \geqslant 0.6) \qquad (8.9)$$

外掠平板紊流换热：

$$Nu = 0.037\ Re^{\frac{4}{5}}\ Pr^{\frac{1}{3}} \qquad (5 \times 10^5 \leqslant Re \leqslant 10^7,\ 0.6 \leqslant Pr \leqslant 60) \qquad (8.10)$$

外掠平板层流与紊流复合换热：

$$Nu = (0.037\ Re^{\frac{4}{5}} - 871)\ Pr^{\frac{1}{3}} \qquad (5 \times 10^5 \leqslant Re \leqslant 10^7,\ 0.6 \leqslant Pr \leqslant 60) \qquad (8.11)$$

在由上述公式推导 Nu 数的过程中，首先需要计算炉内烟气的雷诺数：

$$Re = \frac{ul}{\nu} \qquad (8.12)$$

式中，Re 为雷诺数；u 为烟气流速，m/s；l 为特征长度，m；ν 为烟气运动黏度，m^2/s。

根据烟气温度查得烟气运动黏度以及普朗特数 Pr，利用准则方程求得 Nu 数，利用式（8.13）计算对流换热系数。

$$Nu = \frac{hl}{\lambda} \qquad (8.13)$$

式中，λ 为烟气热导率，$W/(m \cdot \text{℃})$；h 为对流换热系数，$W/(m^2 \cdot \text{℃})$。

8.1.3 炉内辐射换热模型

不锈钢连续热处理卧式炉的加热炉段，炉内辐射换热为具有辐射参与性介质的辐射换热，若将整个炉膛作为一个整体进行辐射换热的计算，模型将十分复杂（需要考虑不同炉段炉温的影响）。为了简化计算，提高模型的计算速度，将炉内辐射换热简化为横截面上的二维辐射换热问题，并对上下炉膛辐射换热分别求解，如图 8.4 所示为上半炉膛内的辐射换热示意图。

在计算辐射换热热流的过程中，需要首先计算炉壁与带钢之间角系数。角系数指的是从一表面直接射向另一表面的辐射能与其向半球空间辐射的全部辐射能的比值，因此角系数只取决于物体的空间位置和几何形状，是一个纯几何量。在计算炉膛对带钢角系数时，不考虑带钢厚度的影响，对炉膛的简化得到内部几何关系截面图，如图 8.4 所示。

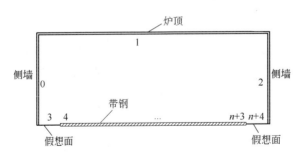

图 8.4　炉膛内部几何关系截面图

如图 8.4 所示，阴影部分代表带钢，沿带钢宽度方向划分为 n 份。为了计算方便，对炉内相互作用的表面进行序号编排。其中，第 3 部分和第 $n+4$ 部分为带钢与炉壁之间间隙，被炉气充满。在这里为了对炉膛空间进行封闭，假设第 3 部分和第 $n+4$ 部分的黑度为 0 的假想面，即这两个表面既不发射也不吸收辐射。

炉壁与带钢的几何关系可以分为两类，第一类为侧墙与带钢单元，第二类为顶墙与带钢单元。对于第一类关系，如图 8.5 所示。

对于第一类关系，需要求解侧墙 a 对于带钢单元 d 的角系数 φ_{a-d}，根据角系数计算公式，可以求得：

$$\varphi_{a-b} = \frac{a + b - c}{2a} \tag{8.14}$$

$$\varphi_{a-(b+d)} = \frac{a + b + d - e}{2a} \tag{8.15}$$

由角系数的可加性，可以得到：

$$\varphi_{a-d} = \varphi_{a-(b+d)} - \varphi_{a-b} = \frac{a + b + d - e}{2a} - \frac{a + b - c}{2a} = \frac{c + d - e}{2a} \tag{8.16}$$

而对于第二类几何关系，可见图 8.6。

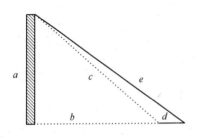

图 8.5　侧墙与带钢单元之间
角系数计算示意图

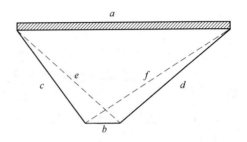

图 8.6　顶墙与带钢单元之间
角系数计算示意图

对第二类关系，需要求解顶墙 a 对于带钢单元 b 的角系数 φ_{a-b}，根据角系数计算公式得到：

$$\varphi_{a-b} = \frac{e + f - c - d}{2a} \tag{8.17}$$

同时根据角系数的相对性，可以得到带钢单元对于炉壁的角系数，以图 8.6 为例，带钢单元对于炉壁的角系数得到如下：

$$\varphi_{b-a} = A_a \varphi_{a-b} / A_b \tag{8.18}$$

其他带钢单元对于炉壁的角系数也可以以同样方法求得。

为方便计算，根据图 8.4 将炉顶以及左、右侧墙对带钢的角系数存储于一个二维数组 X 中，X [0，0，…，$i+4$] 中存储的是左侧墙对各面角系数，X [1，0，…，$i+4$] 中存储的是顶墙对各面角系数，X [2，0，…，$i+4$] 中存储的是右侧墙对各面角系数。图 8.7 为将带钢沿宽度方向划分为 10 份时的角系数计算结果。

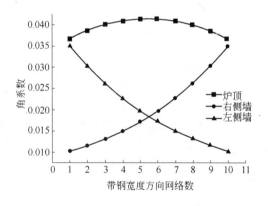

图 8.7　炉壁各面对各个带钢单元的角系数计算结果

获得角系数后，计算辐射换热热流密度的方法如第 4 章所述，需要特别注意的是：

（1）炉内衬的表面温度通常是未知的，由于炉衬的绝热作用，可设置炉衬的边界条件为绝热边界条件，或者定热流密度边界条件；

（2）在某些特殊情况下，可通过热电偶测量炉内衬表面的温度（近似值），此时可设置炉衬的边界条件为定壁温条件；

（3）由于炉内带钢的悬垂，带钢表面在炉内的位置是变化的，因此，不同炉段位置处的角系数需要单独计算。

8.1.4　气体射流冲击换热模型

对于射流冲击换热过程，无论通过计算流体动力学的方法进行仿真计算，还是通过实验测量，均能够获得平均的 Nu 数或局部 Nu 数分布。对于特定的射流冲击换热结构而言，Nu 数与 Re 数、Pr 数具有如下关系：

$$Nu = c_1 Pr^{c_2} Re^{c_3} \tag{8.19}$$

式中，c_1、c_2、c_3 为与射流冲击换热结构有关的常数。

冲击射流的换热系数 h_{Cv} 为：

$$h_{Cv} = \frac{Nu \cdot \lambda_g}{D} \tag{8.20}$$

式中，λ_g 为射流气体的热导率，W/(m·K)；D 为射流喷孔的直径，m。

射流冲击过程的换热量可表示为：

$$q_{Cv} = h_{Cv}(T_g - T_s) \tag{8.21}$$

式中，q_{Cv} 为对流换热量，W/m²；T_g 为喷孔处气体温度，K；T_s 为带钢表面温度，K。

8.1.5 水雾/气雾冷却换热模型

在水雾/气雾冷却换热系数已知的情况下，带钢表面热流密度 q_{Cv} 可表示为：

$$q_{Cv} = \alpha \cdot (T_s - T_w) \tag{8.22}$$

式中，T_w 为水温，K。

通常，水雾/气雾冷却特性是通过实验获得的，然后对实验数据进行拟合，进而得到实验关联式。实验关联式的形式通常是将表面换热热流密度表达成表面温度、水流密度、水温的函数，此时，可根据带钢表面温度、水流密度、水温等参数，直接获得带钢表面热流密度 q_{Cv}。

8.2 炉膛热平衡模型的建立

炉膛热平衡数学模型包括加热段、冷却段各区域热平衡数学模型和全炉热平衡数学模型。建立卧式连续退火炉炉膛热平衡数学模型，可计算出各炉段在最优炉温制度下的燃料供给量、卧式连续退火炉的总燃耗、炉膛热效率、吨钢能耗等经济技术指标。通过预热段炉膛热平衡，可以校核烟气出炉温度，也可以计算空气和燃料的预热温度等。

8.2.1 加热段热平衡模型

烟气预热段内炉膛热平衡控制方程：

$$\rho_j V_j (c_y T_{yj} - c_y T_{yj-1}) + Q_{ox} = \rho_s W_s H_s v_s (c_s T_{sj} - c_s T_{sj-1}) + Q_{sr} + Q_{rc} \tag{8.23}$$

式中，ρ_j、ρ_s 分别为第 j 炉段烟气密度和带钢密度（标态下），kg/m³；V_j 为第 j 炉段总烟气量（标态下），m³/s；c_y、c_s 分别为烟气和带钢的比热容，J/(kg·℃)；T_{yj}、T_{sj} 分别为第 j 炉段烟气温度和带钢温度，℃；T_{yj-1}、T_{sj-1} 分别为第 $j-1$ 炉段烟气温度和带钢温度，℃；W_s、H_s 分别为带钢厚度和带钢宽度，mm；v_s 为带钢速度，m/min；Q_{ox} 为钢坯氧化放热，W；Q_{sr} 为炉墙外表面散热，W；Q_{rc} 为炉辊冷却水带走热量，W。

明火加热段内炉膛热平衡方程：

$$B_j(Q_{dw} + L_n\rho_a C_a T_a + \rho_f C_f T_f) + Q_{ox} + Q_{up}$$
$$= Q_{sr} + Q_{ch} + Q_{rc} + Q_{down} + \rho_s W_s H_s v_s(C_s T_{sj} - C_s T_{sj-1}) \qquad (8.24)$$

式中，B_j 为当前炉段燃料消耗量，m^3/s；Q_{dw} 为燃料的低发热量，kJ/m^3；L_n 为实际空气需要量，m^3/m^3；C_a、C_f 分别为预热空气和燃料的平均比热，$J/(kg \cdot ℃)$；T_a、T_f 分别为空气和燃料的预热温度，℃；Q_{ch} 为化学不完全燃烧热，W；Q_{up}、Q_{down} 分别为第 j 炉段上游烟气带入热量和排到下游的烟气带走热量，W。

带钢在加热过程热平衡计算中，热量收入项包括燃料燃烧化学热、空气带入物理热、燃料带入物理热以及烟气带入热量。带钢的热量支出项包括带钢吸收热量、炉墙外壁散热、烟气带走热量和其他热损失（化学不完全燃烧热、辊内冷却水带走热量等）。最终形成表 8.1 所示热平衡报表。

表 8.1 加热部分热平衡报表

收　　入		热　量		支　　出		热　量	
符号	项　目	$10^6 kJ/h$	%	符号	项　目	$10^6 kJ/h$	%
Q_1	燃料燃烧化学热量			Q_1'	出炉带钢带出物理热量		
Q_2	空气带入物理热量			Q_2'	炉尾烟气带出物理热量		
Q_3	带钢氧化反应热			Q_3'	化学不完全燃烧热		
				Q_4'	炉体表面散热量		
				Q_5'	其他		
ΣQ_1	合　计			$\Sigma Q_1'$	合　计		

对于上述热过程的分析诊断，常用的技术经济指标如下：

炉膛热效率 η：

$$\eta = \frac{Q_1'}{\Sigma Q} \qquad (8.25)$$

单位热耗 b：

$$b = \frac{Q_1}{G_p} \qquad (8.26)$$

式中，G_p 表示带钢产量，t/h。

8.2.2 冷却段热平衡模型

气体射流冲击冷却炉段热平衡方程：

$$\rho_s W_s H_s v_s (C_s T_{sj-1} - C_s T_{sj}) + Q_{ox} + Q_{up} = Q_{sr} + \rho_{cg} V_{cg} C_{cg} (T_{cg1} - T_{cg0}) + Q_{down}$$
$$(8.27)$$

式中，ρ_{cg} 为冷却气体密度，$\mathrm{kg/m^3}$；V_{cg} 为冷却气体用量，$\mathrm{m^3/s}$；C_{cg} 为冷却气体比热容，$\mathrm{J/(kg \cdot ℃)}$；T_{cg0}、T_{cg1} 分别为冷却气体入口和出口温度，℃；Q_{up}、Q_{down} 分别为上游冷却气体带入热量和排到下游的冷却气体带走热量，J。

喷雾冷却炉膛热平衡方程：

$$\rho_s W_s H_s v_s (C_s T_{sj-1} - C_s T_{sj})$$
$$= - Q_{ox} - Q_{up} Q_{sr} + \rho_{cw} V_{cw} C_{cw} (T_{cw1} - T_{cw0}) + Q_{down} + Q_{qh} \qquad (8.28)$$

式中，ρ_{cw} 为冷却水密度，$\mathrm{kg/m^3}$；V_{cw} 为冷却水用量，$\mathrm{m^3/s}$；C_{cw} 为冷却水比热容，$\mathrm{J/(kg \cdot ℃)}$；Q_{qh} 为部分冷却水汽化带走热量，W。

8.2.3　全炉热平衡模型

加热部分：

$$B_j (Q_{dw} + L_n \rho_a c_a T_a + \rho_f c_f T_f - V_n \rho_y c_y T_y) + Q_{ox} = Q_{sr} + Q_{rc} + Q_{ch} + Q_s \qquad (8.29)$$

式中，ρ_y 为烟气密度，$\mathrm{kg/m^3}$。

冷却部分：

$$\rho_s W_s H_s v_s (C_s T_{sj-1} - C_s T_{sj}) + Q_{ox}$$
$$= Q_{sr} + \rho_{cw} V_{cw} C_{cw} (T_{cw1} - T_{cw0}) + \rho_{cg} V_{cg} C_{cg} (T_{cg1} - T_{cg0}) + Q_{qh} \qquad (8.30)$$

8.3　不锈钢热带连续退火炉数值仿真结果及验证

如图 8.8 所示，为不锈钢热带连续退火炉结构示意图，在不锈钢热带连续退火炉中，加热段第六区、第八区出口以及冷却段相应出口位置均有带钢温度检测点，因此可以对加热段以及冷却段分别进行验证。以下验证分为加热段仿真结果验证以及冷却段仿真结果验证。

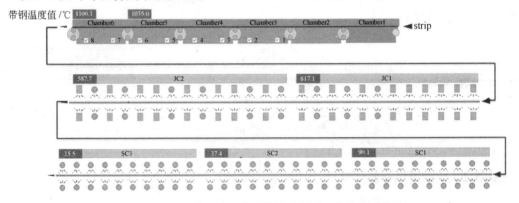

图 8.8　不锈钢热带连续退火炉结构示意图（参见书后彩图）

8.3.1 加热部分带温实测值、配方值与仿真结果分析

加热段仿真结果的验证可以分为稳定工况的验证和变工况的验证。在稳定工况下，炉温以及带钢速度的波动很小。因此，可以认为炉温以及带钢速度为定值。根据对现场提取的生产数据，选取如表8.2所示五种工况作为稳态工况的验证数据。

表8.2 五种工况对应的带钢参数

项目	钢种代码	带钢宽度/m	带钢厚度/mm	带钢 TV 值/mm·m·min^{-1}	
				实际值	配方值
工况 1	1107	1.52	5.05	153.31	230
工况 2	1202	1.50	4.00	118.34	210
工况 3	1107	1.53	9.50	187.09	210
工况 4	3103	1.26	3.00	103.24	180
工况 5	1308	1.24	2.80	125.94	120

在上述五种工况下，分别以现场实测炉温以及配方设定炉温值为已知条件求解带钢温度分布，并利用加热六区以及八区出口处实测带钢温度进行验证。验证得到的结果见表8.3，带钢温度曲线如图8.9所示。其中表8.3中T_f指炉温，T_s指带钢温度，Z_1，Z_2，…，Z_8指炉区编号。

表8.3 五种实验方案对应的各区段炉温以及带钢温度值

项目		T_f-Z_1	T_f-Z_2	T_f-Z_3	T_f-Z_4	T_f-Z_5	T_f-Z_6	T_f-Z_7	T_f-Z_8	T_s-Z_6	T_s-Z_8
工况 1	实测值	989	1009	1094	1104	1152	1153	1157	1139	1072	1094
	计算值	989	1009	1094	1104	1152	1153	1157	1139	1041	1093
	配方值	1080	1100	1155	1165	1178	1180	1180	1155	1080	1090
	计算值	1080	1100	1155	1165	1178	1180	1180	1155	958	1048
工况 2	实测值	980	980	1065	1075	1139	1141	1146	1133	1089	1103
	计算值	980	980	1065	1075	1139	1141	1146	1133	1080	1114
	配方值	1100	1100	1150	1150	1200	1200	1153	1153	1090	1100
	计算值	1100	1100	1150	1150	1200	1200	1153	1153	995	1071
工况 3	实测值	1015	1032	1106	1106	1178	1178	1158	1157	1055	1082
	计算值	1015	1032	1106	1106	1178	1178	1158	1157	1021	1079
	配方值	1050	1060	1130	1130	1185	1185	1165	1163	1070	1090
	计算值	1050	1060	1130	1130	1185	1185	1165	1163	1001	1075

续表 8.3

项 目		T_f-Z_1	T_f-Z_2	T_f-Z_3	T_f-Z_4	T_f-Z_5	T_f-Z_6	T_f-Z_7	T_f-Z_8	T_s-Z_6	T_s-Z_8
工况 4	实测值	936	937	1012	1012	1009	1003	1001	979	/	953
	计算值	936	937	1012	1012	1009	1003	1001	979	978	962
	配方值	1030	1030	1090	1090	1040	1030	1020	995	940	950
	计算值	1030	1030	1090	1090	1040	1030	1020	995	913	952
工况 5	实测值	1089	1100	1136	1157	1163	1166	1174	1145	1138	1132
	计算值	1089	1100	1136	1157	1163	1166	1174	1145	1124	1139
	配方值	1100	1110	1155	1165	1145	1150	1160	1145	1120	1120
	计算值	1100	1110	1155	1165	1145	1150	1160	1145	1116	1137

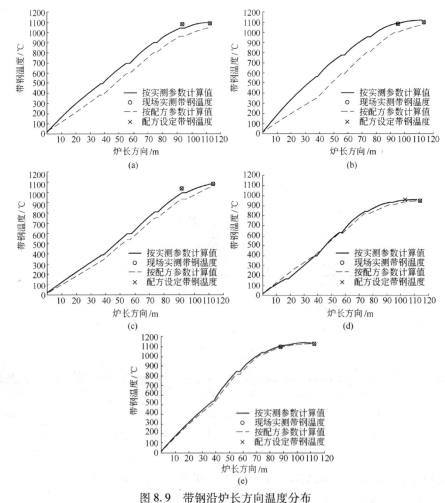

图 8.9 带钢沿炉长方向温度分布

(a) 工况 1; (b) 工况 2; (c) 工况 3; (d) 工况 4; (e) 工况 5

从上述验证结果可以看出，加热段出口处带钢温度计算值与实测值吻合较好。结合现场实际情况分析，加热六区出口带钢温度测点靠近炉辊，由于辊内通有冷却水，同时受炉内气氛的影响，导致该点测得的带钢温度有一定偏差。加热八区带钢温度测点距离该区出口 2.7m，不在炉辊的影响范围之内，同时该处受炉内气氛影响很小，因此下文将采用加热八区出口带钢温度进一步对模型进行准确性验证。

对上述模型计算结果与实测值的误差进行综合分析，可以得到如图 8.10 所示的绝对误差和相对误差分析结果。从图中可以看出，按照配方数据进行仿真计算，带钢温度与设定值偏差较大，而按照实测数据进行仿真计算，带钢温度与设定值较为接近。这说明，机组原定的设计参数随着机组的运行，已经不再适用，而生产现场也确实弃用配方值，改用调整后的工艺参数（即实测数据）进行生产，数学模型很好地反映了这一现象。

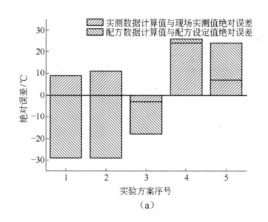

(a)

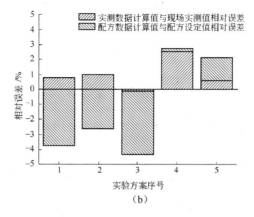

(b)

图 8.10 带钢温度模型的计算值与实测值误差分析
(a) 绝对误差；(b) 相对误差

8.3.2　不锈钢热带连续退火炉加热部分实验验证

对于不锈钢热带连续退火炉，由于无法导出连续的生产数据，因此，采集的现场实测数据主要是一系列独立的稳态工况下生产数据，但是，据此可以对模型进行稳态工况下的大规模验证。稳态工况的验证包含 1107，1308，3103 等钢种，同时对应每一钢种，涵盖了不同的带钢厚度以及机组运行速度下的多组实验工况。

图 8.11 和图 8.12 所示为钢种代号为 1107 的带钢在 20 组稳态工况下的带钢温度计算值与实测值的对比。随着实验方案编号所对应的工况发生改变，带钢厚度变化范围为 2.5~10mm，相应带钢的速度以及炉温参数见表 8.4。

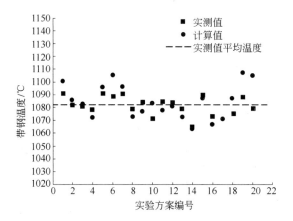

图 8.11　不同稳态工况下钢种（1107）带钢温度的计算值与实测值对比

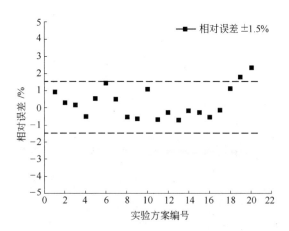

图 8.12　不同稳态工况下钢种（1107）带钢温度的计算值与实测值误差分析

表8.4 不同稳态工况下钢种（1107）工艺参数及验证结果

实验方案编号	带钢参数				炉温/℃								带钢温度/℃		
	厚度/mm	宽度/mm	速度/m·min⁻¹	TV值/mm·m·min⁻¹	一区	二区	三区	四区	五区	六区	七区	八区	实测值	计算值	相对误差/%
1	2.939	1249	64	188.10	1023	1044	1154	1164	1200	1201	1176	1158	1091	1100.9	0.91
2	2.998	1250	74	221.85	1057	1068	1178	1188	1218	1219	1194	1174	1082	1085.4	0.31
3	2.999	1251	72	215.93	1046	1060	1169	1180	1212	1212	1188	1168	1081	1082.6	0.15
4	3.000	1025	76	228.00	1055	1065	1175	1185	1216	1215	1190	1170	1078	1072.3	-0.53
5	3.003	953	64	192.19	1023	1044	1154	1164	1200	1201	1176	1158	1091	1096.5	0.50
6	3.059	1250	65	198.84	1041	1060	1165	1175	1211	1212	1189	1169	1089	1104.9	1.46
7	3.059	1252	69	211.07	1054	1068	1173	1183	1216	1216	1192	1171	1091	1096.6	0.51
8	3.211	1264	71	227.98	1060	1070	1175	1185	1215	1215	1190	1170	1079	1072.9	-0.57
9	3.529	1253	65	229.39	1060	1070	1180	1190	1220	1221	1195	1175	1084	1077.0	-0.65
10	3.529	1293	59	208.21	1041	1055	1161	1171	1205	1204	1181	1162	1072	1083.4	1.06
11	4.030	1038	57	229.71	1060	1070	1180	1190	1220	1221	1195	1175	1085	1077.6	-0.68
12	4.531	1254	50	226.55	1060	1070	1180	1190	1220	1220	1195	1175	1084	1081.1	-0.27
13	5.077	1251	45	228.47	1060	1070	1175	1185	1215	1216	1190	1170	1080	1072.5	-0.69
14	5.558	1536	41	227.88	1056	1065	1181	1181	1210	1192	1191	1165	1065	1063.5	-0.14
15	5.591	1258	41	229.23	1065	1075	1190	1190	1220	1225	1210	1182	1090	1087.1	-0.27
16	5.688	1530	40	227.52	1055	1065	1180	1181	1210	1215	1189	1163	1073	1067.4	-0.52
17	7.449	1532	30	223.47	1055	1065	1170	1180	1210	1211	1185	1165	1072	1070.8	-0.11
18	8.850	1259	25	221.25	1060	1070	1170	1170	1230	1193	1200	1190	1075	1087.1	1.13
19	9.790	1257	22	215.38	1104	1103	1175	1165	1189	1176	1219	1198	1088	1107.2	1.76
20	10.000	1259	22	220.00	1101	1101	1173	1163	1216	1215	1207	1188	1080	1105.2	2.33

从图 8.11 和图 8.12 中可以看出，在实验方案 1~18 所对应的工况下，带钢温度计算值与实测值吻合很好，相对误差控制在±1.5%以内。方案 19 和方案 20 对应的带钢厚度均在 9.5mm 以上，带钢温度计算值与实测值绝对误差在 25℃左右，相对误差约为 2%，较带钢厚度 9.5mm 以下工况误差略大，其原因可能是厚度 9.5mm 以上带钢在入炉前的轧制规程与其他的不同，导致带钢表面状态发生了改变，进而改变了表面黑度，由此一方面影响了数学模型的计算值，另一方面影响了现场辐射高温计的测量值，两方面综合的影响，使得计算误差增大。

对于 200 系不锈钢，选取 1308 这一典型钢种为例进行验证。在验证工况下，带钢的厚度变化范围为 2.5~4.0mm，各稳态工况对应带速及炉温参数见表 8.5。从图 8.13 和图 8.14 可以看出，带钢温度计算值与实测值相对误差均在±1.5%以内。

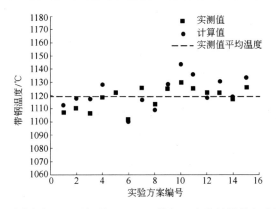

图 8.13   不同稳态工况下钢种（1308）带钢温度的计算值与实测值对比

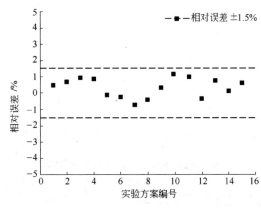

图 8.14   不同稳态工况下钢种（1308）带钢温度的计算值与实测值误差分析

对于 400 系不锈钢，选取 3103 这一典型钢种为例进行验证。所采用的稳态工况中，带钢的厚度变化范围为 2.948~5.12mm，对应的炉温以及带钢速度等相关参数见表 8.6。从图 8.15 的带钢温度计算值与实测值对比可以看出，两者相差

表 8.5 不同稳态工况下钢种（1308）工艺参数及验证结果

实验方案编号	带钢参数				炉温/℃								带钢温度/℃		
	厚度/mm	宽度/mm	速度/m·min⁻¹	TV值/mm·m·min⁻¹	一区	二区	三区	四区	五区	六区	七区	八区	实测值	计算值	相对误差/%
1	2.499	1248	55	137.45	1096	1112	1157	1168	1169	1169	1165	1155	1107	1112.6	0.51
2	2.499	1248	53	132.45	1093	1109	1155	1165	1168	1169	1165	1155	1110	1117.7	0.69
3	2.798	1251	45	125.91	1062	1087	1133	1162	1156	1166	1175	1150	1107	1117.2	0.92
4	2.798	1248	48	134.30	1099	1110	1145	1170	1165	1165	1195	1170	1119	1128.2	0.82
5	2.799	1250	53	148.35	1122	1132	1160	1186	1169	1168	1198	1174	1122	1120.6	-0.12
6	2.799	1247	53	148.35	1115	1108	1154	1164	1168	1168	1164	1154	1102	1099.4	-0.24
7	3.047	1261	49	149.30	1110	1120	1150	1180	1176	1176	1190	1180	1125	1116.8	-0.73
8	3.197	1252	46	147.06	1105	1125	1165	1185	1163	1173	1180	1156	1113	1108.6	-0.40
9	3.198	1252	42	134.32	1087	1097	1127	1163	1166	1165	1202	1178	1125	1128.5	0.31
10	3.199	1251	41	131.16	1096	1107	1137	1177	1181	1182	1197	1187	1130	1143.2	1.17
11	3.798	1251	35	132.93	1094	1104	1135	1176	1181	1181	1197	1186	1125	1135.9	0.97
12	3.798	1252	39	148.12	1110	1120	1150	1180	1176	1176	1189	1180	1122	1118.3	-0.33
13	3.799	1250	35	132.97	1087	1097	1127	1163	1165	1166	1202	1178	1122	1130.4	0.75
14	3.998	1251	37	147.93	1111	1120	1150	1181	1176	1176	1190	1180	1118	1119.2	0.11
15	3.998	1251	35	139.93	1098	1108	1140	1152	1178	1177	1199	1199	1126	1133.2	0.64

表 8.6　不同稳态工况下钢种（3103）工艺参数及验证结果

实验方案编号	带钢参数				炉温/℃								带钢温度/℃		
	厚度/mm	宽度/mm	速度/m·min⁻¹	TV值/mm·m·min⁻¹	一区	二区	三区	四区	五区	六区	七区	八区	实测值	计算值	相对误差/%
1	2.948	1309	55	162.14	1013	1012	1076	1076	1061	1041	1031	1006	943	940.3	-0.29
2	2.949	1263	60	176.94	1032	1032	1093	1093	1073	1053	1054	1054	956	948.3	-0.81
3	3.038	1038	59	179.24	1035	1036	1096	1096	1076	1056	1056	1057	949	949.5	0.05
4	3.499	1058	51	178.45	1040	1040	1100	1100	1080	1060	1060	1060	958	957.1	-0.09
5	3.618	1259	49	177.28	1040	1040	1100	1104	1073	1059	1065	1052	950	956.8	0.72
6	3.619	1256	46	166.47	1016	1016	1079	1079	1061	1043	1045	1044	948	948.3	0.03
7	3.998	1265	44	175.91	1029	1030	1090	1089	1060	1035	1020	1000	920	921.9	0.21
8	4.118	1260	43	177.07	1040	1040	1110	1100	1080	1060	1060	1055	959.0	958.8	-0.02
9	4.118	1260	43	177.07	1029	1030	1100	1090	1071	1050	1050	1045	936	943.3	0.78
10	4.119	1265	43	177.12	1041	1040	1110	1100	1080	1060	1060	1055	960	959.0	-0.10
11	4.619	1295	39	180.14	1040	1040	1110	1100	1080	1060	1060	1055	965	953.3	-1.21
12	4.621	1260	38	175.60	1029	1029	1100	1090	1070	1050	1050	1046	945	946.0	0.11
13	4.899	1272	36	176.36	1030	1031	1099	1091	1065	1040	1035	1010	936	930.4	-0.60
14	5.12	1261	35	179.20	1040	1040	1110	1100	1080	1060	1060	1055	959	955.1	-0.41
15	5.122	1257	35	179.27	1029	1030	1100	1090	1070	1050	1051	1045	950	939.4	-1.12

不大，相邻工况的带温变化趋势一致。对上述结果进行进一步的误差分析，从图8.16中可以看出，带钢温度的计算值与实测值相对误差均在±1.5%以内，其中最大相对误差仅为-1.21%。

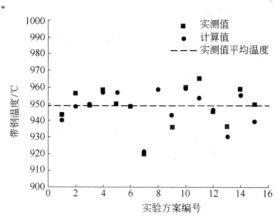

图8.15　不同稳态工况下钢种（3103）带钢温度的计算值与实测值对比

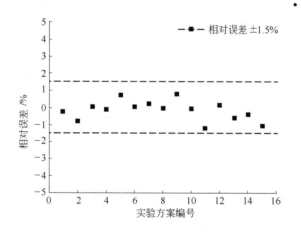

图8.16　不同稳态工况下钢种（3103）带钢温度的计算值与实测值误差分析

上述三种带钢在各自对应的稳态工况下，模型计算的带钢温度与实测值吻合良好，证明了不锈钢热带连续退火炉的加热过程模型建立过程合理，计算结果准确，具有很强的仿真能力及仿真精度。同时在验证过程中也发现，在同样的物性参数下，对应某一钢种，在大部分规格的带钢模拟计算结果与实测值吻合较好的情况下，出现了特定的规格下得到的仿真结果与实测值相差较大的情况。

表8.7所示为钢种1309在不同稳态工况下带钢温度的计算值与实测值的对比。从图8.17中可以看出，在实验方案编号为1~7的情况下，带钢温度计算值

与实测值吻合良好，但是在编号 8~11 的稳态工况下，两者相差较大。在编号 1~7 的稳态工况下，带钢的厚度变化范围为 1.98~2.5mm，在编号 8~11 的稳态工况下，带钢的厚度均大于 2.5mm。从图 8.18 的误差分析中可以看出，编号为 9 的稳态工况下带钢温度计算值与实测值的相对误差达到了 7%。因此对钢种代号 1309 的钢验证表明，当带钢厚度大于 2.5mm 时，仍然采用 2.5mm 以下稳态工况下同样物性参数，模型计算结果与实测值相差较大，认为 2.5mm 以下带钢的物性参数对于 2.5mm 以上情况不适用。

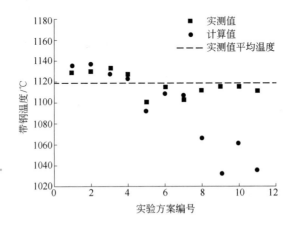

图 8.17　不同稳态工况下钢种（1309）带钢温度的计算值与实测值对比

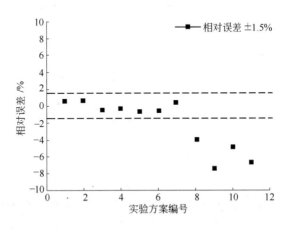

图 8.18　不同稳态工况下钢种（1309）带钢温度的计算值与实测值误差分析

　　分析造成这一结果的原因，可能有以下两方面因素，一是来料卷前序工艺的不同造成同一钢种代号的钢在不同规格下具有不同的物性参数，二是带钢在入炉前经过轧制使得带钢的表面状态发生改变，从而引起物性参数的变化，如带钢黑度。

表 8.7 不同稳态工况下钢种 (1309) 工艺参数及验证结果

实验方案编号	带钢参数			TV值/mm·m·min⁻¹	炉温/℃								带钢温度/℃		相对误差/%
	厚度/mm	宽度/mm	速度/m·min⁻¹		一区	二区	三区	四区	五区	六区	七区	八区	实测值	计算值	
1	1.980	1230	44	87.12	1045	1059	1106	1114	1154	1163	1195	1196	1129	1135.2	0.55
2	1.980	1230	45	89.10	1062	1072	1113	1124	1155	1165	1196	1197	1130	1136.6	0.58
3	2.200	1240	44	96.80	1077	1087	1125	1135	1157	1167	1198	1198	1133	1127.4	-0.49
4	2.200	1238	45	99.00	1077	1088	1125	1135	1157	1167	1198	1198	1127	1122.7	-0.38
5	2.300	1230	45	103.50	1083	1094	1142	1155	1147	1152	1168	1158	1100	1092.3	-0.70
6	2.500	1241	44	110.00	1110	1119	1164	1174	1160	1170	1200	1175	1115	1108.6	-0.57
7	2.500	1241	45	112.50	1099	1110	1155	1165	1150	1155	1170	1160	1103	1106.5	0.32
8	2.798	1230	45	125.91	1100	1110	1145	1170	1165	1165	1188	1170	1112	1066.4	-4.10
9	3.198	1240	42	134.32	1087	1098	1128	1168	1171	1172	1187	1178	1115	1032.5	-7.40
10	3.798	1246	34	129.13	1094	1104	1134	1176	1181	1181	1197	1187	1116	1060.5	-4.97
11	3.798	1242	35	132.93	1087	1097	1128	1168	1171	1171	1186	1177	1111	1035.7	-6.78

从上述稳态验证的结果来看，带钢温度的计算值与实测值吻合很好，绝大部分工况下，相对误差控制在±1.5%以内。因此可以认为不锈钢热带连续退火过程仿真模型所建立的加热部分热过程模型，包括废气预热模型以及明火加热模型，正确可靠，使得模型在稳定工况下具有广泛的适应性以及良好的仿真精度。

除了上述稳定工况下的验证计算，模型还可以在变工况下（例如带钢速度变化、钢种切换等）进行模拟计算。图 8.19 和 8.20 所示为钢种 1107 在带钢速度变化的变工况下的验证结果，该计算结果依据的现场数据如表 8.8 所示。从图中可以看出随着带钢速度的下降，炉温随之降低，带钢温度计算值与炉温变化趋势一致，且两者间相对误差在±1.5%以内。

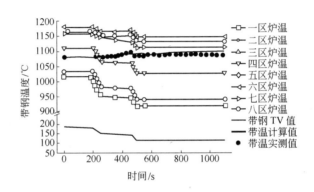

图 8.19　带速变化工况下带钢（1107）温度的计算值与实测值对比

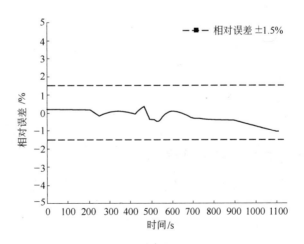

图 8.20　带速变化工况下带钢（1107）温度的计算值与实测值误差分析

表 8.8 带速变化工况下带钢 (1107) 工艺参数

时间/s	带钢参数				TV值 /mm·m·min⁻¹	炉温/℃							
	钢种代号	厚度/mm	宽度/mm	速度/m·min⁻¹		一区	二区	三区	四区	五区	六区	七区	八区
0	1107	9.5	1530	19.39	184.21	1017.49	1034.01	1108.33	1108.41	1178.55	1178.35	1158.05	1156.32
200	1107	9.5	1530	18.82	178.80	1017.49	1034.01	1108.33	1108.41	1178.55	1178.35	1158.05	1156.32
210	1107	9.5	1530	18.25	173.40	1004.36	1023.46	1099.06	1099.48	1175.85	1175.61	1155.35	1154.32
220	1107	9.5	1530	17.68	168.00	991.23	1012.91	1089.79	1090.55	1173.14	1172.87	1152.65	1152.32
230	1107	9.5	1530	17.12	162.59	978.11	1002.36	1080.52	1081.62	1170.44	1170.14	1149.95	1150.33
240	1107	9.5	1530	16.55	157.19	964.98	991.81	1071.25	1072.69	1167.73	1167.40	1147.25	1148.33
250	1107	9.5	1530	15.98	151.79	951.85	981.26	1061.98	1063.76	1165.03	1164.66	1144.55	1146.33
350	1107	9.5	1530	15.41	146.38	949.50	978.89	1061.67	1062.39	1164.42	1165.47	1136.75	1147.87
465	1107	9.5	1530	14.84	140.98	947.15	976.51	1061.36	1061.02	1163.81	1166.28	1128.94	1149.41
475	1107	9.5	1530	13.89	131.96	938.10	965.16	1050.27	1050.42	1158.21	1159.96	1123.34	1143.09
485	1107	9.5	1530	12.94	122.93	929.05	953.82	1039.19	1039.83	1152.62	1153.64	1117.75	1136.77
495	1107	9.5	1530	11.99	113.91	920.00	942.47	1028.10	1029.23	1147.02	1147.32	1112.15	1130.45
750	1107	9.5	1530	11.99	113.91	920.00	942.47	1028.10	1029.23	1147.02	1147.32	1112.15	1130.45

从上述验证结果来看，不论是在稳定工况以及变工况下，本章所建立的不锈钢热带连续退火过程计算机数值仿真系统计算所得到的结果与现场实测数据吻合良好，相对误差基本都在±1.5%以内，说明该系统具有良好的计算精度以及适应能力。

8.3.3　不锈钢热带连续退火炉冷却部分实验验证

带钢的冷却过程较为复杂，同时包括气体喷射冷却、水喷射冷却和辐射换热等热过程。为了更好的验证该仿真系统所建立的气体喷射冷却模型以及水喷射冷却模型的准确性，将冷却段的验证与加热段分开进行，使用实测的加热段出口带钢温度作为冷却过程仿真计算的初始值。由于现场取得的冷却段实测数据较加热段少，因此选取一段时间内稳定的连续生产数据作为一个稳定工况的验证。

对于钢种1307，在带钢速度 $v=30\mathrm{m/min}$ 的稳定工况下，对应的带钢以及冷却段参数见表8.9。图8.21～8.24所示分别为气体喷射冷却一段（JC1）、气体喷射冷却二段（JC2）、水喷射冷却二段（SC2）、水喷射冷却三段（SC3）的出口带温验证结果。由于选取的验证数据为一稳定工况下连续生产数据，因此更具有代表性。

验证结果显示，JC1段出口带钢温度计算值与实测值相差12℃左右，JC2段出口两者相差30℃左右，基本满足要求，同时也表明喷气冷却段采用的对流换热计算公式能够正确反映带钢在气体喷射冷却段的冷却规律。在水喷射冷却过程中，由于模型采用的冷却水温度固定为25℃，因此模型计算得到的SC2与SC3出口处带钢温度为25℃。而现场实测的数据可能由于环境温度变化而有一定偏差。

对于钢种1307，同时验证了带钢速度 $v=39.3\mathrm{m/min}$ 工况下各冷却段出口带钢温度。该工况下对应冷却过程参数及验证数值结果见表8.10。图8.25～8.28为冷却部分各段出口处带钢温度验证结果图。验证结果表明，JC1段出口实测带温波动较大，存在一定的测量误差，而计算值与实测值在0～130s内吻合很好。JC2段出口段带温计算值与实测值相差18℃，能够满足要求。

SC1段出口没有温度检测，因此无法进行验证。根据现场经验，SC3段在实际生产过程中一般不开，SC2段出口带钢温度已接近冷却水温。由于模型计算过程中采用恒定的冷却水温25℃，因此得到的结果会出现带钢在SC段出口温度恒定为25℃。

对于钢种1308，在带钢速度 $v=30\mathrm{m/min}$ 稳定工况下进行验证，相关冷却过程参数及验证结果参见表8.11。图8.29～8.32为冷却部分各段出口处带钢温度验证结果图。验证结果表明，JC1段出口处带钢温度计算值与实测值吻合很好，相差仅为5℃左右。JC2段出口处两者相差11℃左右，表明模型对于气体喷射冷却过程具有很高的计算精度。SC段出口温度规律与其他钢种类似。

表 8.9　速度v=30m/min工况下带钢（1307）冷却过程参数及验证结果

时间/s	带钢参数					冷却参数			带钢温度/℃							
	钢种代号	厚度/mm	宽度/mm	带钢速度/m·min⁻¹	入口带温/℃	JC1风量/%	JC2风量/%	SC水量/m³·h⁻¹	JC1实测值	JC1计算值	JC2实测值	JC2计算值	SC2实测值	SC2计算值	SC3实测值	SC3计算值
0	1307	3	1235	30	1081	99	99	320	641	623.7	400	368	34	25	46	25
8	1307	3	1235	30	1079	99	99	320	635	623.7	400	368	34	25	47	25
20	1307	3	1235	30	1076	99	99	320	637	623.7	400	368	34	25	47	25
28	1307	3	1235	30	1075	99	99	320	639	623.7	400	368	34	25	47	25
38	1307	3	1235	30	1076	99	99	320	625	623.7	400	368	34	25	46	25
47	1307	3	1235	30	1077	99	99	320	631	623.7	400	368	33	25	47	25
54	1307	3	1235	30	1077	99	99	320	634	623.7	400	368	34	25	47	25
63	1307	3	1235	30	1078	99	99	320	634	623.7	400	368	34	25	46	25
72	1307	3	1235	30	1080	99	99	320	633	623.7	400	368	34	25	47	25
80	1307	3	1235	30	1080	99	99	320	633	623.7	400	368	34	25	47	25
89	1307	3	1235	30	1080	99	99	320	636	623.7	400	368	34	25	45	25
98	1307	3	1235	30	1081	99	99	320	634	623.7	400	368	34	25	45	25
106	1307	3	1235	30	1082	99	99	320	634	523.7	400	368	34	25	36	25
114	1307	3	1235	30	1081	99	99	320	632	623.7	400	368	34	25	43	25
124	1307	3	1235	30	1081	99	99	320	634	623.7	400	368	34	25	45	25
132	1307	3	1235	30	1082	99	99	320	633	623.7	400	368	34	25	46	25
143	1307	3	1235	30	1082	99	99	320	633	623.7	400	368	34	25	46	25

续表 8.9

时间/s	钢种代号	带钢参数				冷却参数			带钢温度/℃							
		厚度/mm	宽度/mm	带钢速度/m·min⁻¹	入口带温/℃	JC1风量/%	JC2风量/%	SC水量/m³·h⁻¹	JC1实测值	JC1计算值	JC2实测值	JC2计算值	SC2实测值	SC2计算值	SC3实测值	SC3计算值
179	1307	3	1235	30	1082	99	99	320	634	623.7	400	368	34	25	46	25
195	1307	3	1235	30	1083	99	99	320	633	623.7	400	368	34	25	46	25
220	1307	3	1235	30	1083	99	99	320	634	623.7	400	368	34	25	46	25
229	1307	3	1235	30	1083	99	99	320	634	623.7	400	368	34	25	46	25
252	1307	3	1235	30	1082	99	99	320	634	623.7	400	368	34	25	46	25
268	1307	3	1235	30	1081	99	99	320	634	623.7	400	368	34	25	46	25
276	1307	3	1235	30	1081	99	99	320	634	623.7	400	368	34	25	45	25
298	1307	3	1235	30	1082	99	99	320	636	623.7	400	368	34	25	46	25
311	1307	3	1235	30	1082	99	99	320	636	623.7	400	368	34	25	45	25
345	1307	3	1235	30	1082	99	99	320	635	623.7	400	368	34	25	45	25
412	1307	3	1235	30	1081	99	99	320	637	623.7	400	368	34	25	46	25
442	1307	3	1235	30	1082	99	99	320	638	623.7	400	368	34	25	46	25
463	1307	3	1235	30	1082	99	99	320	638	623.7	400	368	34	25	46	25
516	1307	3	1235	30	1081	99	99	320	639	623.7	400	368	34	25	46	25
534	1307	3	1235	30	1082	99	99	320	639	623.7	400	368	34	25	46	25

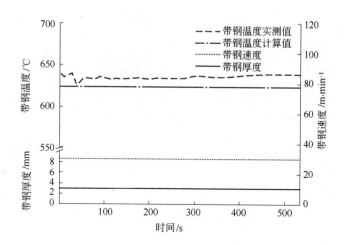

图 8.21 速度 $v = 30\text{m/min}$ 工况下带钢（1307）JC1 段出口温度验证

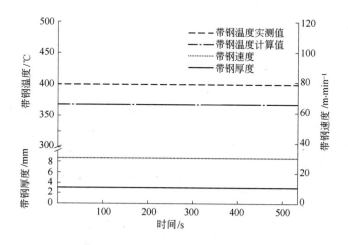

图 8.22 速度 $v = 30\text{m/min}$ 工况下带钢（1307）JC2 段出口温度验证

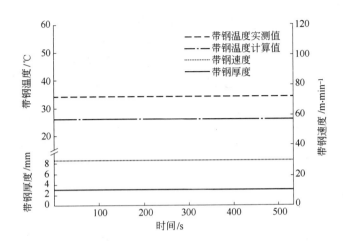

图 8.23 速度 $v=30$ m/min 工况下带钢（1307）SC2 段出口温度验证

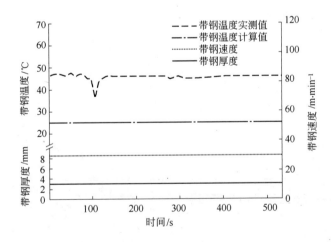

图 8.24 速度 $v=30$ m/min 工况下带钢（1307）SC3 段出口温度验证

表 8.10 速度 $v=39.3\text{m/min}$ 工况下带钢 (1307) 冷却过程参数及验证结果

时间/s	带钢参数					冷却参数			带钢温度/℃							
	钢种代号	厚度/mm	宽度/mm	带钢速度/m·min⁻¹	入口带温/℃	JC1风量/%	JC2风量/%	SC水量/m³·h⁻¹	JC1实测值	JC1计算值	JC2实测值	JC2计算值	SC2实测值	SC2计算值	SC3实测值	SC3计算值
0	1307	3	1235	39.4	1090	99	99	380	687	681.5	400	382	34	25	42	25
11	1307	3	1235	39.4	1091	99	99	380	689	681.5	400	382	34	25	40	25
22	1307	3	1235	39.4	1091	99	99	380	688	681.5	400	382	34	25	41	25
34	1307	3	1235	39.4	1089	99	99	380	690	681.5	400	382	34	25	41	25
47	1307	3	1235	39.3	1088	99	99	380	689	681.5	400	382	34	25	41	25
66	1307	3	1235	39.3	1090	99	99	380	688	681.5	400	382	34	25	41	25
76	1307	3	1235	39.3	1091	99	99	380	684	681.5	400	382	34	25	41	25
107	1307	3	1235	39.3	1090	99	99	380	689	681.5	400	382	34	25	41	25
128	1307	3	1235	39.3	1087	99	99	380	675	681.5	400	382	34	25	41	25
153	1307	3	1235	39.3	1090	99	99	380	634	681.5	400	382	34	25	41	25
166	1307	3	1235	39.3	1190	99	99	380	689	681.5	400	382	34	25	41	25
178	1307	3	1235	39.3	1090	99	99	380	591	681.5	400	382	34	25	41	25
191	1307	3	1235	39.3	1089	99	99	380	666	681.5	400	382	34	25	41	25
205	1307	3	1235	39.3	1089	99	99	380	667	681.5	400	382	34	25	41	25
205	1307	3	1235	39.3	1190	99	99	380	689	681.5	400	382	34	25	41	25
215	1307	3	1235	39.3	1090	99	99	380	655	681.5	400	382	34	25	41	25

续表 8.10

时间/s	带钢参数					冷却参数			带钢温度/℃							
	钢种代号	厚度/mm	宽度/mm	带钢速度/m·min⁻¹	入口带温/℃	JC1风量/%	JC2风量/%	SC水量/m³·h⁻¹	JC1实测值	JC1计算值	JC2实测值	JC2计算值	SC2实测值	SC2计算值	SC3实测值	SC3计算值
245	1307	3	1235	39.3	1190	99	99	380	671	681.5	400	382	34	25	41	25
252	1307	3	1235	39.3	1089	99	99	380	661	681.5	400	382	34	25	41	25
362	1307	3	1235	39.3	1091	99	99	380	596	681.5	400	382	34	25	40	25
373	1307	3	1235	39.3	1091	99	99	380	567	681.5	400	382	34	25	41	25
393	1307	3	1235	39.3	1090	99	99	380	610	681.5	400	382	34	25	41	25
405	1307	3	1235	39.3	1090	99	99	380	623	681.5	400	382	34	25	41	25
415	1307	3	1235	39.3	1090	99	99	380	607	681.5	400	382	34	25	41	25
426	1307	3	1235	39.3	1091	99	99	380	612	681.5	400	382	34	25	41	25
603	1307	3	1235	39.3	1091	99	99	380	675	681.5	400	382	34	25	41	25
615	1307	3	1235	39.3	1091	99	99	380	681	681.5	400	382	34	25	41	25
640	1307	3	1235	39.3	1090	99	99	380	632	681.5	400	382	34	25	41	25
690	1307	3	1235	39.3	1090	99	99	380	598	681.5	400	382	34	25	40	25

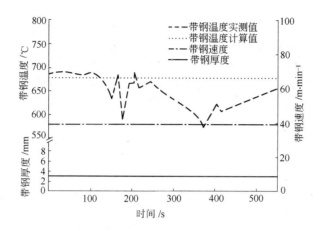

图 8.25　速度 $v=39.3\text{m}/\text{min}$ 工况下带钢（1307）JC1 段出口温度验证

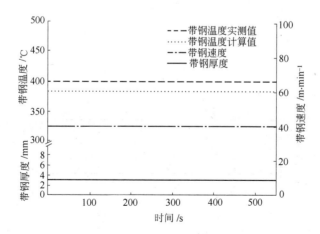

图 8.26　速度 $v=39.3\text{m}/\text{min}$ 工况下带钢（1307）JC2 段出口温度验证

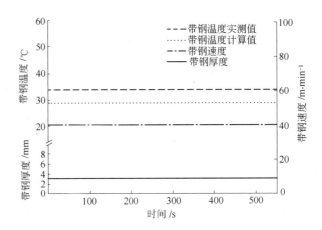

图 8.27　速度 $v=39.3\mathrm{m/min}$ 工况下带钢（1307）SC2 段出口温度验证

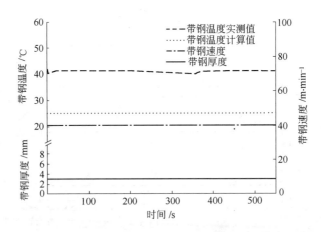

图 8.28　速度 $v=39.3\mathrm{m/min}$ 工况下带钢（1307）SC3 段出口温度验证

表 8.11 速度 $v=30\text{m/min}$ 工况下带钢（1308）冷却过程参数及验证结果

时间/s	带钢参数					冷却参数			带钢温度/℃							
	钢种代号	厚度/mm	宽度/mm	带钢速度/m·min⁻¹	入口带温/℃	JC1风量/%	JC2风量/%	SC水量/m³·h⁻¹	JC1实测值	JC1计算值	JC2实测值	JC2计算值	SC2实测值	SC2计算值	SC3实测值	SC3计算值
0	1308	3.2	1240	30	1126	99	99	320	674.3	624	411.3	400	25	34	25	45
23	1308	3.2	1240	30	1154	99	99	320	674.3	660	411.3	400	25	34	25	46
30	1308	3.2	1240	30	1155	99	99	320	674.3	673	411.3	400	25	34	25	46
49	1308	3.2	1240	30	1142	99	99	320	674.3	688	411.3	400	25	34	25	46
68	1308	3.2	1240	30	1137	99	99	320	674.3	674	411.3	400	25	34	25	46
130	1308	3.2	1240	30	1136	99	99	320	674.3	676	411.3	400	25	34	25	43
151	1308	3.2	1240	30	1136	99	99	320	674.3	671	411.3	400	25	34	25	43
389	1308	3.2	1240	30	1133	99	99	320	674.3	673	411.3	400	25	34	25	45
455	1308	3.2	1240	30	1131	99	99	320	674.3	677	411.3	400	25	35	25	44
505	1308	3.2	1240	30	1131	99	99	320	674.3	666	411.3	400	25	35	25	42

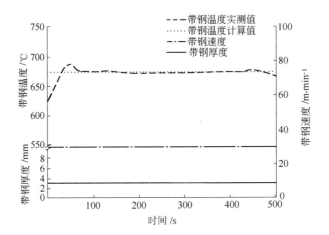

图 8.29　速度 $v=30$ m/min 工况下带钢（1308）JC1 段出口温度验证

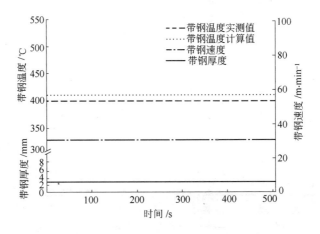

图 8.30　速度 $v=30$ m/min 工况下带钢（1308）JC2 段出口温度验证

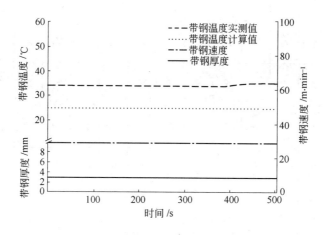

图 8.31　速度 $v=30\text{m/min}$ 工况下带钢（1308）SC2 段出口温度验证

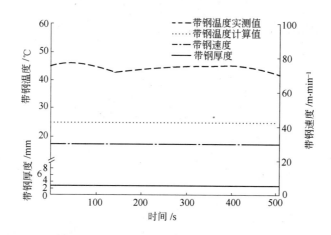

图 8.32　速度 $v=30\text{m/min}$ 工况下带钢（1308）SC3 段出口温度验证

对于钢种 1308，在带钢速度 $v=45\text{m/min}$ 稳定工况下进行验证，相关冷却过程参数及验证结果参见表 8.12。图 8.33~8.36 为冷却部分各段出口处带钢温度验证结果图。验证结果表明，JC1 段出口处带钢温度计算值与实测值吻合很好，相差仅为 5℃左右。JC2 段出口处两者相差 11℃左右，表明模型对于气体喷射冷却过程具有很高的计算精度。SC 段出口温度规律与其他钢种类似。

表 8.12 速度 v =45m/min 工况下带钢（1308）冷却过程参数及验证结果

时间 /s	带钢参数					冷却参数			带钢温度/°C							
	钢种代号	厚度 /mm	宽度 /mm	带钢速度 /m·min⁻¹	入口带温 /°C	JC1风量 /%	JC2风量 /%	SC水量 /m³·h⁻¹	JC1 实测值	JC1 计算值	JC2 实测值	JC2 计算值	SC2 实测值	SC2 计算值	SC3 实测值	SC3 计算值
0	1308	2.2	1240	45	1141	99	99	334	687.1	696	425.3	400	25	36	25	44
25	1308	2.2	1240	45	1140	99	99	334	687.1	698	425.3	400	25	36	25	44
39	1308	2.2	1240	45	1140	99	99	334	687.1	698	425.3	400	25	36	25	44
47	1308	2.2	1240	45	1139	99	99	334	687.1	698	425.3	400	25	36	25	44
58	1308	2.2	1240	45	1137	99	99	334	687.1	679	425.3	400	25	36	25	44
68	1308	2.2	1240	45	1138	99	99	334	687.1	688	425.3	400	25	36	25	45
85	1308	2.2	1240	45	1139	99	99	334	687.1	692	425.3	400	25	36	25	45
97	1308	2.2	1240	45	1140	99	99	334	687.1	694	425.3	400	25	36	25	44
107	1308	2.2	1240	45	1139	99	99	440	687.1	691	425.3	400	25	36	25	44
134	1308	2.2	1240	45	1129	99	99	440	687.1	687	425.3	400	25	36	25	44
143	1308	2.2	1240	45	1133	99	99	440	687.1	732	425.3	400	25	36	25	44
155	1308	2.2	1240	45	1138	99	99	440	687.1	724	425.3	400	25	35	25	44
172	1308	2.2	1240	45	1141	99	99	440	687.1	690	425.3	400	25	36	25	45
180	1308	2.2	1240	45	1143	99	99	440	687.1	687	425.3	400	25	36	25	40

续表 8.12

时间/s	带钢参数					冷却参数			带钢温度/℃							
	钢种代号	厚度/mm	宽度/mm	带钢速度/m·min⁻¹	入口带温/℃	JC1风量/%	JC2风量/%	SC水量/m³·h⁻¹	JC1实测值	JC1计算值	JC2实测值	JC2计算值	SC2实测值	SC2计算值	SC3实测值	SC3计算值
198	1308	2.2	1240	45	1143	99	99	440	687.1	671	425.3	400	25	36	25	40
214	1308	2.2	1240	45	1141	99	99	334	687.1	664	425.3	400	25	35	25	44
227	1308	2.2	1240	45	1140	99	99	334	687.1	666	425.3	400	25	35	25	44
254	1308	2.2	1240	45	1139	99	99	334	687.1	674	425.3	400	25	36	25	44
263	1308	2.2	1240	45	1139	99	99	334	687.1	661	425.3	400	25	36	25	45
290	1308	2.2	1240	45	1138	99	99	334	687.1	675	425.3	400	25	36	25	45
304	1308	2.2	1240	45	1139	99	99	334	687.1	671	425.3	400	25	36	25	44
322	1308	2.2	1240	45	1139	99	99	334	687.1	671	425.3	400	25	36	25	44
370	1308	2.2	1240	45	1136	99	99	334	687.1	683	425.3	400	25	36	25	45
383	1308	2.2	1240	45	1136	99	99	334	687.1	684	425.3	400	25	36	25	44
440	1308	2.2	1240	45	1136	99	99	334	687.1	682	425.3	400	25	36	25	44
477	1308	2.2	1240	45	1137	99	99	334	687.1	681	425.3	400	25	36	25	43
526	1308	2.2	1240	45	1138	99	99	334	687.1	683	425.3	400	25	36	25	44

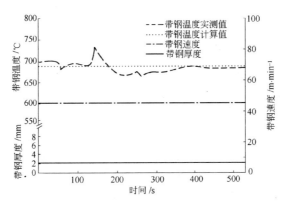

图 8.33　速度 $v = 45\text{m/min}$ 工况下带钢（1308）JC1 段出口温度验证

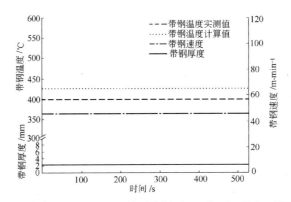

图 8.34　速度 $v = 45\text{m/min}$ 工况下带钢（1308）JC2 段出口温度验证

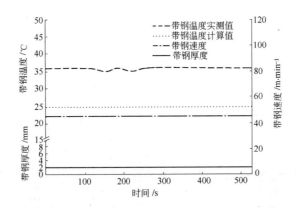

图 8.35　速度 $v = 45\text{m/min}$ 工况下带钢（1308）SC2 段出口温度验证

　　上述稳定或变工况下验证结果表明，该仿真系统具备完善的热带连续退火过程的仿真能力，包括加热部分与冷却部分的单独仿真和全流程仿真能力。同时通过验证，证明了该仿真系统的精度和可靠性。

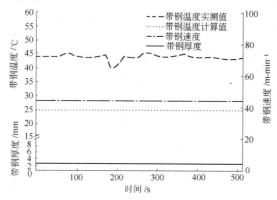

图 8.36 速度 $v = 45\text{m/min}$ 工况下带钢（1308）SC3 段出口温度验证

8.4 不锈钢冷带连续退火炉数值仿真结果及验证

如图 8.37 所示，为不锈钢冷带连续退火炉结构示意图。在不锈钢冷带连续退火炉中，加热七区、加热九区出口、冷却第四段以及冷却第十段相应出口位置均有带钢温度检测点，因此可以对加热段以及冷却段分别进行验证。以下验证分为加热段仿真结果验证以及冷却段仿真结果验证。

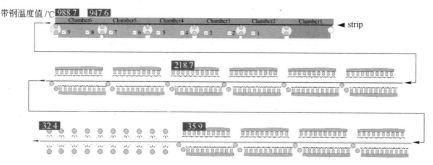

图 8.37 不锈钢冷带连续退火炉结构示意图（参见书后彩图）

8.4.1 不锈钢冷带连续退火炉加热部分验证

不锈钢冷带连续退火炉加热部分在结构上与热带连续退火炉存在一定差异。两者加热部分总的炉段数一致，但在冷带连续退火炉预热部分第二段后半部分对称布置烧嘴，作为明火加热段使用。因此在冷带连续退火炉中，明火加热段一共分为 9个加热区来进行控制。在冷带连续退火炉中，加热七区和九区出口布置有带钢温度检测点。其中七区的测点位于炉内，测得的带钢温度受到炉内气氛的影响，因此与热带退火炉验证过程类似，采用加热段九区出口带钢温度对模型进行验证。

冷带连续退火炉加热部分验证主要对 1107、1308 和 3103 等钢种进行。对于300 系不锈钢的验证，选取 1107 这一典型钢种进行。所需的带钢参数以及对应的炉温等参数见表 8.13 所示。

表 8.13 不同稳态工况下钢种 (1107) 工艺参数及验证结果

实验方案编号	带钢参数				炉温/℃									带钢温度/℃		
	厚度/mm	宽度/mm	速度/m·min⁻¹	TV值/mm·m·min⁻¹	一区	二区	三区	四区	五区	六区	七区	八区	九区	实测值	计算值	相对误差/%
1	1.800	1050	38	68.40	990	991	990	1076	1076	1114	1114	1167	1177	1073	1054.6	-1.71
2	2.478	1515	32	79.30	1063	1073	1073	1125	1124	1154	1153	1190	1199	1079	1073.3	-0.53
3	2.444	1560	29	70.88	1050	1059	1059	1114	1115	1147	1147	1189	1199	1081	1095.9	1.38
4	1.426	1262	56	79.86	1041	1045	1081	1133	1149	1130	1162	1175	1196	1073	1062.8	-0.95
5	1.426	1261	53	75.58	1028	1033	1071	1126	1137	1153	1158	1175	1202	1078	1092.1	1.31
6	1.140	1261	70	79.80	1048	1051	1087	1139	1152	1167	1169	1181	1198	1081	1088.9	0.73
7	1.350	1250	60	81.00	1062	1064	1107	1145	1156	1142	1186	1191	1197	1088	1091.7	0.34
8	1.350	1250	65	87.75	1084	1080	1122	1156	1167	1142	1191	1194	1199	1088	1076.6	-1.05
9	1.350	1250	66	89.10	1087	1087	1125	1160	1170	1158	1203	1195	1200	1093	1079.7	-1.22
10	2.633	1570	32	84.26	1071	1072	1114	1150	1162	1106	1187	1193	1198	1087	1077.1	-0.91
11	1.881	1561	44	82.76	1040	1062	1088	1132	1147	1146	1181	1202	1202	1072	1082.7	1.00
12	1.299	1260	62	80.54	1020	1055	1069	1119	1132	1134	1159	1172	1169	1080	1063.1	-1.56
13	1.197	1257	60	71.82	1020	1055	1048	1102	1116	1126	1154	1167	1165	1078	1084.1	0.57
14	2.964	1538	25	74.10	1021	1055	1053	1106	1120	1128	1155	1168	1166	1078	1077.3	-0.06
15	0.924	1249	86	79.46	1050	1070	1105	1140	1140	1140	1165	1165	1180	1084	1079.6	-0.41
16	0.924	1248	89	82.24	1059	1078	1113	1146	1146	1145	1166	1165	1181	1079	1074.8	-0.39
17	1.127	1264	74	83.40	1020	1064	1081	1130	1143	1143	1168	1180	1176	1078	1065.1	-1.20

图8.38为一系列相互独立的稳定工况下，带钢在加热九区出口处计算温度与实测值对比验证结果。从中可以看出，计算值与实测值吻合度很高，两者之间的绝对误差基本在±20℃以内，并且相邻两稳态工况间带钢温度的变化规律一致。进一步对其相对误差分析可知，如图8.39所示，带钢温度计算值与实测值相对误差最大正偏差为1.38%，最大负偏差为-1.56%，总体来看，绝大部分落在±1.5%范围内。

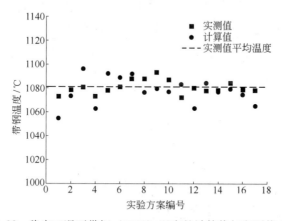

图8.38 稳定工况下带钢（1107）温度的计算值与实测值对比

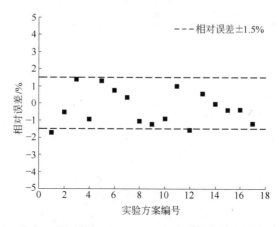

图8.39 稳定工况下带钢（1107）温度的计算值与实测值误差分析

对于200系不锈钢的验证，选取1306这一典型钢种进行。验证所使用的稳定工况下的炉温以及带钢参数见表8.14。图8.40为一系列相互独立的稳定工况下，带钢在加热九区出口处计算温度与实测值对比验证结果。从中可以看出，计算值与实测值吻合度很高，两者之间的绝对误差基本在±20℃以内，并且相邻两稳态工况间带钢温度的变化规律一致。进一步对其相对误差分析可知，如图8.41所示，带钢温度计算值与实测值相对误差最大正偏差为1.62%，最大负偏差为-1.85%，总体来看，绝大部分落在±1.5%范围内。

表 8.14　不同稳态工况下钢种 (1306) 工艺参数及验证结果

实验方案编号	带钢参数				炉温/℃									带钢温度/℃		
	厚度/mm	宽度/mm	速度/m·min⁻¹	TV值/mm·m·min⁻¹	一区	二区	三区	四区	五区	六区	七区	八区	九区	实测值	计算值	相对误差/%
1	1.041	1263	50	52.05	567	570	742	940	960	990	1000	1035	1050	972	958.6	-1.38
2	0.923	1260	65	59.99	659	680	803	960	979	1010	1035	1070	1070	983	972.2	-1.10
3	1.271	1260	53	67.36	671	815	950	970	989	1010	1040	1079	1084	988	969.7	-1.85
4	1.469	1250	47	69.04	758	869	980	1010	1050	1080	1090	1110	1129	1021	1034.8	1.35
5	1.799	1250	35	62.97	759	915	960	980	999	1009	1041	1051	1066	981	988.9	0.81
6	1.300	1250	50	65.00	699	806	920	961	979	1000	1035	1064	1079	985	969.0	-1.62
7	1.382	1263	44	60.81	693	697	841	978	1016	1034	1050	1069	1078	983	990.2	0.73
8	1.200	1250	46	55.20	666	694	809	985	1005	1015	1043	1055	1060	987	991.2	0.43
9	1.300	1250	39	50.70	645	686	796	980	1000	1020	1035	1040	1060	986	998.0	1.22
10	1.300	1250	53	68.90	790	871	985	1025	1032	1050	1070	1080	1088	991	1007.1	1.62
11	1.704	1250	41	69.86	775	852	960	1005	1030	1050	1070	1075	1089	993	996.2	0.32
12	0.890	1235	65	57.85	678	709	825	991	989	1018	1061	1070	1099	1000	1006.5	0.65
13	1.280	1235	54	69.12	765	847	970	1010	1015	1039	1075	1080	1095	991	992.0	0.10
14	1.670	1235	47	78.49	783	864	975	1010	1020	1050	1080	1095	1110	990	981.1	-0.90

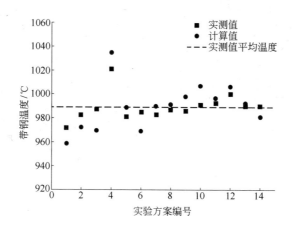

图 8.40　稳定工况下带钢（1306）温度的计算值与实测值对比

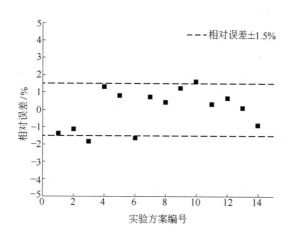

图 8.41　稳定工况下带钢（1306）温度的计算值与实测值误差分析

　　同样对于 200 系不锈钢的验证，选取 1305 这一钢种进行验证。验证所使用的稳定工况下的炉温以及带钢参数见表 8.15。从图 8.42 中可以看出加热九区出口处带钢温度计算值与实测值吻合度很高，两者之间的绝对误差基本在 ±20℃ 以内，并且相邻两稳态工况间带钢温度的变化规律一致。在图 8.43 进一步的误差分析中可以看到，带钢温度计算值与实测值相对误差最大正偏差为 1.64%，最大负偏差为 -4.14%，绝大多数情况下相对误差落在 ±1.5% 范围内，只有在试验编号为 23 的工况下得到的结果相对误差较大，为 -4.14%，这可能是由于炉况波动造成的。

表 8.15 不同稳态工况下钢种 (1305) 工艺参数及验证结果

实验方案编号	带钢参数				炉温/℃									带钢温度/℃		
	厚度/mm	宽度/mm	速度/m·min⁻¹	TV值/mm·m·min⁻¹	一区	二区	三区	四区	五区	六区	七区	八区	九区	实测值	计算值	相对误差/%
1	0.687	1261	65	44.65	618	699	764	936	954	990	1021	1035	1055	1000	1003.2	0.32
2	0.785	1260	72	56.52	666	739	805	958	978	1014	1046	1057	1077	992	996.8	0.48
3	0.785	1260	69	54.17	654	732	796	960	985	1020	1047	1063	1080	1004	1008.6	0.46
4	0.801	1252	84	67.28	684	749	824	970	980	1030	1075	1095	1115	1005	996.8	-0.82
5	0.801	1248	70	56.07	648	724	796	960	960	1020	1060	1076	1086	1002	1008.1	0.61
6	0.801	1249	80	64.08	668	740	801	950	985	1040	1062	1092	1109	1006	998.0	-0.80
7	0.916	990	60	54.96	664	740	809	960	980	1005	1035	1055	1079	1006	999.9	-0.61
8	0.916	1251	80	73.28	694	756	830	970	980	1030	1085	1107	1123	1004	997.5	-0.65
9	0.916	1249	70	64.12	670	741	807	960	980	1025	1065	1085	1116	1004	997.5	-0.65
10	1.001	1251	70	70.07	682	740	822	950	950	1010	1065	1110	1136	1011	1005.2	-0.57
11	1.016	1249	68	69.09	676	745	807	960	990	1035	1075	1101	1125	1005	1008.5	0.35
12	1.016	1247	75	76.20	731	831	900	970	991	1045	1080	1105	1129	1007	1003.3	-0.37
13	1.026	990	55	56.43	727	839	915	972	995	1025	1045	1060	1085	1012	1027.1	1.49
14	1.026	990	57	58.48	680	751	826	970	985	1015	1040	1060	1085	1004	1009.7	0.57

续表 8.15

实验方案编号	带钢参数				炉温/℃									带钢温度/℃		
	厚度/mm	宽度/mm	速度/m·min⁻¹	TV值/mm·m·min⁻¹	一区	二区	三区	四区	五区	六区	七区	八区	九区	实测值	计算值	相对误差/%
15	1.107	1247	68	75.28	707	773	840	976	990	1040	1090	1107	1120	1003	995.9	-0.71
16	1.177	1540	50	58.85	745	860	950	980	988	1019	1044	1064	1074	1003	1019.4	1.64
17	1.308	1252	53	69.32	744	854	920	970	990	1026	1067	1090	1115	1011	1016.4	0.53
18	1.471	1264	49	72.08	765	888	962	991	1012	1031	1052	1072	1093	1002	1001.7	-0.03
19	1.471	1262	51	75.02	769	890	960	990	1010	1030	1053	1073	1091	1000	992.1	-0.79
20	1.702	1247	41	69.78	735	844	910	920	958	1018	1059	1088	1115	1006	1002.2	-0.38
21	1.965	1250	45	88.43	805	945	1001	1036	1057	1076	1085	1096	1103	1001	993.5	-0.75
22	2.211	1253	31	68.54	738	848	910	920	957	1015	1064	1090	1114	1003	1008.0	0.50
23	2.211	1253	43	95.07	765	893	940	985	1015	1060	1085	1107	1125	990	949.0	-4.14

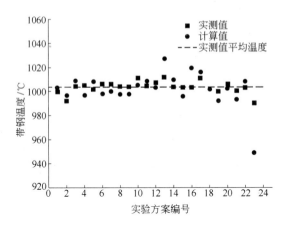

图 8.42　稳定工况下带钢（1305）温度的计算值与实测值对比

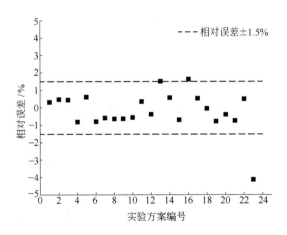

图 8.43　稳定工况下带钢（1305）温度的计算值与实测值误差分析

对于 400 系不锈钢的验证，选取 3103 这一典型钢种进行。各稳定工况下炉温以及带钢参数见表 8.16 所示。图 8.44 的加热段出口温度计算值与实测值对比表明，两者吻合度很高，通过图 8.45 进一步的误差分析，相对误差绝大部分均落在±1.5%范围内。

除了上述各独立工况下的验证，为了进一步验证模型的准确性，在此基础上进行一段时间内连续生产的稳态工况验证。表 8.17 所示为 3 个不同时间段内连续稳定工况下工艺参数及结果验证。图 8.46 所示为钢种 1306，厚度 1.2mm 带钢在连续 40min 内稳定生产数据与模型计算值的对比。图 8.47 为钢种 1306，厚度 1.382mm 带钢在连续 26min 内实测数据与模型计算值的对比。图 8.48 为钢种 1305，厚度 1.979mm 带钢在连续 28min 内实测数据与模型计算值的对比。

表 8.16　不同稳态工况下钢种（3103）工艺参数及验证结果

实验方案编号	带钢参数				炉温/℃									带钢温度/℃		
	厚度/mm	宽度/mm	速度/m·min⁻¹	TV值/mm·m·min⁻¹	一区	二区	三区	四区	五区	六区	七区	八区	九区	实测值	计算值	相对误差/%
1	0.793	1269	65	51.55	845	901	911	927	942	964	994	984	985	952	955.2	0.34
2	1.139	1257	70	79.73	932	987	997	997	1012	1012	1022	1012	1007	950	947.7	-0.24
3	1.139	1256	65	74.04	922	976	986	990	1005	1010	1024	1013	987	953	952.5	-0.05
4	1.140	1256	70	79.80	928	983	993	993	1008	1008	1018	1008	1004	956	942.3	-1.45
5	1.140	1260	64	72.96	927	982	992	996	1011	1015	1029	1020	992	949	962.2	1.37
6	1.425	1260	56	79.80	935	990	1001	1000	1015	1015	1025	1015	1010	952	951.6	-0.04
7	1.425	1259	51	72.68	907	962	972	975	990	995	1009	999	995	949	942.8	-0.66
8	1.425	1262	56	79.80	942	997	1007	1007	1022	1021	1031	1021	993	958	954.1	-0.41
9	1.425	1260	55	78.38	940	997	1002	1005	1017	1019	1031	1019	989	953	954.4	0.15
10	1.425	1150	50	71.25	898	953	963	968	983	990	1006	996	993	954	940.2	-1.47
11	1.426	1253	56	79.86	940	996	1006	1006	1021	1020	1031	1021	994	954	953.4	-0.06
12	1.432	1286	48	68.74	706	966	974	984	994	999	1034	1022	1017	963	947.7	-1.61
13	1.985	1302	37	73.45	905	960	970	974	989	994	1008	998	995	948	939.5	-0.90

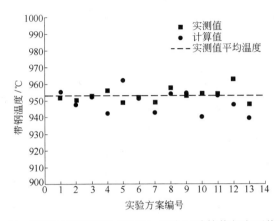

图 8.44 稳定工况下带钢（3103）温度的计算值与实测值对比

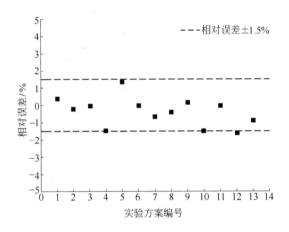

图 8.45 稳定工况下带钢（3103）温度的计算值与实测值误差分析

表 8.17 连续稳定工况下工艺参数及验证结果

实验方案编号	带钢参数				炉温/℃									带钢温度/℃		
	钢种代号	厚度/mm	宽度/mm	速度/m·min⁻¹	一区	二区	三区	四区	五区	六区	七区	八区	九区	实测值	计算值	相对误差/%
1	1306	1.200	1250	48.09	665	691	806	980	1005	1014	1044	1052	1058	985	983	-0.20
2	1306	1.382	1266	47.03	715	708	860	1000	1015	1030	1065	1075	1089	988	988	0.02
3	1305	1.979	1270	36.49	781	860	980	1035	1055	1060	1085	1100	1110	1006	1007	0.11

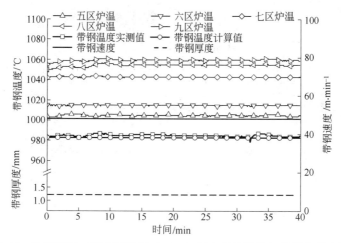

图 8.46　连续稳定工况 1 下带钢（1306）温度的计算值与实测值误差分析

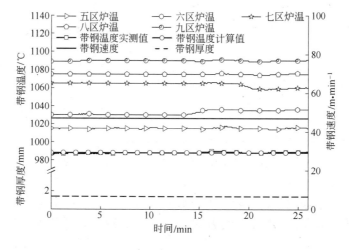

图 8.47　连续稳定工况 2 下带钢（1306）温度的计算值与实测值误差分析

　　在上述连续稳定工况下，由于炉温等参数本身会随时间有小幅波动，因此会造成带钢温度有相应的波动。模型采用稳定时刻参数值作为已知条件求解，得到带钢温度的计算值。通过计算值与连续测量的现场带钢温度值进行对比验证可以看出，在连续稳定工况下，带钢温度计算值与实测值吻合度非常高，进一步证明了模型在稳定工况下模拟计算得到的结果具有很高的精度。同时模型对于不同钢种，不同规格得到的仿真结果均与实际值吻合良好，证明了模型的广泛适应性和可靠性。

　　上述稳态工况下加热段出口温度的验证结果表明，不锈钢冷带连续退火过程数值仿真系统所建立的加热部分模型，包括烟气预热模型以及明火加热模型，建

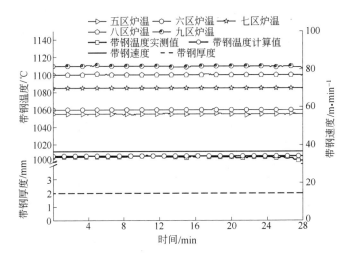

图 8.48　连续稳定工况 3 下带钢（1305）温度的计算值与实测值误差分析

立过程准确，求解方法合理，模拟得到的结果与实测值吻合度高，误差小，能够满足要求。

8.4.2　不锈钢冷带连续退火炉冷却部分验证

　　不锈钢冷带连续退火炉在结构上与热带连续退火炉存在一定差异，主要由 10 段气体喷射冷却段以及 1 段水喷射冷却段组成。在气体喷射冷却部分第 4 冷却段以及第 10 冷却段出口设有带钢温度检测点。因此本节将根据这两点温度对模型进行准确性验证。

　　为了更好的验证冷却过程模型的准确性，仍然以加热段出口带钢温度作为初始条件，对气体喷射冷却第 4 冷却段（JC4）以及第 10 冷却段（JC10）出口处带钢温度进行验证。

　　图 8.49 和图 8.50 分别为钢种 1306，厚度 1.2mm 连续稳定工况下 JC4 和 JC10 出口处带钢温度计算值与实测值对比。从图 8.49 可以看出在 JC4 出口处实测带钢温度波动较大，波动幅度在 160~190℃之间，模型计算结果为 174.5℃，与实测值在这一时间段内平均值相当，说明模型计算结果准确可靠。图 8.50 的验证结果中看到实测带钢温度在 15℃左右波动，而模型计算值稳定在 25℃。这是由于模型采用的冷却水温度值为恒定值 25℃，带钢在 JC10 出口处温度基本与水温相等。

　　图 8.51 和图 8.52 分别为钢种 1306，厚度 1.382mm 带钢在连续 26 分钟内 JC 段出口实测数据与模型计算值的对比。图 8.53 和图 8.54 为钢种 1305，厚度 1.979mm 带钢在连续 28 分钟内 JC 段出口实测数据与模型计算值的对比。得到的

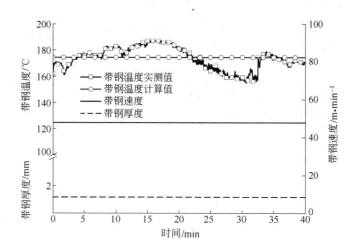

图 8.49 连续稳定工况 1 下带钢（1306）在 JC4 出口处温度验证

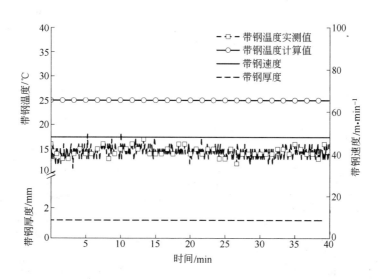

图 8.50 连续稳定工况 1 下带钢（1306）在 JC10 出口处温度验证

验证结果与连续稳定工况下类似。

表 8.18 所示为图 8.49~图 8.52 所述的 3 个不同时间段内连续稳定工况下工艺参数及结果验证。

表8.18 连续稳定工况下冷却部分工艺参数及验证结果

实验方案编号	带钢参数				冷却风机开度/%										带钢温度/℃			
	钢种代号	厚度/mm	宽度/mm	速度/m·min⁻¹	一区	二区	三区	四区	五区	六区	七区	八区	九区	十区	实测值	计算值	实测值	计算值
1	1306	1.2	1250	48.09	30	20	40	30	85	75	85	75	85	75	178	174.5	14	25
2	1306	1.382	1266	47.03	20	20	20	20	35	35	40	40	45	45	236	245.7	39	25
3	1305	1.979	1270	36.49	25	20	40	30	70	60	70	60	70	60	268	273.4	26	25

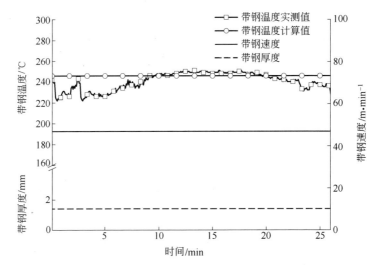

图8.51 连续稳定工况2下带钢（1306）在JC4出口处温度验证

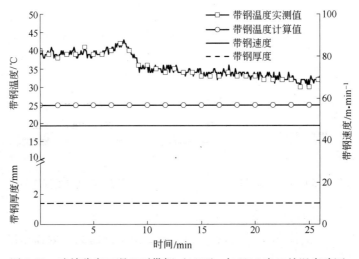

图8.52 连续稳定工况2下带钢（1306）在JC10出口处温度验证

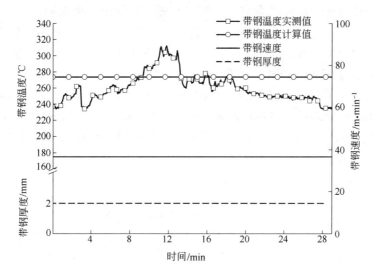

图 8.53　连续稳定工况 3 下带钢（1305）在 JC4 出口处温度验证

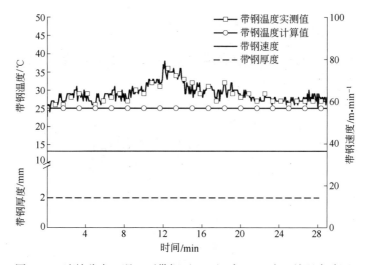

图 8.54　连续稳定工况 3 下带钢（1305）在 JC10 出口处温度验证

8.4.3　仿真结果验证统计分析

　　由于带钢在连续退火过程中，带钢的升温速率以及带钢退火温度对于最终产品的质量起着重要的作用，因此这就需要制定合理的炉温制度，本章的研究重点之一就是利用带钢温度预测模型，在现有炉温制度基础上，进行模拟试算，通过加热段出口带钢温度的验证来确定当前炉温制度的合理性。

　　针对不锈钢热带以及冷带连续退火炉加热部分大规模的实验验证，得到了大量的仿真计算结果，为了进一步验证模型的精确度和适应性，还需要对上述验证结果进行统计分析。在前述章节中，针对热轧不锈钢退火酸洗机组共验证了 61 种稳态工况下的数据，对其误差分析进行统计，计算相对误差在 ±1.5% 以内的占 91.8%，±（1.5%~5%）之间的占 4.92%，超过 ±5% 的占 3.28%。相对误差在 ±5% 以内的超过 95%。如图 8.55 所示。

冷线共验证了 70 种稳态工况下数据，得到的结果如图 8.56 所示。从统计结果可以看出，计算相对误差在 ±1.5% 以内的占 88.57%，±（1.5%~2%）之间的占 10%，超过 ±2% 的占 1.43%，所有计算结果相对误差均在 ±5% 以内。

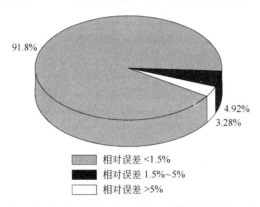

图 8.55　热线加热部分验证结果（相对误差）的统计分析（参见书后彩图）

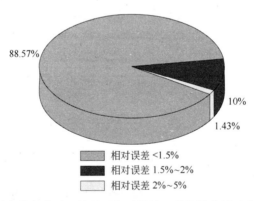

图 8.56　冷线加热部分验证结果（相对误差）的统计分析（参见书后彩图）

从统计结果可以看出，在热线的仿真计算验证中存在超过 ±5% 的数据，由于现场为连续生产，数据采集为某一时刻的值，具有一定的偶然性，同时对于带钢温度的检测本身也是处于波动状态，可能会造成个别工况下计算结果与仿真结果偏差稍大的情况。但总体来看，不论对于热线还是冷线，相对误差在 ±2% 以内的概率为 90% 以上，相对误差 ±5% 以内的概率在 95% 以上。这足以说明模型具有很高的精度，可以用于现场的模拟计算，从而对炉温制度的制定起到一定的指导作用。

8.4.4 热平衡仿真结果及验证

在确定带温预测模型正确可靠的基础上，还需要进一步对热平衡计算模块进行验证。由于热线部分数据量少，在热线热平衡测试报告中没有给出具体的带钢参数。而冷线部分相对来说数据较全，为了得到准确的验证结果，利用冷线热平衡计算结果进行验证。根据文献［167］所得到的实测数据，在测试期间带钢参数如表 8.19 所示。由于带钢在冷却段的热收入项主要是带钢带入热量，热支出项主要为冷却风（水）带走热量，相对加热部分热平衡分析要简单，因此主要对加热部分热平衡进行验证。

表 8.19　热平衡测试期间带钢及炉温参数

时　　间	带钢参数				炉温/℃									带钢温度/℃
	钢种代号	厚度/mm	宽度/mm	速度/m·min⁻¹	一区	二区	三区	四区	五区	六区	七区	八区	九区	实测值
2010-12-20 10：08	1308	1.045	1249	58	688	724	759	908	933	976	1014	1045	1062	999
2010-12-20 10：36	1308	1.001	1247	64	681	735	799	929	959	990	1066	1073	1088	985
2010-12-20 11：06	1309	1.001	1243	66	674	741	797	930	955	992	1059	1072	1083	987
2010-12-20 11：32	1308	0.901	1240	66	668	738	799	930	960	1000	1055	1067	1083	986
2010-12-20 11：58	1309	0.801	1237	66	650	721	783	920	940	990	1042	1050	1073	989
2010-12-20 12：33	1308	0.801	1246	66	641	714	777	920	940	990	1032	1042	1066	988
2010-12-20 13：05	1309	0.801	1238	65	640	713	779	920	940	990	1032	1040	1064	989
2010-12-20 13：39	1308	0.801	1247	66	639	714	779	920	940	990	1032	1039	1063	988
2010-12-20 14：10	1308	0.901	1252	66	640	715	779	920	940	990	1032	1039	1063	986
2010-12-20 14：39	1308	1.001	1248	66	651	718	799	920	940	995	1044	1050	1069	985

由于测试过程中带钢以及炉温参数随时间波动，在 2010-12-20 13：05~14：10 这一时段生产过程相对稳定，以 2010-12-20 13：39 这一时刻的带钢以及炉温参数进行验证计算。天然气的成分测试结果如表 8.20 所示。空气消耗系数、空气预热温度等燃烧相关参数以及炉墙参数如表 8.21 所示。

表 8.20　天然气成分测试结果

成分	CH_4^g	$C_2H_6^g$	$C_3H_8^g$	CO_2^g	N_2^g	CO^g	H_2S^g	H_2^g
%	93.83	3.11	0.83	0.49	1.54	0	0	0.2

表 8.21　燃烧及炉壁参数测试结果

项目	空气消耗系数	空气预热温度/℃	环境温度/℃	炉墙黑度	炉顶温度/℃	炉顶面积/m²	侧墙温度/℃	侧墙面积/m²
预热段	—	—	19	0.8	58.23	123.3	48.09	220.0
加热段	1.44	259	19	0.8	58.88	114.8	55.00	205.0
均热段	1.44	259	19	0.8	93.51	114.8	80.53	205.0

在文献［167］中，空气消耗系数为 1.44，根据现场数据来看，实际生产过程中，加热段的空气消耗系数一般为 1.15~1.25 左右，均热段的空气消耗系数一般为 1.1~1.2 左右，因此在热平衡计算中取加热段空气消耗系数为 1.25，均热段空气消耗系数为 1.2。

经过分析计算，得到的热平衡计算结果如表 8.22[167] 和表 8.23 所示。所得各项技术指标与测试结果基本相符。计算得到燃料消耗量为 906m³/h，与实测值 914m³/h 相比，两者相对误差仅为 0.88%。炉膛热效率计算值为 59.1%，实测热效率为 57.94%，由于采用的空气消耗系数要低于测试报告中的 1.44，因此最终烟气带走的热量会减少，使炉膛热效率比测试值稍偏高。

表 8.22　冷线热平衡表——实测值

技术指标		热收入项/10⁶kJ·h⁻¹	百分比/%	热支出项/10⁶kJ·h⁻¹	百分比/%
燃料消耗量/m³·h⁻¹	906.00	燃料燃烧热 33.10	83.56	带钢吸收热 25.21	57.94
空气消耗量/m³·h⁻¹	10419.00	空气物理热 3.96	10.00	烟气带走热 6.78	15.57
炉膛热效率/%	57.94	钢坯带入热 0.09	0.23	炉外壁散热 2.35	5.40
吨钢能耗/10⁶kJ·t⁻¹	0.91	氧化反应热 2.46	6.21	其他热损失 5.27	21.09
吨钢燃耗/m³·t⁻¹	24.92	热量总收入 39.61	100.00	热量总支出 39.61	100.00

表 8.23　冷线热平衡表——计算值

技术指标		热收入项/10⁶kJ·h⁻¹	百分比/%	热支出项/10⁶kJ·h⁻¹	百分比/%
燃料消耗量/m³·h⁻¹	914.00	燃料燃烧热 32.32	91.53	带钢吸收热 20.87	59.10
空气消耗量/m³·h⁻¹	10022.14	空气物理热 2.97	8.42	烟气带走热 5.38	15.24
炉膛热效率/%	59.10	燃料物理热 0.02	0.05	炉外壁散热 2.92	8.27
吨钢能耗/10⁶kJ·t⁻¹	0.93	烟气带入热 0.00	0.00	其他热损失 6.14	17.39
吨钢燃耗/m³·t⁻¹	26.33	热量总收入 35.31	100.00	热量总支出 35.31	100.00

在热量收入项上，计算过程中以环境温度为基准，因此热收入项中不包括钢坯带入热，同时计算过程中没有考虑带钢表面的氧化放热以及氧化皮的影响，导致燃料燃烧热所占的比重较测试结果稍高。热量支出项上，带钢吸收热测试值为

57.94%，计算值为 59.1%；烟气带走热测试值为 15.57%，计算值为 15.23%，两者结果吻合度较高。炉外壁散热以及其热损失的总和测试值为 26.49%，计算值为 25.65%，吻合得很好。因此可以认为模型的热平衡计算模块得到的结果准确可信，可对炉内热流以及能流分析起到一定的指导作用。

由于冷线热平衡测试报告中没有给出每一炉区的燃耗，因此还需要进一步进行各炉区燃料消耗量的验证。采用 1305 钢种实测生产数据进行验证，所采用的带钢及炉温制度等计算参数见表 8.24。

表 8.24　钢种 1305 热平衡验证工况

带钢参数			炉温/℃								
钢种	厚度 /mm	宽度 /mm	速度 /m·min^{-1}	一区	二区	三区	四区	五区	六区	七区	八区	九区
1305	1.317	1267	49.3	713	858	1000	1010	1010	1021	1035	1061	1072

表 8.25 为计算得到的结果，实测燃料总消耗量为 1050 m³/h，计算燃料总消耗量为 1036 m³/h。对应于每一炉区，燃料分配量有所不同，一区及二区在生产过程中关闭，因此没有燃料消耗；六区至九区的燃料分配实测值与计算值基本相当，在三区至五区计算值与实测值稍有差异。可以看到，以计算值来进行燃料的分配在达到要求炉温的同时，总的燃耗更低，因此模型的热平衡分析功能可以对节能降耗起到良好的作用。

表 8.25　钢种 1305 热平衡验证结果

项目	燃料消耗量/m³·h^{-1}									
	一区	二区	三区	四区	五区	六区	七区	八区	九区	合计
实测值	0	0	284	171	119	148	122	112	94	1050
计算值	0	0	196	207	165	143	118	113	93.38	1035.38

9 带钢连续热处理过程操作参数的优化及仿真

热处理过程操作参数的设定或调整可以通过现场反馈信息（如带钢温度、各段炉温、冷却气体流量等）进行确定，构成反馈控制系统。但是，由于反馈控制系统是"事后控制"，缺少前瞻性，特别是对于具有较大惯性和延迟的非线性系统而言，在系统工况变动时，控制精度大大降低。因此，对该类系统需要进行前馈控制，即：通过数学模型，根据系统的输入预测其输出，并根据该结果，优化设定系统在下一时刻的操作参数，确保系统在特定的性能上达到最优。

本章将利用已建立的带钢连续热处理过程热工机理数学模型，以带钢连续热处理立式炉为例，对其操作参数优化设定方法做进一步的系统分析。本章的操作参数优化策略同样适用于卧式连续热处理炉的控制。

带钢连续热处理过程的计算机优化控制的方法和目的，是在炉内传热模型的基础上，按照预测和优化方法对现场操作参数进行最优化设定，即在保证带钢加热温度、保温时间、冷却速度等达到热处理工艺要求的前提下，使机组的产能达到最大。根据带钢连续热处理过程的工况特性，可将其分为两类：稳定工况和变工况，相应的优化策略也作上述区分。

9.1 稳定工况下操作参数的优化控制策略

稳定工况优化的目的是在已知部分操作参数的前提下，优化确定其他操作参数，使得带钢温度符合既定热处理工艺。稳定工况优化中，最主要的一类优化是：已知带钢规格、钢种、热处理工艺，确定带钢速度、各炉区操作参数，使得机组产量最大。

对于带钢连续热处理立式炉而言，不同的炉段具有不同的工艺要求，如图9.1所示。辐射管加热段主要控制带钢的加热温度，受到辐射管加热段加热能力的限制；均热段主要控制带钢均热时间，受到均热段长度的限制；缓冷段和快冷段主要控制冷却速度和出口温度，受到冷却强度的限制；过时效段主要控制过时效时间和出口温度，受到过时效段长度的限制，对于倾斜过时效，还受到冷却能力的限制。无论是哪一炉段，均可以使用本文建立的基于炉内传热模型的启发式优化算法实现稳定工况的优化。

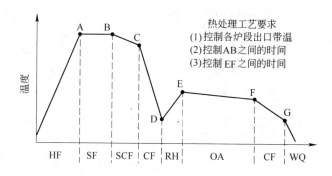

图 9.1　带钢连续热处理工艺要求（立式炉）

9.1.1　极限带速的计算方法

所谓极限带速是指对于特定的带钢连续热处理机组，在带钢钢种、规格、热处理工艺确定的前提下，机组所允许的最高速度。因此，在极限带速条件下，机组产量可达到最大化。极限带速的确定需要已知热处理机组各炉段的极限能力，如图 9.1 所示，对于不同的炉段有不同的要求，具体要求如表 9.1 所示。

表 9.1　各炉段极限能力参数

炉 段	极限参数	调节量	控制量
辐射管段	辐射管壁温、炉温、燃耗	辐射管壁温	出口带钢温度 T_{HF}
喷气冷却段	喷气温度、喷气速度	喷气速度	出口带钢温度 T_{CF}
均热、过时效段	炉温、功率	炉温	处理时间 τ_{SF}、τ_{OA}
感应加热段	功率	功率	出口带钢温度 T_{RH}
辊冷段	包角、张力	包角	出口带钢温度 T_{RQ}

表 9.1 中，极限操作参数是表示该炉段极限能力的参数，调节量则是该炉段用于控制带钢温度的操作参数，控制量是由钢种决定的热处理工艺参数。极限带速的计算流程如图 9.2 所示。

图 9.2 中极限带速 v_{max1} 为：

$$v_{max1} = \min\left(\frac{L_{SF}}{\tau_{SF}}, \frac{L_{OA}}{\tau_{OA}}\right)$$

式中，L_{SF}、L_{OA} 分别为均热段、过时效段的展开长度，m；τ_{SF}、τ_{OA} 分别为带钢所需最小均热时间、过时效时间，s。

极限带速 v_{max2} 确定方法如图 9.3 所示，图中 $\Delta v > 0$ 为速度调整量，通过改变 Δv 数值的大小，可改变 v_{max2} 的计算精度。辊冷段极限带速的计算流程与此类似，所不同的是需要将带钢与冷却辊的包角、张力设置为最大，如图 9.4 所示。

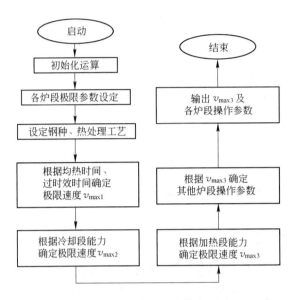

图 9.2 极限带速的计算流程图

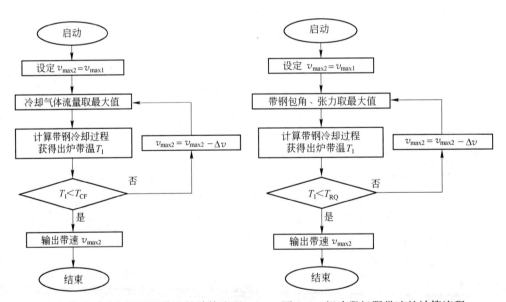

图 9.3 气体喷吹冷却段极限带速的计算流程 图 9.4 辊冷段极限带速的计算流程

极限带速 v_{max3} 的确定方法如图 9.5 所示，图中 T_{fmax} 为该炉段允许的最高辐射管管壁温度，K；B_{fmax} 为该炉段最大燃料消耗量（标态），m^3/h。在辐射管管壁温度取最高时，出炉带钢温度仍然达不到工艺设定值 T_{HF}，或者燃耗已经超过最大燃耗，则降低带钢速度 Δv。同样，通过改变 Δv 数值的大小，可改变 v_{max3} 的计算精度。感应加热段极限带速的计算与此类似，只需将感应器的功率设置为最大值即可，如图9.6所示。

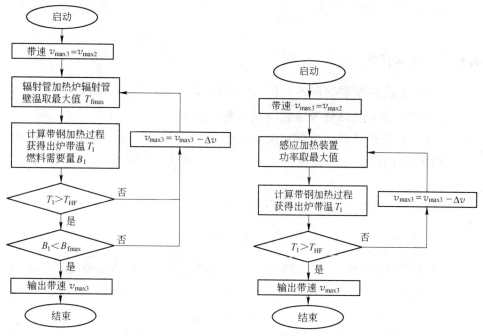

图 9.5　辐射管加热段极限带速的计算流程　　　图 9.6　感应加热段极限带速的计算流程

　　带钢连续热处理机组中，辐射管加热段往往成为限制产量的关键炉段，本章应用上述极限带速的计算方法，对国内某公司冷轧连退机组的辐射管加热段进行极限带速分析，得到钢种、规格与极限带速的关系，如图9.7所示。

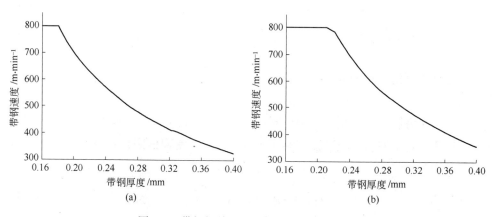

(a)　　　　　　　　　　　　(b)

图 9.7　带钢钢种、规格与极限带速的关系
(a) 带钢调质度 T-3CA；(b) 带钢调质度 T-4CA

在确定了极限带速 v_{max3} 之后，可根据启发式优化算法确定极限带速条件下各炉段的操作参数，获得特定钢种产能最大化的工况参数。此外，原则上 v_{max3} 是带钢连续热处理机组的上限带速。因此，只要带速不大于 v_{max3}，则该种带钢就可以生产。

9.1.2 启发式优化算法

当带钢连续热处理的钢种、规格、带速（不大于 v_{max3}）确定之后，需要进一步确定能够满足热处理工艺曲线的各炉段操作参数，该过程本章采用启发式优化算法进行计算。所谓启发式优化算法是在启发规则的指导下，对特定目标函数进行寻优的过程。遗传算法、蚁群算法等均属于启发式优化算法。

根据本章的研究对象，启发式优化算法的目标函数 J 定义为：

$$J = \sum_{i=1}^{N} \left| \Delta T(i) \right| \to 0 \tag{9.1}$$

式中，N 为带钢连续热处理炉段数；$\Delta T(i)$ 为第 i 炉段出口带钢温度 T_{cal} 与设定带温 T_{set} 的偏差，即：

$$\Delta T(i) = T_{cal} - T_{set} \tag{9.2}$$

约束条件则是表 9.1 中"极限参数"的上下限，如辐射管加热段的约束条件是炉温、辐射管管壁温度、燃耗具有上限，喷气冷却段的约束条件是喷气速度具有上限，辊冷段的约束条件是包角存在上限。在对带钢温度进行优化的过程中，所有炉段的操作参数必须在其允许的上下限之中。在实际优化中，以目标函数 J 满足式（9.3）作为优化停止判据：

$$\left| J_{M+1} - J_M \right| / J_M \leq \delta \quad 或 \quad J_M \leq J_{set} \tag{9.3}$$

式中，J_M、J_{M+1} 分别为第 M、$M+1$ 次优化的目标函数值；δ 与 J_{set} 为给定的收敛判据。

在上述优化目标函数及约束条件下，各炉段操作参数的总体优化计算流程如图 9.8 所示。

图 9.9 为启发式规则调整辐射管加热段炉温 T_{HF}、快速冷却段喷气流量 V_{JC}、感应加热段功率 Q_{RH}、辊冷段带钢包角 θ_{RQ} 的计算流程框图，各参数的调整方法如下式所示：

$$T_{HF} = T_{HF} - \Delta T_{HF} \cdot \frac{\Delta T(i)}{J} \tag{9.4}$$

$$V_{JC} = V_{JC} + \Delta V_{JC} \cdot \frac{\Delta T(i)}{J} \tag{9.5}$$

$$Q_{RH} = Q_{RH} - \Delta Q_{RH} \cdot \frac{\Delta T(i)}{J} \tag{9.6}$$

$$\theta_{RQ} = \theta_{RQ} + \Delta\theta_{RQ} \cdot \frac{\Delta T(i)}{J} \tag{9.7}$$

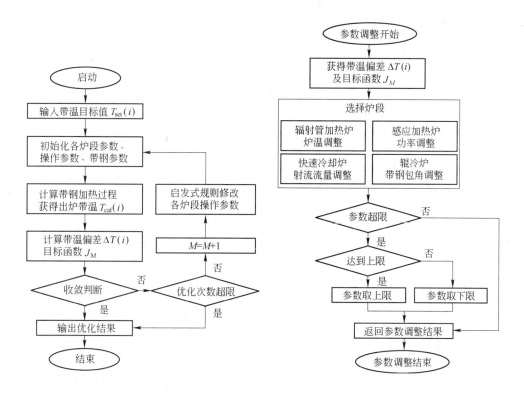

图 9.8 带钢连续热处理炉
操作参数优化计算流程

图 9.9 带钢连续热处理机组
操作参数启发式调整规则

综合上述方法，即可获得不同钢种、规格、带速下，满足热处理工艺的操作参数集，表 9.2 是以辐射管加热段为例的最优操作参数集，其他炉段与此类似。该操作参数集是稳定工况下热处理机组的最优操作参数，也为变工况优化控制策略的实施奠定了基础。

在表 9.2 所示的最优操作参数集中，为了便于论述，特定义带钢生产的可行工况集为：对于特定的钢种（决定了热处理工艺）、规格，将机组所允许的极限带速范围，及其对应的各炉段操作参数（如辐射管壁温度、炉温）范围，视为该钢种、规格的可行工况集。在可行工况集内，必定有一组操作参数能够满足带钢热处理工艺的要求。以辐射管加热段为例，可行工况集可表示为：

$$\{\text{钢种；规格；} [v_{min}, v_{max}]; [T_{Tmin}, T_{Tmax}]; [T_{HFmin}, T_{HFmax}]\} \tag{9.8}$$

表 9.2　稳定工况热处理机组最优操作参数集

钢种	规格	带钢速度/m·min^{-1}	辐射管加热段	
			辐射管壁最高温度 T_{Tmax}	最高炉温 T_{HFmax}
钢种 A	规格 1	最大速度 v_{max}	辐射管壁最高温度 T_{Tmax}	最高炉温 T_{HFmax}
		…	…	…
		速度 v_i	辐射管壁温度 T_{Ti}	炉温 T_{HFi}
		…	…	…
		最小速度 v_{min}	辐射管壁最低温度 T_{Tmin}	最低炉温 T_{HFmin}
	规格 2	最大速度 v_{max}	辐射管壁最高温度 T_{Tmax}	最高炉温 T_{HFmax}
		…	…	…
		速度 v_i	辐射管壁温度 T_{Ti}	炉温 T_{HFi}
		…	…	…
		最小速度 v_{min}	辐射管壁最低温度 T_{Tmln}	最低炉温 T_{HFmin}
	…	…	…	…
	规格 n	…	…	…
钢种 B	…	…	…	…
…	…	…	…	…

9.2　变工况时的参数优化控制策略

　　在带钢连续热处理过程中，稳定工况是最常见，同时也是相对容易控制的一种工况。相比而言，在变工况时，由于钢种、规格、热处理工艺、带速、操作参数等均处于变动状态，此时若操作不当，会造成带钢温度偏离设定值，非常容易引起带钢跑偏、瓢曲甚至断带。因此，变工况时机组的参数优化控制显得尤为重要。

　　在带钢连续热处理机组的各个工艺段，辐射管加热段的带钢温度控制最为重要，首先，辐射管加热段具有很大的炉温惯性时间（详见 6.5.1 节），这对带温控制的即时性造成了很大的困难，而其他炉段则可通过即时调整操作参数控制带钢温度；其次，带钢温度最高值出现在辐射管加热段中，带钢强度最低，是瓢曲、断带事故的多发炉段。因此本节以辐射管加热段为例，对变工况时的参数优化控制策略进行系统深入的讨论。

　　变工况控制的最终目标是：当带钢连续热处理机组的带钢钢种、规格、热处理工艺发生变化时，如何动态地协调带速、炉温，使得带钢温度满足热处理工艺要求。即通过模型计算，获得能够及时消除带温偏差的带速、炉温（辐射管壁温）变动量和变动时间。从 9.1.2 节可知，带钢连续热处理机组的操作参数只有在可行工况集的范围内时，才能够使得带温满足热处理工艺。因此，变工况时的优化控制策略也必须在可行工况集中实施。

根据变工况中前行带钢（带钢 A）、后行带钢（带钢 B）的不同组合，变工况优化控制策略可划分为以下三种典型的操控策略：

第一种，带钢 A 和带钢 B 是相同钢种、同种规格，由于调整机组产量而触发的变工况，此时的策略是协调调整带速、辐射管壁温、炉温，保证带钢温度不变（或在其热处理工艺要求的范围内变化）。

第二种，变工况中，带钢 A、B 的可行工况集的交集非空，此时的变工况控制策略在该交集中实施，对于不同的工况参数，实施策略有所不同。

第三种，变工况中，带钢 A、B 的可行工况集的交集为空集，此时的变工况控制策略必须采用过渡卷才能够实施。

本节以辐射管加热段为例，对上述三种典型的变工况控制策略进行系统论述，其他炉段的变工况控制策略与此类似，在此不再赘述。

9.2.1　带钢钢种及规格相同时的变工况控制策略

带钢钢种、规格相同的情况下，变工况的目的是为了调整机组产量，而机组产量与带速、规格相关，规格确定的情况下，决定机组产量的仅为带速。带速的变化，改变了带钢在炉内的停留时间。因此，辐射管壁温、炉温也必须与带速协调变化，才能保证带钢加热温度不变。此时的控制策略可根据带速的变化分为两类：即带速上升或带速下降的变工况控制策略。

带速上升的变工况控制策略：

（1）炉温、辐射管壁温上升；

（2）当炉温、辐射管壁温小于设定值（设定值根据目标带速查表 9.2 可得），且带温达到热处理工艺上限时，提高带速，带速的提高幅度为：使得带钢在当前炉温、辐射管壁温下，达到热处理工艺下限。返回（1）；

（3）当炉温、辐射管壁温等于设定值（设定值根据目标带速查表 9.2 可得），将带速调整为目标值，使带温回到热处理工艺要求的范围内，同时停止升温。

带速下降的变工况控制策略：

（1）炉温、辐射管壁温下降；

（2）当炉温、辐射管壁温大于设定值（设定值根据目标带速查表 9.2 可得），且带温达到热处理工艺下限时，降低带速，带速的降低幅度为：使得带钢在当前炉温、辐射管壁温下，达到热处理工艺上限。返回（1）；

（3）当炉温、辐射管壁温等于设定值（设定值根据目标带速查表 9.2 可得），将带速调整为目标值，使带温回到热处理工艺要求的范围内，同时停止降温。

如图 9.10 为带速上升、下降时变工况控制策略实施与带温响应示意图。

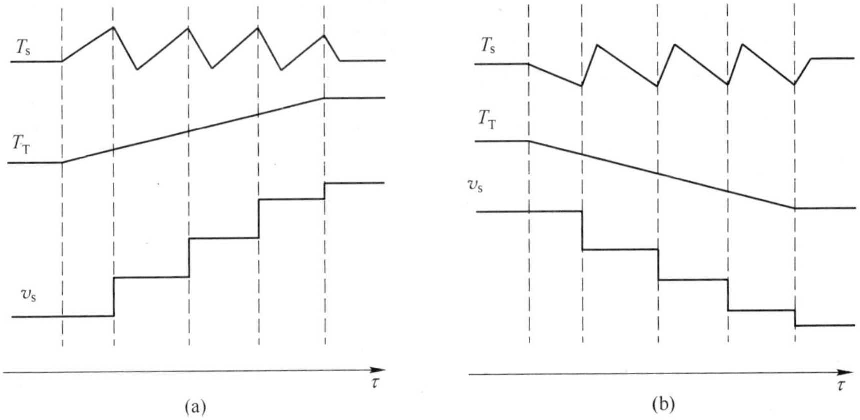

图 9.10　带速上升（a）和带速下降（b）时变工况控制策略实施与带温响应示意图

9.2.2　可行工况集的交集非空时的变工况控制策略

带钢 A、B 的可行工况集分别表示为：

$$\{钢种 A；规格 A；[v_{minA}, v_{maxA}]；[T_{TminA}, T_{TmaxA}]；[T_{HFminA}, T_{HFmaxA}]\} \tag{9.9}$$

$$\{钢种 B；规格 B；[v_{minB}, v_{maxB}]；[T_{TminB}, T_{TmaxB}]；[T_{HFminB}, T_{HFmaxB}]\} \tag{9.10}$$

当带钢 A、B 的可行工况集的交集非空时，以辐射管壁温为例，式（9.11）、式（9.12）至少有一个成立，其交集的形式、范围如图 9.11 所示，图中阴影部分为交集范围。

$$T_{TminB} \leqslant T_{TmaxA} \leqslant T_{TmaxB} \quad 或 \quad T_{TminB} \leqslant T_{TminA} \leqslant T_{TmaxB} \tag{9.11}$$

$$T_{TminA} \leqslant T_{TmaxB} \leqslant T_{TmaxA} \quad 或 \quad T_{TminA} \leqslant T_{TminB} \leqslant T_{TmaxA} \tag{9.12}$$

设带钢 A、B 的可行工况集的辐射管壁温、炉温的交集范围为：$[T_{TminAB}, T_{TmaxAB}]$、$[T_{HFminAB}, T_{HFmaxAB}]$。前行带钢 A 采用的带速、辐射管壁温、炉温分别为：v_A、T_{TA}、T_{HFA}。根据 T_{TminA}、T_{HFminA} 与交集 $[T_{TminAB}, T_{TmaxAB}]$、$[T_{HFminAB}, T_{HFmaxAB}]$ 的关系具有如下三种状况：

$$T_{TminAB} \leqslant T_{TA} \leqslant T_{TmaxAB} \quad 和 \quad T_{HFminAB} \leqslant T_{HFA} \leqslant T_{HFmaxAB} \tag{9.13}$$

$$T_{TmaxAB} \leqslant T_{TA} \quad 和 \quad T_{HFmaxAB} \leqslant T_{HFA} \tag{9.14}$$

$$T_{TA} \leqslant T_{TminAB} \quad 和 \quad T_{HFA} \leqslant T_{HFminAB} \tag{9.15}$$

对于式（9.13）所示的模式，由于前行带钢 A、后行带钢 B 均可在 T_{TA}、T_{HFA} 下生产，因此该种变工况不需要变动辐射管壁温、炉温，仅依靠调整带钢速

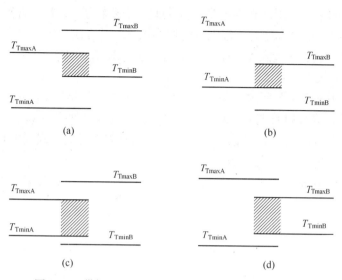

图 9.11 带钢 A、B 的可行工况集的交集形式与范围

（a）满足条件：$T_{TminB} \leqslant T_{TmaxA} \leqslant T_{TmaxB}$ 或者 $T_{TminA} \leqslant T_{TminB} \leqslant T_{TmaxA}$；

（b）满足条件：$T_{TminB} \leqslant T_{TminA} \leqslant T_{TmaxB}$ 或者 $T_{TminA} \leqslant T_{TmaxB} \leqslant T_{TmaxA}$；

（c）同时满足条件：$T_{TminB} \leqslant T_{TmaxA} \leqslant T_{TmaxB}$ 和 $T_{TminB} \leqslant T_{TminA} \leqslant T_{TmaxB}$；

（d）同时满足条件：$T_{TminA} \leqslant T_{TmaxB} \leqslant T_{TmaxA}$ 和 $T_{TminA} \leqslant T_{TminB} \leqslant T_{TmaxA}$

度即可满足工艺要求。本文称之为炉温不变的切换策略，其方法如下：

（1）根据带钢 B 的钢种、规格以及 T_{TA}、T_{HFA}，查表 9.2 获得带钢 B 所需带速 v_B；

（2）比较带钢 A、B 的重要性（如生产成本、价格等），若带钢 A 更重要，则当焊缝（由焊缝检测机构监测）通过出炉口时，将带速 v_A 切换为 v_B；

（3）比较带钢 A、B 的重要性（如生产成本、价格等），若带钢 B 更重要，则当焊缝（由焊缝检测机构监测）通过入炉口时，将带速 v_A 切换为 v_B。

对于式（9.14）所示的模式，前行带钢 A 采用的当前辐射管壁温、炉温不适合带钢 B 的生产，因此在生产带钢 A 期间，需要将 T_{TA}、T_{HFA} 降低到带钢 B 所允许的范围内。本节称之为炉温下降的切换策略，其方法如下：

（1）根据辐射管壁温飞升曲线，由辐射管壁温 T_{TA}、T_{TmaxAB} 之差，获得辐射管壁温变化的最小时间 $\Delta\tau$；

（2）采用 9.2.1 节所述"带速下降的变工况控制策略"，最迟在焊缝入炉前 $\Delta\tau$ 时间开始降低辐射管壁温、炉温，由 T_{TA}、T_{HFA} 降低到 T_{TmaxAB}、$T_{HFmaxAB}$；

（3）当 $T_{TA} \leqslant T_{TmaxAB}$、$T_{HFA} \leqslant T_{HFmaxAB}$，此时的工况满足式（9.13），此时可采用"炉温不变的切换策略"进行操作。

对于式（9.15）所示的模式，前行带钢 A 采用的当前辐射管壁温、炉温不适合带钢 B 的生产，因此在生产带钢 A 期间，需要将 T_{TA}、T_{HFA} 升高到带钢 B 所允许的范围内。本节称之为炉温上升的切换策略，其方法如下：

（1）根据辐射管壁温飞升曲线，由辐射管壁温 T_{TA}、T_{TminAB} 之差，获得辐射管壁温变化的最小时间 $\Delta\tau$；

（2）采用 9.2.1 节所述"带速上升的变工况控制策略"，最迟在焊缝入炉前 $\Delta\tau$ 时间开始提高辐射管壁温、炉温，由 T_{TA}、T_{HFA} 升高到 T_{TminAB}、$T_{HFminAB}$；

（3）当 $T_{TA} \geqslant T_{TminAB}$、$T_{HFA} \geqslant T_{HFminAB}$，此时的工况满足式（9.13），可采用"炉温不变的切换策略"进行操作。

如图 9.12 所示，为上述三种切换策略实施与带钢响应示意图。

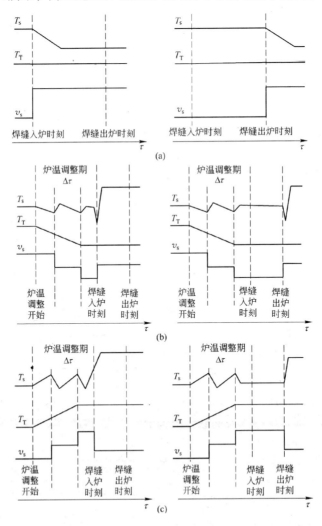

图 9.12　可行工况集交集非空时的切换策略实施与带钢响应示意图

（a）炉温不变的切换策略；（b）炉温下降的切换策略；（c）炉温上升的切换策略

9.2.3 可行工况集的交集为空集时的变工况控制策略

当带钢A、B的可行工况集的交集为空集时，以辐射管壁温为例，式（9.16）、式（9.17）有且仅有一个成立，其可行工况集交集为空的形式如图9.13所示，图中阴影部分表示两者（即辐射管壁温，炉温与此类似）之间的最小差别。

$$T_{TmaxA} < T_{TminB} \tag{9.16}$$
$$T_{TmaxB} < T_{TminA} \tag{9.17}$$

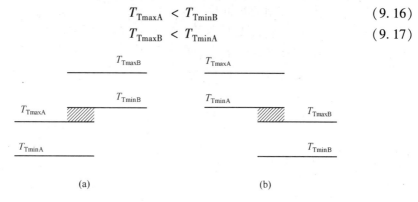

图 9.13 带钢 A、B 的可行工况集的交集为空的形式

（a）满足条件：$T_{TmaxA} < T_{TminB}$；（b）满足条件：$T_{TmaxB} < T_{TminA}$

对于式（9.16）、图9.13（a）所描述的情形，本节称之为上无交集的变工况控制策略。由于带钢A、B没有公共的辐射管壁温、炉温，前述方法均失效。此时必须在带钢A、B之间接入过渡带钢C（废带钢），并提高辐射管壁温、炉温，达到带钢B的最低生产要求。具体的控制策略如下：

（1）根据辐射管壁温飞升曲线，计算辐射管壁温由 T_{TA} 上升到 T_{TmaxA} 所需时间 $\Delta\tau_1$（确定温度变化的时间点，以便安排生产计划）；

（2）在带钢A、过渡带钢焊缝入炉前 $\Delta\tau_1$ 时间，开始提高辐射管壁温 T_{TA}，在焊缝入炉之前提高到 T_{TmaxA}，此时仍在生产带钢A，带速为 v_{maxA}；

（3）根据辐射管壁温飞升曲线，计算辐射管壁温由 T_{TmaxA} 上升到 T_{TminB} 所需时间 $\Delta\tau_2$，根据过渡带钢C的长度 L_C，得到过渡带钢期间带速 $v_C = L_C/\Delta\tau_2$，若带速 v_C 大于机组的最高速度，则增加过渡带钢C的长度，直到满足要求；

（4）当辐射管壁温升高到 T_{TmaxA} 时，接入过渡带钢C；

（5）当带钢A、过渡带钢C的焊缝出炉时，将带速调整为 v_C，同时开始提高辐射管壁温，由 T_{TmaxA} 提高到 T_{TminB}，所需最少时间为 $\Delta\tau_2$；

（6）过渡带钢C之后接入带钢B，此时辐射管壁温应不小于 T_{TminB}，根据当前辐射管壁温，查表9.2可以获得当前带速 v_B，当焊缝入炉时将带速调整为 v_B；

（7）变工况过程完成，可根据带钢B的产量进一步调整机组参数。

上无交集的变工况控制策略的实施与带温响应如图9.14所示。

对于式（9.17）、图9.13（b）所描述的情形，本节称之为下无交集的变工况控制策略。此时必须在带钢A、B之间接入过渡带钢C（废带钢），并提高辐射管壁温、炉温，达到带钢B的生产要求。具体的控制策略如下：

（1）根据辐射管壁温飞升曲线，计算辐射管壁温由T_{TA}下降到T_{TminA}所需时间$\Delta\tau_1$（确定温度变化的时间点，以便安排生产计划）；

（2）在带钢A、过渡带钢焊缝入炉前$\Delta\tau_1$时间，开始提高辐射管壁温T_{TA}，在焊缝入炉之前降低到T_{TminA}，此时仍在生产带钢A，带速为v_{minA}；

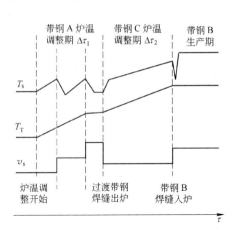

图9.14　上无交集的变工况控制策略
的实施与带温响应示意图

（3）根据辐射管壁温飞升曲线，计算辐射管壁温由T_{TminA}降低到T_{TmaxB}所需时间$\Delta\tau_2$，根据过渡带钢C的长度L_C，得到过渡带钢期间带速$v_C = L_C/\Delta\tau_2$，若带速v_C大于机组的最高速度（或小于过渡带钢C的最低速度），则增加（减小）过渡带钢C的长度，直到满足要求；

（4）当辐射管壁温降低到T_{TminA}时，接入过渡带钢C；

（5）当带钢A、过渡带钢C的焊缝出炉时，将带速调整为v_C，同时开始降低辐射管壁温，由T_{TminA}降低到T_{TmaxB}，所需最少时间为$\Delta\tau_2$；

（6）过渡带钢C之后接入带钢B，此时辐射管壁温应不大于T_{TmaxB}，根据当前辐射管壁温，查表9.2可以获得当前带速v_B。当焊缝入炉时将带速调整为v_B；

（7）变工况过程完成，可根据带钢B的产量进一步调整机组参数。

下无交集的变工况控制策略的实施与带温响应如图9.15所示。

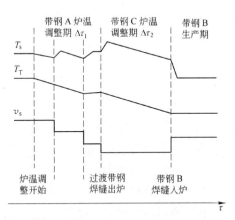

图9.15　下无交集的变工况控制策略
的实施与带温响应示意图

9.3　立式炉操作参数优化控制数值仿真分析

为了进一步验证上述稳定工况和变工况时操作参数优化控制策略的可行性，

对表9.3所示的变工况进行数值仿真。在现场生产中，该变工况的具体参数的变化规律如表7.2和图7.17所示。该变工况涉及两种带钢的稳定工况，由于稳定工况最优操作参数集是变工况控制的基础，因此应首先对稳定工况进行优化。

表9.3 切换前后机组主要参数

钢 种	厚度/mm	黑度	调质度	目标带速/m·min⁻¹	目标带温/K	炉温/K
钢种A	0.203	0.130	T-4CA	653	903~908	998
钢种B	0.237	0.235	T-3CA	582	1033~1038	1045

根据启发式优化算法，可获得带钢A、B在稳定工况下的最优操作参数集，如表9.4所示，表中带钢A的优化目标温度为（906±1）K，带钢B的优化目标温度为（1035±1）K。由表可得带钢A、B的可行工况集分别为：

$$\{钢种A；0.203；[653,800]；[1048,1081]；[998,1031]\} \tag{9.18}$$

$$\{钢种B；0.237；[500,582]；[1081,1095]；[1031,1045]\} \tag{9.19}$$

表9.4 带钢A、B在辐射管加热段的稳定工况最优操作参数集

钢 种	厚度/mm	带速/m·min⁻¹	炉温/K	辐射管壁温/K
带钢A	0.203	653	998	1048
		678	1003	1053
		702	1008	1058
		725	1013	1063
		745	1018	1068
		770	1023	1073
		790	1028	1078
		800	1031	1081
带钢B	0.237	500	1031	1081
		510	1033	1083
		545	1038	1088
		575	1043	1093
		582	1045	1095

对比带钢A、B的可行工况集，其存在交集，形式见图9.11（a）。由于变工况前后炉温上升，因此，其变工况控制策略应采用"炉温上升的变工况控制策略"。

根据辐射管加热段炉温变化规律（图2.10），炉温变化率为1.54 K/min（为正常的炉温下降阶段0~50min之间的平均值，炉温曲线参考图7.11。图2.10和图7.11的数据为同一次实验测得），数值仿真过程中采用该规律。

采用前述 9.2 节"炉温上升的变工况控制策略",对表 9.3 所示变工况过程进行优化,形成如表 9.5 所示的变工况过程主要参数的时间序列,从表中可看出变工况过程中机组参数的变化情况。

表 9.5　变工况过程主要参数的时间序列

时间/min	钢种	厚度/mm	黑度	调质度	速度/m·min⁻¹	说　明
0	钢种 A	0.203	0.130	T-4CA	653	稳定工况
8	钢种 A	0.203	0.130	T-4CA	702	变工况时间段, 带速切换均在 2min 内完成
17	钢种 A	0.203	0.130	T-4CA	770	
24	钢种 A	0.203	0.130	T-4CA	800	
27	钢种 B	0.237	0.235	T-3CA	545	
34	钢种 B	0.237	0.235	T-3CA	582	
40	钢种 B	0.237	0.235	T-3CA	583	稳定工况

注:各时刻变化的参数以灰色标记。

根据本书建立的立式炉内带钢连续热处理数学模型,依照表 9.5 所示的变工况过程主要参数时间序列进行数值仿真,结果如图 9.16 所示。表 9.3 所示的变工况过程包括了炉温、带速、带钢钢种、厚度等运行参数的变化,且带钢 A、B 的目标温度相差很大,其可行工况集的交集范围也非常小,在切换过程中,带速变化幅度较大。

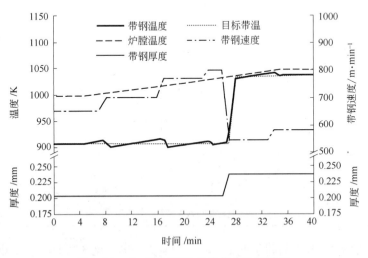

图 9.16　变工况过程的参数优化仿真结果

图 9.16 所示的切换过程中,带钢 A、B 焊缝入炉时要求炉温从 998 K 升高到 1031K,所需时间约为 21min。根据焊缝入炉前带钢 A 的速度,计算可得切换过程带钢 A 的长度约为 14760m。因此,当焊缝入炉前 21 min 时(即带钢 A 剩余长

度约为 14760m 时）开始升高炉温，升温速度为 1.54K/min，同时按照图 9.16 调整带速。

　　对比表 7.2 和图 7.17 所示的现场目前采用变工况控制策略，可以看出，现场采用带钢 B 和过渡卷带钢协助变工况操作，变工况历时 82min。而采用本章的变工况控制策略，整个变工况历时 32min，操作时间大大减少，同时由于省略了带钢 B 和过渡卷带钢的协助，更有助于机组能耗降低、产能提高。

附 录

附录 A 我国主要的带钢连续退火（涂镀）机组

序号	厂家	产品类型	年产量/万吨	厚度/mm	宽度/mm	处理产品	生产方法	炉型	最大带速/m·min⁻¹	投产时间	制造单位
1	宝钢2030	连续退火	55	0.5~2.0	900~1550	CQ、DQ、DDQ	全辐射法	立式	250	1989	新日铁
2	宝钢2030	连续热镀锌	35	0.3~3.0	900~1850	FH、CQ、DQ、DDQ	N.O.F法	立式	183	1990.9	三菱重工 美维恩
3	宝钢1420	连续退火	44.58	0.18~0.55	730~1230	T2.5、T3、T4、T5	全辐射法	立式	880	1997	新日铁
4	宝钢1550	连续退火	71.75	0.3~1.6	700~1430	CQ、DQ、DDQ、EDDQ、SEDDQ、HSS	全辐射法	立式	420	2000.3	日本钢管
5	宝钢1550	连续热镀锌	37.193	0.3~2.0	800~1850	FH、CQ、DQ、DDQ、EDDQ、SEDDQ、HSS	全辐射法	立式	GI：200 GA：150	2000.3	西马克
6	宝钢1800	连续退火	96.46	0.45~2.1	800~1750	CQ、DQ、DDQ、EDDQ、SEDDQ、HSS	全辐射法	立式	485	2005.3	新日铁
7	宝钢1800	1号连续热镀锌	46.83	0.5~3.0	800~1730	FH、CQ、DQ、DDQ、EDDQ、SEDDQ、HSS	全辐射法	立式	170	2005.3	新日铁
8	宝钢1800	2号连续热镀锌	36.22	0.35~1.6	800~1630	FH、CQ、DQ、DDQ、EDDQ、SEDDQ、HSS	全辐射法	立式	180	2005.3	DREVER
9	宝钢1730	连续退火	70	0.3~2.3	700~1600	CQ、DQ、DDQ、EDDQ、SEDDQ、HSS	全辐射法	立式	440	2008	斯坦因
10	鞍钢一冷轧	连续热镀锌	80	0.3~2.5	750~1550	CQ、DQ、DDQ	N.O.F法	立式	180	2003.11	CMI

续附录 A

序号	厂家	产线类型	年产量/万吨	厚度/mm	宽度/mm	处理产品	生产方法	炉型	最大带速/m·min⁻¹	投产时间	制造单位
11	鞍钢二冷轧	1号连续热镀锌	40	0.3~3.0	700~1550	建材	全辐射法	立式		2005	CMI
12	鞍钢二冷轧	2号连续热镀锌	40	0.3~3.0	700~1551	建材	全辐射法	立式		2005	CMI
13	鞍钢三冷轧	连续退火	65	0.3~2.0	1000~1980	CQ、DQ、DDQ	全辐射法	立式	450	2006.5	SMS-Demag
14	武钢一冷轧厂	连续热镀锌	25	0.25~2.5	700~1530	FH、CQ、DQ、DDQ	N.O.F法	卧式	GI: 150 GA: 80	2003	奥钢联
15	武钢一冷轧厂	电工钢退火	22.8	0.35~0.65	750~1275	50W470、50W54、50W60、50W800、50W10、50W1300	N.O.F法	卧式	150	2004	武钢院 阿尔斯通
16	武钢二冷轧厂	连续退火	99	0.3~2.5	900~2080	CQ、DQ、DDQ、EDDQ、SEDDQ、HSS	全辐射法	立式	450	2005.12	DREVER
17	武钢二冷轧厂	1号连续热镀锌	47.5	0.4~2.5	1000~2080	FH、CQ、DQ、DDQ、EDDQ、SEDDQ、HSS	全辐射法	立式	200	2005.12	新日铁
18		2号连续热镀锌	40.5	0.2~1.6	800~1650	家电	全辐射法	立式	200	2005.12	DREVER
19		3号连续热镀锌	36.3	0.2~1.6	800~1650	建筑	全辐射法	立式	200	2005.12	DREVER
20	武钢冷轧硅钢厂	1号连续退火	12	0.25~0.85	750~1050	CGO、CRNO	N.O.F法	卧式	90	1978	新日铁
21		2号连续退火	4.5	0.25~0.85	750~1050	HiB、CGO	N.O.F法	卧式	60	1978	新日铁
22		3号连续退火	4.5	0.25~0.85	750~1050	HiB、CGO	全辐射	卧式	50	1978	新日铁
23		4号连续退火	10	0.5~0.9	750~1050	CRNO	N.O.F法	卧式	70	1997	新日铁
24		5号连续退火	20	0.5~0.9	750~1050	CRNO	N.O.F法	卧式	150	1998	新日铁
25		6号连续退火	4.5	0.23~0.5	750~1050	HiB、CGO	全辐射法	卧式	60	1997	新日铁
26	本钢冷轧厂	连续热镀锌	30	0.5~2.5	700~1400	FH、CQ、DQ、DDQ	N.O.F法	卧式	150	1996.6	德马克
27	邯钢冷轧厂	连续热镀锌	35	0.25~2.0	900~1650	FH、CQ、DQ、DDQ	全辐射法	立式	180	2004.12	VAI-UK

续附录 A

序号	厂家	产线类型	年产量/万吨	厚度/mm	宽度/mm	处理产品	生产方法	炉型	最大带速/m·min⁻¹	投产时间	制造单位
28	本钢浦项冷轧薄板公司	连续退火	93.11	0.3~2.5	800~1870	CQ、DQ、DDQ、EDDQ、SEDDQ、HSS	全辐射法	立式	450	2005.12	JFE
29		1号连续热镀锌	46.86	0.4~2.5	800~1870	CQ,DQ,DDQ,EDDQ,SEDDQ,HSS,DP,TRIP	全辐射法	立式	GI:180 GA:150	2005.12	VAI
30		2号连续热镀锌	36.93	0.2~1.6	800~1500	CQ、DQ、DDQ、EDDQ、SEDDQ、HSS	全辐射法	立式	180	2005.12	VAI
31		1号连续热镀锌	34.3	0.3~2.5	900~1575	CQ、DQ、DDQ	N.O.F法	卧式	160	2004.4	新日铁
32	马钢冷轧厂	2号连续热镀锌	35	0.3~2.5	700~1550	家电	全辐射法	立式		2005	西马克
33		3号连续热镀锌	30	0.3~2.0	720~1250	FH、CQ、DQ、DDQ、EDDQ	全辐射法	立式	200	2004.5	中冶赛迪
34	涟钢薄板冷轧厂	连续热镀锌	31.1	0.25~2.5	850~1570	FH、CQ、DQ、HLSA	N.O.F法	卧式	160	2006.6	新日铁
35		1号连续热镀锌	16.19	0.25~2.5	720~1120	CQ、DQ、DDQ	N.O.F法	立式	120	1997.3	三菱重工
36	攀钢冷轧厂	2号连续热镀锌	31	0.25~2.0	720~1250	FH、CQ、DQ、DDQ、EDDQ	全辐射法	立式	200	2004.5	奥钢联
37		3号连续热镀锌	30	0.3~2.0	720~1250	FH、CQ、DQ、DDQ、EDDQ	全辐射法	立式	200	2004.5	中冶赛迪
38	包钢冷轧薄板厂	连续热镀锌	41	0.25~2.5	960~1540	FH、CQ、DQ、HSS	全辐射法	立式	180	2005.7	斯坦因
39	唐钢冷轧薄板厂	连续热镀锌	45	0.3~2.0	820~1650	CQ、DQ、HSLA	N.O.F法	L式	180	2004.9	美国布理克蒙

附录 B　部分不锈钢表面发射率

不锈钢种类和状态	温度/℃	发射率
301 型，抛光（polished）	24	0.27
	232	0.57
	949	0.55
303 型，表面氧化（oxidized）	316~1093	0.74~0.87
310 型，轧制（rolled）	816~1149	0.56~0.81
316 型，抛光（polished）	24	0.28
	232	0.57
	949	0.66
321 型	93~427	0.27~0.32
321 型，抛光（polished）	149~816	0.18~0.49
321 型，黑色氧化层（with black oxide）	93~427	0.66~0.76
347 型，表面氧化（oxidized）	316~1093	0.87~0.91
350 型	93~427	0.18~0.27
350 型，抛光（polished）	149~982	0.11~0.35
446 型，抛光（polished）	419~816	0.15~0.37
17-7PH 型	93~315	0.44~0.51
17-7PH 型，抛光（polished）	149~816	0.09~0.16
C1020 型，表面氧化（oxidized）	316~1093	0.87~0.91
PH-15-7MO 型	149~649	0.07~0.19

附录 C　304 不锈钢表面发射率随温度的变化规律（抛光，隔绝空气加热）

成分：18.45Cr, 8.79 Ni, 0.50 Mn, 0.10 C

温度/℃	半球总发射率
312	0.248
401	0.304
482	0.354
579	0.416
700	0.491
752	0.527
776	0.552
816	0.599
849	0.654

续附录 C

成分：18.45Cr, 8.79 Ni, 0.50 Mn, 0.10 C

温度/℃	半球总发射率
869	0.701
898	0.765
949	0.853
1000	0.916
1049	0.964
1081	0.985

附录 D　304 不锈钢表面发射率随温度的变化规律（抛光，空气加热）

成分：18.45Cr, 8.79 Ni, 0.50 Mn, 0.10 C

温度/℃	半球总发射率
431	0.372
499	0.413
550	0.444
649	0.505
752	0.567
805	0.602

参 考 文 献

[1] 蒋大强. 带钢连续热镀锌立式退火炉及其热过程研究 [D]. 北京：北京科技大学，1995.

[2] 田玉楚，侯春海. 连续退火炉的数学模型开发 [J]. 冶金能源，1995，14（3）：38~41.

[3] Li Shaoyuan, Chen Qing, Huang Guangbin. Dynamic temperature modeling of continuous annealing furnace using GGAP-RBF neural network [J]. Neurocomputing, 2006, 69：523~536.

[4] Chen Qing, Fan Yufei, Li Shaoyuan. Modeling for the temperature in continuous annealing furnace based on a generalized growing and pruning RBF neural network [C]. Proceedings of the 23rd Chinese Control Conference, 2004.

[5] 张清东，常铁柱，戴江波，等. 连退线上带钢张应力横向分布的有限元仿真 [J]. 北京科技大学学报，2006，28（12）：1162~1166.

[6] 戴江波. 冷轧宽带钢连续退火生产线上瓢曲变形的研究 [D]. 北京：北京科技大学，2005.

[7] 胡广魁. 连续退火炉内钢带稳定运行张力分析 [J]. 宝钢技术，2010（5）：47~51.

[8] 叶玉娟. 带钢连续退火瓢曲现象的研究 [D]. 洛阳：河南科技大学，2009.

[9] 张启富，刘邦津，仲海峰. 热镀锌技术的最新进展 [J]. 钢铁研究学报，2002，14（4）：65~72.

[10] 李学党，苗铁岭，张玉琴. 现代连续退火机组的发展与应用探讨 [J]. 河南冶金，2008，16（2）：23~25.

[11] 吴光治. 带钢连续热镀锌与退火炉的技术进步 [J]. 工业炉，2006，28（2）：19~21.

[12] 许秀飞. 钢带连续涂镀和退火疑难对策 [M]. 北京：化学工业出版社，2009.

[13] 余永宁，杨平，强文江，等. 材料科学基础 [M]. 北京：高等教育出版社，2006.

[14] 崔忠圻，刘北兴. 金属学与热处理原理 [M]. 3 版. 哈尔滨：哈尔滨工业大学出版社，2007.

[15] 于庆波，刘相华，赵贤平. 控轧控冷钢的显微组织形貌及分析 [M]. 北京：科学出版社，2010.

[16] Zhang Xiong, Wen Zhi, Dou Ruifeng. Evolution of microstructure and mechanical properties of cold-rolled SUS430 stainless steel during a continuous annealing process [J]. Materials Science & Engineering A, 2014, 598：22~27.

[17] 马国和，肖白. 汽车用热镀锌板连续退火工艺 [J]. 轧钢，1998（3）：38~42.

[18] 张竑. 现代热镀锌机组连续退火技术 [J]. 武钢技术，37（4）：51~62.

[19] 张李扬，李俊，左良. 新型带钢连续热镀锌机组的发展 [J]. 钢铁研究学报，2005，17（4）：9~13.

[20] 李九龄. 带钢连续热镀锌 [M]. 3 版. 北京：冶金工业出版社，2010.

[21] Masayuki IMOSE. Heating and Cooling Annealing Technology in the Continuous Annealing. Transactions ISIJ, 1985（25）：911~931.

[22] 李松. 攀钢镀锌线退火炉辐射管应用特点及其性能分析 [J]. 四川冶金，2005，27（3）：22~24.

[23] 王国栋，等. 冷连轧生产工艺的进展 [J]. 轧钢，2003，20（1）：37~41.

[24] 王永萍, 鲍戟, 高立. 连续退火炉冷却技术的发展和现状 [J]. 工业炉, 2002, 24 (1): 21~24.

[25] 何建锋. 冷轧板连续退火技术及其应用 [J]. 上海金属, 2004, 26 (4): 50~53.

[26] 王福凯, 白秀艳. 冷轧不锈钢带连续退火炉综述 [J]. 工业炉, 2006, 28 (1): 18~20.

[27] 张文华, 等. 不锈钢及其热处理 [M]. 沈阳: 辽宁科学技术出版社, 2010.

[28] 查先进, 严亚兰. 冷轧宽带钢连续退火炉与罩式退火炉的比较研究 [J]. 冶金信息, 1999 (1).

[29] 王雄, 于朝晖, 徐用懋. 连续退火炉在线优化控制系统 [J]. 计算机仿真, 1999, 16 (4): 61~67.

[30] 潘勖平, 杨杰. 连续退火机组辊冷技术及板温控制 [J]. 宝钢技术, 2001 (5): 39~43.

[31] 田玉楚, 杨建明. 热镀锌退火炉的计算机混合控制系统开发 [J]. 钢铁, 1996, 31 (8): 61~65.

[32] Naoharu Yoshitani, Akihiko Hasegawa. Model-Based Control of Strip Temperature for the Heating Furnace in Continuous Annealing [J]. IEEE Transactions on Control System Technology, 1998, 6 (2): 146~156.

[33] Niederer M, Strommer S, Steinboeck A, et al.. A simple control-oriented model of an indirect-fired strip annealing furnace [J]. International Journal of Heat and Mass Transfer, 20214 (78): 557~570.

[34] 周筠清. 传热学 [M]. 2 版. 北京: 冶金工业出版社, 1999.

[35] 陶文铨. 数值传热学 [M]. 2 版. 西安: 西安交通大学出版社, 2001.

[36] 王俊升. 辊底式热处理炉数学模型及其计算机控制系统的研究 [D]. 北京: 北京科技大学, 2005.

[37] 温治, 高仲龙, 刘新平. 钢锭热过程数学模型及均热炉群计算机控制系统 [J]. 冶金自动化, 1993, 17 (2): 8~13.

[38] 朱立. 钢材热镀锌 [M]. 北京: 化学工业出版社, 2006.

[39] 许永贵, 李文科, 顾锦荣, 等. 均热室炉温对带钢均热质量的影响 [J]. 华东冶金学院学报, 1994, 11 (2): 89~93.

[40] 许永贵, 李文科, 顾锦荣, 等. CAPL 加热室的热工特点 [J]. 华东冶金学院学报, 1994, 11 (2): 101~104.

[41] Kilpatrick J A, Seeman E J. Computer control of a continuous annealing line [C]. Preprints of ISS 27th Mechanical Working and Steel Processing Conference, Cleveland, October 1985: 71~78.

[42] Yoshitani N. Optimal and adaptive control of strip temperature for a heating furnace in C. A. P. L [C]. Preprints of the IFAC Symposium, Tokyo, August 1986: 449~454.

[43] Xu Yongmao, Wang Xiong, Huang Zhengjun, et al. Modeling and Optimization Control for Continuous Annealing Furnace [C]. IFAC, July 1992: 350~355.

[44] Ueda I, Hosoda M, Taya K. Strip temperature control for heating section in CAL [C]. IECON'91, 1991 IEEE: 1946~1949.

[45] Kazuhiro Yahiro, Hiroyasu Shigemori, Kazuhiro Hirohata, et al. Development of Strip Tempera-

ture Control System for a Continuous Annealing Line：International Conference on Industrial Eletronics Control and Instrumentation ［C］，January 15～19，1993.

［46］田玉楚，侯春海. 连续热镀锌退火炉的数学模型开发 ［J］. 冶金能源，1995，14（3）：38～50.

［47］田玉楚，侯春海. 带钢连续热镀锌退火过程的模型化 ［J］. 控制理论与应用，1995，12（4）：459～464.

［48］Naoharu Yoshitani. Modelling and Parameter Estimation for Strip Temperature Control in Continuous Annealing Processes ［J］. IEEE，1993：469～474.

［49］Akihiko Hasegawa. Development of a Strip Temperature Control System with Adaptive Generalized Predictive Control ［J］. IEEE，1994：1525～1530.

［50］David O. Marlow. Modelling Direct-Fired Annealing Furnaces for Transient Operations ［J］. Appl. Math. Modelling，1996，20：34～40.

［51］Prieto M M，Fernandez F J，Rendueles J L. Thermal Performance of Annealing Line Heating Furnace ［J］. Ironmaking & Steelmaking，2005，32（2）：171～176.

［52］杨献勇，等. 热工过程自动控制 ［M］. 北京：清华大学出版社，2000.

［53］李少远，席裕庚，陈增强，等. 智能控制的新进展（Ⅲ）［J］. 控制与决策，2000，15（2）：136～149.

［54］Adilson Jose，Filho Rubens Maciel. Soft Sensor Development for On-line Bioreactor State Estimation ［J］. Computers and Chemical Engineering，2000，24（2）：1099～1103.

［55］王锡淮，李少远，席裕庚. 加热炉钢坯温度软测量模型研究 ［J］. 自动化学报，2004，30（6）：928～932.

［56］Renard M，Gouriet J B，Buchlin J M. Rapid Cooling in Continuous Annealing and Galvanizing Lines ［J］. Revue de Metallurgie：Cahiers d'Informations Techniques，2003，100（7，8）：751～756.

［57］Prieto M M，Fernández F J，Rendueles J L. Development of Stepwise Thermal Model for Annealing Line Heating Furnace ［J］. Ironmaking & Steelmaking，2005，32（2）：165～170.

［58］Shin Yenog Kim，Jong Dam Choi，Kyeong Bae Yu. A Temperature Control of Steel Strip Using Neural Network in Continuous Annealing Process：Proceedings of the 1995 IEEE International Conference on Neural Networks ［C］，1995.

［59］Martínez-de-Pisón F J，Alba-Elías F，Castejón-Limas M. Improvement and Optimisation of Hot Dip Galvanising Line Using Neural Network and Genetic Algorithms ［J］. Ironmaking & Steelmaking，2006，33（4）：344～352.

［60］郑楚光，柳朝晖. 弥散介质的光学特性及辐射换热 ［M］. 武汉：华中理工大学出版社，1996.

［61］Modest M F. Radiative heat transfer ［M］. San Diego：Academic Press，2003.

［62］周怀春. 炉内火焰可视化检测原理与技术 ［M］. 北京：科学出版社，2005.

［63］孙鸿宾，殷小静，杨晶. 辐射换热 ［M］. 北京：冶金工业出版社，1996.

［64］杨本林，等. 炉膛辐射换热的实用区域算法 ［J］. 冶金能源，1992，11（3）：36～40.

［65］Hottel H C，Sarofim A F. Radiative Transfer ［M］. New York：McGraw-Hill，1967.

[66] 韩小良，鲍戟. 带钢连续退火炉加热室传热计算方法 ［J］. 北京科技大学学报，1993，15（4）：353～357.

[67] Hammersley J M, Handscomb D C. Monte Carlo Methods ［M］. New York：John Wiley & Sons，1964.

[68] Fleck J A. The calculation of nonlinear radiation transport by a Monte Carlo method：Statistical Physics ［J］. Methods in Computational Physics，1961，1：43～65.

[69] Howell J R, Perlmutter M. Monte Carlo solution of thermal transfer through radiant media between gray walls ［J］. ASME Journal of Heat Transfer，1964，86（1）：116～122.

[70] Howell J R. Application of Monte Carlo to heat transfer problems ［J］. In：Hartnett J P and Irvines F T, eds. Advances in heat transfer，San Diego：Academic Press，1968.

[71] Howell J R. The Monte Carlo method in radiative heat transfer ［C］. ASME Proceedings of the 7th AIAA/ASME Joint Thermophisics and Heat Transfer Conference，Volume 1，HTD-Vol. 357-1，1998：1～19.

[72] 卞伯绘. 辐射换热的分析与计算 ［M］. 北京：清华大学出版社，1988.

[73] 杨贤荣，马庆芳，等. 辐射换热角系数手册 ［M］. 北京：国防工业出版社，1986.

[74] John R. Howell, Configuration Factors ［M］. Version 4，2010.

[75] 张涛，孙冰. 复杂结构角系数计算方法 ［J］. 航空动力学报，2009，24（4）：753～759.

[76] Zhou H C, Chen D L, Cheng Q. A new way to calculate radiative intensity and solve radiative transfer equation through using the Monte Carlo method ［J］. Journal of Quantitative Spectroscopy and Radiative Transfer，2004，83（3，4）：459～481.

[77] Mirhosseini M, Saboonchi A. View factor calculation using the Monte Carlo method for a 3D strip element to circular cylinder ［J］. International Communications in Heat and Mass Transfer，2011，38：821～826.

[78] Warren M Rohsenow, et al. Handbook of heat transfer ［M］. New York：McGraw-Hill，1973.

[79] Warren M Rohsenow, James P Hartnett, Young I Cho. Handbook of heat transfer ［M］. 3rd ed. New York：McGraw-Hill，1998.

[80] 刘钦圣，张晓丹，王兵团. 数值计算方法教程 ［M］. 北京：冶金工业出版社，2002.

[81] 杨世铭，陶文铨. 传热学 ［M］. 4 版. 北京：高等教育出版社，2006.

[82] 王宗伟. 高温热防护材料发射率测量技术研究 ［D］. 哈尔滨：哈尔滨工业大学.

[83] 陈庆光，徐忠，张永建. 湍流冲击射流流动与传热的数值研究进展 ［J］. 力学进展，2002，32（1）：92～108.

[84] Holger Martin. Heat and mass transfer between impinging gas jets and solid surfaces ［M］. Advances in Heat Transfer（Edited by：James P Hartnett and Thomas F Irvine, Jr.），Volume 13，1977：1～59.

[85] Herbert Martin Hofmann, Matthisa Kind, Holger Martin. Measurements on steady state heat transfer and flow structure and new correlations for heat and mass transfer in submerged impinging jets ［J］. Int J Heat Mass Transfer，2007，1：1～9.

[86] Polat S, et al. Number flow and heat transfer under impinging jets：a review ［J］. Ann Rev Number Fluid Mech Heat Transfer，1989，2：157～197.

［87］Sezai I, Mohamad A A. Three-dimensional simulation of laminar rectangular impinging jets, flow structure, and heat transfer ［J］. ASME Journal of Heat Transfer, 1999, 121 (2): 50~56.

［88］Craft T J, Graham L J M, Lanuder B E, et al. Impinging jet studies for turbulence model assessment II, an examination of the performance of four turbulence models ［J］. Int J Heat Mass Transfer, 1993, 36 (10): 2685~2692.

［89］Cooper D, Jackson D, Launder B E, et al. Impinging jet studies for turbulence model assessment I, Flow field experiments ［J］. Int J Heat Mass Transfer, 1993, 36 (10): 2675~2684.

［90］Yap C R. Turbulent heat and momentum transfer in recirculating and impinging flow ［D］. Manchester: Faculty of Technology, University of Manchester, 1987.

［91］Ashforth Frost S, Jambunathan K. Numerical prediction of semi-confined jet impingement and comparison with experimental data ［J］. International Journal for Numerical Methods in Fluids, 1996, 23: 295~306.

［92］Baydar E, Ozmen Y. An experimental and numerical investigation on a confined impinging air jet at high Reynolds numbers ［J］. Applied Thermal Engineering, 2005, 25: 409~421.

［93］许坤梅, 张平. 半封闭圆管冲击射流湍流换热数值模拟 ［J］. 北京理工大学学报, 2003, 23 (5): 540~544.

［94］陈庆光, 徐忠, 张永建. 用改进的 RNG 模式数值模拟湍流冲击射流流动 ［J］. 西安交通大学学报, 2002, 36 (9): 916~920.

［95］倪汉根, 程亮, 刘树军. 紊流模型中涡粘滞系数表达式的改进 ［J］. 大连理工大学学报, 1993, 33 (2): 225~231.

［96］陈庆光, 徐忠, 张永建. 半封闭狭缝湍流冲击射流的数值模拟 ［J］. 应用力学学报, 2003, 20 (2): 88~92.

［97］徐惊雷, 徐忠, 黄淑娟. 用非线性 k-ε 模型对狭缝冲击射流进行数值计算 ［J］. 西安交通大学学报, 1999, 33 (8): 106~110.

［98］Speziale C G. On nonlinear k-l and k-ε models of turbulence ［J］. J Fluid Mech, 1987, 178 (3): 459~475.

［99］陈庆光. 三维湍流冲击射流流动的实验研究与数值模拟 ［D］. 西安: 西安交通大学, 2003.

［100］张永恒, 周勇, 王良璧. 四喷嘴圆形冲击射流局部传热性能的实验研究 ［J］. 华中科技大学学报 (自然科学版), 2006, 34 (7): 11~14.

［101］许全宏, 林宇震, 刘高恩. 封闭空间内单孔冲击局部换热特性研究 ［J］. 航空动力学报, 2002, 17 (3): 341~343.

［102］Ashforth Frost S, Jambunathan K, Whitney C F. Velocity and turbulence characteristics of a semiconfined orthogonally impinging slot jet ［J］. Exp. Thermal Fluid Sci. 1997, 14: 60~67.

［103］Chan T L, Leung C W, Jambunathan K J, et al. Heat transfer characteristic of a slot jet impinging on a semi circular convex surface ［J］. Int. J. Heat Mass Transfer, 2002, 45: 993~1006.

［104］Colucci D W, Viskanta R. Effect of nozzle geometry on local convective heat transfer to a confined impinging air jet ［J］. Exp. Thermal Fluid Sci., 1996, 13: 71~80.

[105] Zuckerman N, Lior N. Jet impingement heat transfer: Physics, correlations, and numerical modeling [J]. Advances in Heat Transfer, 2006, 39: 565~631.

[106] Young Jik Youn, Kyosung Choo, Sung Jin Kim. Effect of confinement on heat transfer characteristics of a microscale impinging jet [J]. International Journal of Heat and Mass Transfer, 2011, 54: 366~373.

[107] Nirmalkumar M, Vadiraj Katti, Prabhu S V. Local heat transfer distribution on a smooth flat plate impinged by a slot jet [J]. International Journal of Heat and Mass Transfer , 2011, 54: 727~738.

[108] Zhang Di, Qu Huancheng, Lan Jibing, et al. Flow and heat transfer characteristics of single jet impinging on protrusioned surface [J]. International Journal of Heat and Mass Transfer , 2013, 58: 18~28.

[109] Ortega-Casanova J. CFD and correlations of the heat transfer from a wall at constant temperature to an impinging swirling jet [J]. International Journal of Heat and Mass Transfer, 2012, 55: 5836~5845.

[110] Chan T L, Leung C W, Jambunathan K J, et al. Heat transfer characteristics of a slot jet impinging on a semi-circular convex surface [J]. Int. J. Heat Mass Transfer, 2002, 45: 993~1006.

[111] Florschuetz L W, Truman C R, Metzger D E. Streamwise flow and heat transfer distributions for jet array impingement with crossflow [J]. J. Heat Transfer, 1981, 103: 337~342.

[112] Goldstein R J, Seol W S. Heat transfer to a row of impinging circular air jets including the effect of entrainment [J]. Int. J. Heat Mass Transfer, 1991, 34: 2133~2147.

[113] Goldstein R J, Behbahani A I. Impingement of a circular jet with and without crossflow [J]. Int. J. Heat Mass Transfer, 1982, 25: 1377~1382.

[114] Goldstein R J, Behbahani A I, Heppelmann K K. Streamwise distribution of the recovery factor and the local heat transfer coefficient to an impinging circular air jet [J]. Int. J. Heat Mass Transfer, 1986, 29: 1227~1235.

[115] Gori F, Bossi L. Optimal slot height in the jet cooling of a circular cylinder [J]. Appl. Thermal Eng. , 23, 859~870.

[116] Huang L, El-Genk M. Heat transfer of an impinging jet on a flat surface [J]. Int. J. Heat Mass Transfer, 1994, 37: 1915~1923.

[117] Huber A M, Viskanta R. Effect of jet-jet spacing on convective heat transfer to confined, impinging arrays of axisymmetric jets [J]. Int. J. Heat Mass Transfer, 1994, 37: 2859~2869.

[118] Lytle D, Webb B W. Air jet impingement heat transfer at low nozzle-plate spacings [J]. Int. J. Heat Mass Transfer, 1994, 37: 1687~1697.

[119] Mohanty A K, Tawfek A A. Heat transfer due to a round jet impinging normal to a flat surface [J]. Int. J. Heat Mass Transfer, 1993, 36: 1639~1647.

[120] San J Y, Lai M. Optimum jet-to-jet spacing of heat transfer for staggered arrays of impinging air jets [J]. Int. J. Heat Mass Transfer, 2001, 44: 3997~4007.

[121] Tawfek A A. Heat transfer and pressure distributions of an impinging jet on a flat surface [J].

Heat Mass Transfer, 1996, 32: 49~54.

[122] Wen M Y, Jiang K J. An impingement cooling on a flat surface by using circular jet with longitudinal swirling strips [J]. Int. J. Heat Mass Transfer, 2003, 46: 4657~4667.

[123] Yakhot V, Orszag S A. Renormalised group analysis of turbulence [J]. I. Basic Theory. J Sci Comput, 1986, 1: 3~5.

[124] Yasutaka Nagano, Yoshihiro Itazu. Renormalization group theory for turbulence: assessment of Yakhot-Orszag-Smith theory [J]. Fluid Dynamics Research, 1997, 20: 157~172.

[125] Analytis G Th. Implementation of the renormalization group (RNG) k-ε turbulence model in GOTHIC/6. 1b: solution methods and assessment [J]. Annals of Nuclear Energy, 2003, 30: 349~387.

[126] Lu Lin, Li Yucheng, Qin Jianmin. Numerical simulation of the equilibrium profile of local scour around submarine pipelines based on renormalized group turbulence model [J]. Ocean Engineering, 2005, 32: 2007~2019.

[127] Analytis G Th. Implementation and assessment of the renormalization group (RNG), quadratic and cubic non-linear eddy viscosity k-ε models in GOTHIC [J]. Nuclear Engineering and Design, 2001, 210: 177~191.

[128] 周定伟, 马重芳, 任玉涛. 圆形浸没射流冲击下有关压力梯度的理论分析 [J]. 西安交通大学学报, 1999, 33 (7): 54~83.

[129] Fitzgerald J A, Garimella S V. Flow field effects on heat transfer in confined jet impingement [J]. J. Heat Transfer Trans. ASME, 1997, 119: 630~632.

[130] Walker J D A, Smith C R, Cerra A W, et al. Jet impact of a vortex ring on a wall [J]. J. Fluid Mech, 1987, 181: 99~140.

[131] Shi Y, Ray M B, Mujumdar A S. Effects of Prandtl number on impinging jet heat transfer under a semi-confined turbulent slot jet [J]. Int. Commum. Heat Mass Transfer, 2002, 29: 929~938.

[132] 赵兰萍, 徐烈. 固体界面间接触导热的分形模型 [J]. 同济大学学报, 2003, 31 (3): 296~299.

[133] 赵兰萍, 徐烈. 低温真空下固体界面间接触导热的实验研究 [J]. 中国空间科学技术, 2003, 2 (1): 51~55.

[134] 徐瑞萍, 徐烈, 赵兰萍. 粗糙表面接触热阻的分形描述 [J]. 上海交通大学学报, 2004, 38 (10): 1609~1612.

[135] 应济, 贾昱, 陈子辰, 等. 粗糙表面接触热阻的理论和实验研究 [J]. 浙江大学学报 (自然科学版), 1997, 31 (1): 104~109.

[136] 许敏. 结合面接触热阻模型研究与应用 [J]. 机械制造, 2006, 44 (497): 26~28.

[137] Madhusudana C V. Thermal contact conductance [M]. Mechanical engineering series, New York Berlin Heidelberg: Springer-Verlag, 1996.

[138] Rosochowska M, Chodnikiewicz K, Balendra R. A new method of measuring thermal contact conductance [J]. Journal of Materials Processing Technology, 2004, 145: 207~214.

[139] Rosochowska M, Balendra R, Chodnikiewicz K. Measurements of thermal contact conductance

　　　　　［J］. Journal of Materials Processing Technology, 2003, 135: 204~210.

［140］ Fieberg C, Kneer R. Determination of thermal contact resistance from transient temperature measurements ［J］. International Journal of Heat and Mass Transfer, 2008, 51: 1017~1023.

［141］ 朱德才. 固体界面接触换热系数的实验研究 ［D］. 大连: 大连理工大学, 2007.

［142］ Greenwood J A, Williamson J B P. Contact of nominally flat surfaces ［J］. Proc Roy Soc Lond, 1966, A295: 300~319.

［143］ Majumdar A, Bhushan B. Fractal model of elastic-plastic contact between rough surfaces ［J］. ASME Journal of Tribology, 1991, 11: 1~11.

［144］ Leung M, Hsieh C K, Goswami D Y. Prediction of thermal contact conductance in vacuum by statistical mechanics ［J］. Journal of Heat Transfer, 1998, 120 (2): 51~57.

［145］ Majumdar A, Tien C L. Fractal network model for contact conductance ［J］. Journal of Heat Transfer, 1991, 113 (8): 516~525.

［146］ 钟明, 程曙霞, 孙承纬, 等. 接触热阻的蒙特卡罗法模拟 ［J］. 高压物理学报, 2002, 16 (4): 305~308.

［147］ Sunil Kumar S, Ramamurthi K. Prediction of thermal contact conductance in vacuum using Monte Carlo simulation ［J］. Journal of Thermo Physics and Heat Transfer, 2001, 15 (1): 27~33.

［148］ Wang S, Komvopoulos K. A fractal theory of the interfacial temperature distribution in the slow sliding regime: Part I—Elastic contact and heat transfer analysis ［J］. ASME Journal of Tribology, 1994, 116: 812~823.

［149］ Wang S, Komvopoulos K. A fractal theory of the interfacial temperature distribution in the slow sliding regime: Part II—Multiple domains, elastoplastic contacts and applications ［J］. ASME Journal of Tribology, 1994, 116: 824~832.

［150］ Yan W, Komvopoulos K. Contact analysis of elastic-plastic fractal surfaces ［J］. Journal of Applied Physics, 1998, 84 (7): 3617~3624.

［151］ Gibson R D. The contact resistance for a semi-infinite cylinder in a vacuum ［J］. Applied Energy, 1976, (2): 57~65.

［152］ Cooper M G, Mikic B B, Yovanovich M M. Thermal contact conductance ［J］. Int. J. Heat Mass Transfer, 1969, 12: 279~300.

［153］ Hsieh C K. A critical evaluation of surface geometrical parameters for a nominally flat surface model ［J］. ASME Journal of Lubrication Technology, 1974, 96: 638~639.

［154］ W·M·罗森诺, 等. 传热学手册 (下册) ［M］. 李荫亭, 等译. 北京: 科学出版社, 1987: 215.

［155］ 杨世铭, 陶文铨. 传热学 ［M］. 3 版. 北京: 高等教育出版社, 1998: 286.

［156］ Fenech H, Rohsenow W M. Thermal Conduction of Metallic Surfaces in Contact ［R］, Report No. NYO-2136, for the United States Atomic Energy Commission by Heat Transfer Laboratory, M. I. T., Cambridge, MA. 1959. 5.

［157］ 顾慰兰, 杨燕生. 温度对接触热阻的影响 ［J］. 南京航空航天大学学报, 1994, 26 (3): 342~350.

［158］陈景榕，石沂平. 钢的高温硬度研究［J］. 金属科学与工艺，1989，8（3，4）：30~35.

［159］西马克工业炉技术研讨会内部资料（SMS Furnace Technology Symposium），2013，北京.

［160］李文科，许永贵，赵永生. CAPL 均热室供热制度对炉温及带钢热瓢曲的影响［J］. 钢铁，1996，31（10）：46~54.

［161］豆瑞锋，温治，李文，等. 基于 MC 法的塔式炉内辐射换热计算与分析［J］. 冶金能源，2008，27（6）：19~26.

［162］Sleicher C A, Rouse M W. A convenient correlation for heat transfer to constant and variable property fluids in turbulent pipe flow［J］. Int. J. Heat Mass Transfer, 1975, 18：677~683.

［163］李强，温治，豆瑞锋，等. 连续热镀锌退火炉内热过程数学模型及其分析［J］. 工业加热，2007，36（3）：23~26.

［164］豆瑞锋，温治，李强，等. 基于连续退火炉数学模型的炉温优化策略［J］. 浙江大学学报，2007，41（10）：1735~1738.

［165］金武明. 冷轧连续退火炉加热炉带温控制模型研究［J］. 冶金自动化，2005，S：767~769.

［166］Yoshitani N, Hasegawa A. Model‐Based control of strip temperature for the heating furnace in continuous annealing［C］. IEEE Transactions on Control Systems Technology, 1998, 6（2）：146~156.

［167］宝钢股份有限公司，不锈钢事业部冷轧厂 CAPL 机组连续退火炉热平衡测试报告，内部资料.

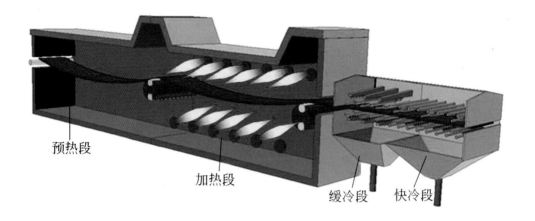

预热段

加热段

缓冷段　快冷段

图 2.11　卧式连续退火炉结构示意图

辐射管加热段

气体射流冷却段

图 4.1(a)　立式炉辐射管加热段和气体射流冲击冷却段的几何结构示意图

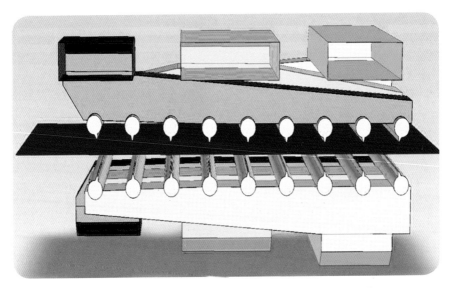

图 4.1(b)　不锈钢带钢卧式连续热处理炉喷气冷却段的几何结构示意图

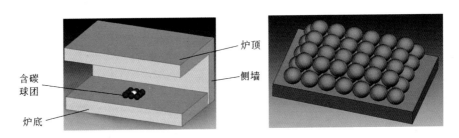

图 4.1(c)　球团烧结－转底炉内几何结构示意图（单层和多层堆积球团）

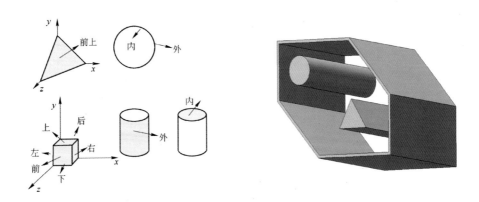

单体几何结构及发射面朝向示意图　　　　三维封闭空间辐射换热系统示意图

图 4.1(d)　三维空间任意几何结构示意图

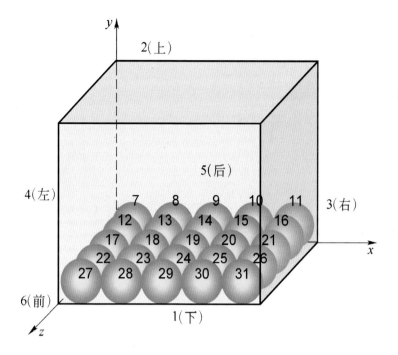

图 4.37 三维空间小球系统空间表面编号

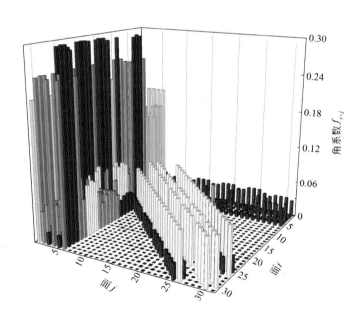

图 4.38 三维空间小球之间角系数 $f_{i\text{-}j}$ 蒙特卡洛法计算结果

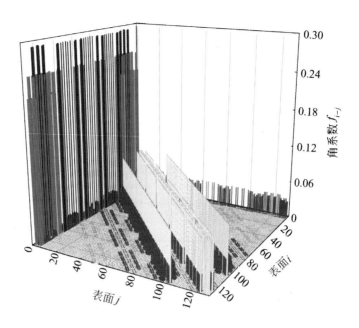

图 4.43　小球系统角系数 $f_{i\text{-}j}$ 计算结果

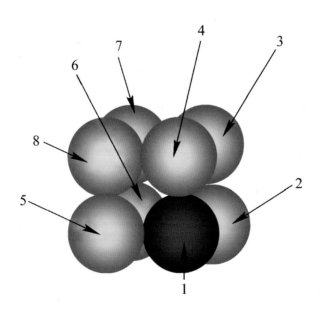

图 4.44　小球几何位置示意图

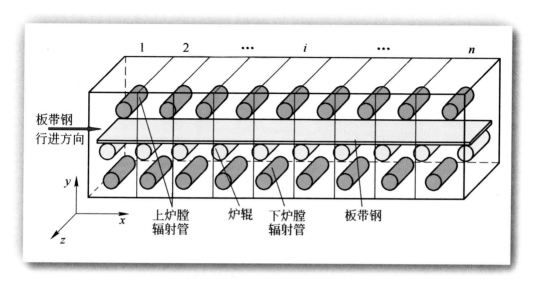

图 4.47   辊底式辐射管热处理炉结构示意图

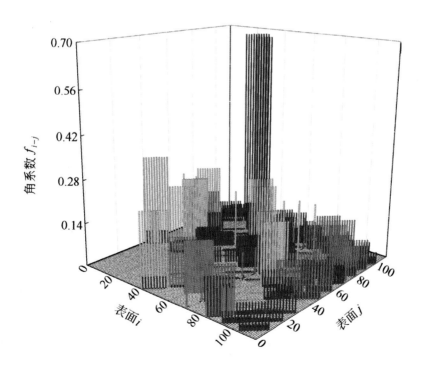

图 4.48   辊底式辐射管热处理炉内各表面间辐射角系数

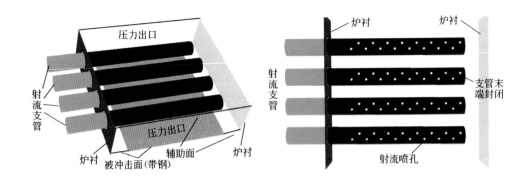

图 5.19(a)　孔排射流冲击换热装置示意图　　图 5.19(b)　射流支管开孔示意图

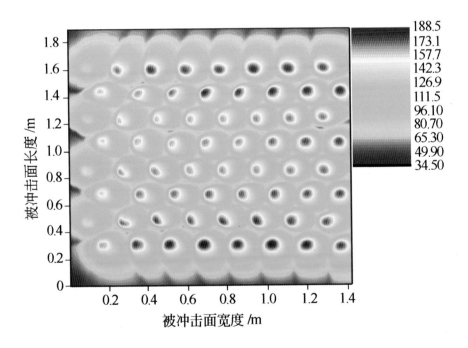

图 5.20　Re=200000 时被冲击面上 Nu 数分布

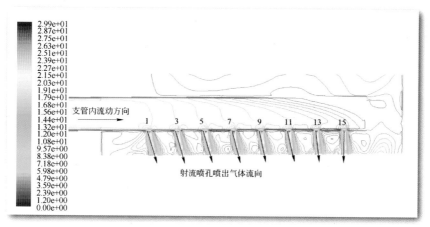

图 5.23(a) 孔排射流喷孔截面上的等速线分布 ($Re=10^5$)（奇数喷孔）

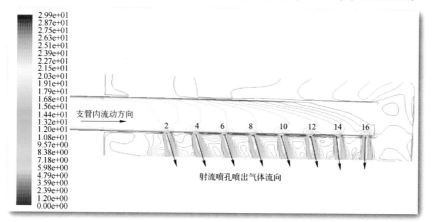

图 5.23(b) 孔排射流喷孔截面上的等速线分布 ($Re=10^5$)（偶数喷孔）

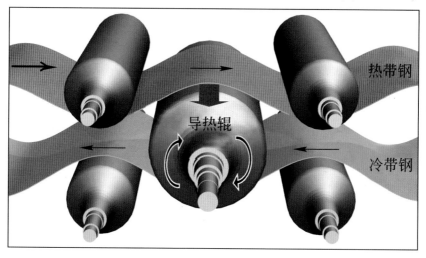

图 6.28 带钢热量回收装置（来源于 SMS（西马克）公司宣传资料）

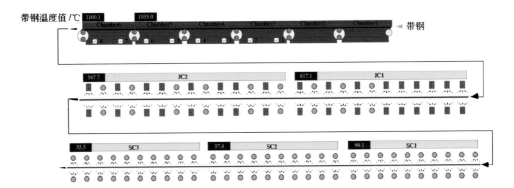

图 8.8 不锈钢热带连续退火炉结构示意图

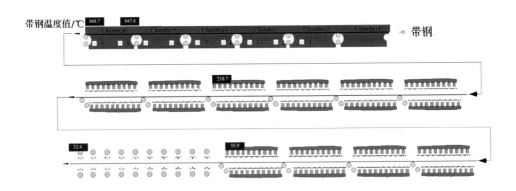

图 8.37 不锈钢冷带连续退火炉结构示意图

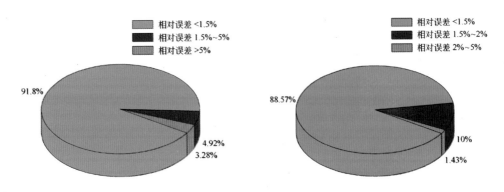

图 8.55 热线加热部分验证结果
(相对误差) 的统计分析

图 8.56 冷线加热部分验证结果
(相对误差) 的统计分析